航空类专业职业教育系列教材

二手民航飞机全寿命资产管理

主 编　王　超

编 者　王　超　蒋绍新　王京玲　高增亮

　　　　郭文明　黄航航　张　凯　张建新

西北工业大学出版社

西安

【内容简介】 本书分为11章，主要内容包括如何认识二手飞机，如何寻找到理想的二手飞机引进机源，如何检查接收引进二手飞机，如何将引进的二手飞机纳入机队管理并保持其持续安全适航性，以及客改货和飞机拆解等二手飞机生命各阶段的管理，等等。其内容基于工作实践取得的经验和教训，实操性强，具有直接的指导意义。

本书可作为从事与二手飞机引进交易、维修及资产管理相关的专业人员阅读、参考。

图书在版编目（CIP）数据

二手民航飞机全寿命资产管理 / 王超主编 . — 西安：
西北工业大学出版社，2023.9
航空类专业职业教育系列教材
ISBN 978-7-5612-8729-3

Ⅰ .①二…　Ⅱ .①王…　Ⅲ .①民用飞机 - 预期寿命 -
职业教育 - 教材　Ⅳ .① V271.1

中国国家版本馆 CIP 数据核字（2023）第 194487 号

ERSHOU MINHANG FEIJI QUANSHOUMING ZICHAN GUANLI
二 手 民 航 飞 机 全 寿 命 资 产 管 理
王超　主编

责任编辑：王玉玲		**策划编辑**：华一瑾	
责任校对：朱晓娟		**装帧设计**：李　飞	

出版发行：西北工业大学出版社
通信地址：西安市友谊西路 127 号　　　　邮编：710072
电　话：（029）88491757，88493844
网　址：www.nwpup.com
印 刷 者：陕西天意印务有限责任公司
开　本：787 mm×1 092 mm　　　1/16
印　张：18.625
字　数：374 千字
版　次：2023 年 9 月第 1 版　　　2023 年 9 月第 1 次印刷
书　号：ISBN 978-7-5612-8729-3
定　价：68.00 元

前　言

　　民用航空安全是民航各项工作的重中之重，事关公众利益和人民生命财产安全。二手飞机多为老旧飞机，具有结构和部件老化和性能衰减、电气线路故障率较高、系统可靠性降低以及技术状态参差不齐的特点。因此，对于从事二手飞机交易、维修及资产管理等的专业人员而言，正确认识和评估二手飞机的技术状态和安全性，并对引进的二手飞机进行资产管理是具有挑战性的。如果不能准确掌握二手飞机的技术状态，或对民航管理部门关于引进二手飞机的管理要求不熟悉，则可能给飞机引进后的安全运行带来隐患。如果不了解二手飞机的特点，不了解引进二手飞机谈判会遇到的陷阱，缺乏对二手飞机技术状态进行检查验收的经验，可能会给飞机引进方带来巨大的经济损失。如何寻找到理想的二手飞机引进机源，如何顺利接收引进二手飞机，如何将引进的二手飞机纳入机队管理并保持其持续安全适航性，这些都是引进二手飞机必须面对和需要解决的具体问题。

　　在多年的二手飞机维修工程技术管理和二手飞机引进的历程中，笔者和同事们经历了各种各样复杂、棘手的问题。这些问题如不能妥善解决，轻则带来经济损失，重则危及运行安全。本书围绕如何解决引进和运营二手飞机面对的问题进行了阐述，其主要是基于笔者工作实践取得的经验和经历的教训，在其他教科书中鲜有提及。

　　为使业内同仁在引进二手飞机方面少走弯路，笔者决定编写本书。为了使书的内容更加全面和具有权威性，特别邀请了在中国民航局从事适航审定工作近30年的王京玲女士和广州佳航技术服务有限公司创始人蒋绍新先生参加编写工作。

　　本书分为11章，第1章由王超编写，第2章由王京玲编写，第3章由张建新编写，第4章由张凯编写，第5章、第9章由郭文明编写，第6章由高增亮编写，第7章、第8章由黄航航编写，第10章、第11章由蒋绍新编写。全书由王超主编并统稿。

　　在本书定稿期间，交银金融租赁（BOCOM Leasing）有限责任公司张江涛先生对书中的不足之处提出了宝贵的修改建议。在此感谢张江涛先生的无私奉献。

　　在编写本书的过程中，参阅了相关文献资料，在此谨对其作者表示感谢。

　　由于笔者水平有限，书中的不妥之处在所难免，请读着朋友批评指正。

王　超
2023年3月

英文缩略词

序号	缩写	英文全称	中文名称
1	AMM	Aircraft Maintenence Manual	飞机维护手册
2	ACARS	Aircraft Communications Addressing and Reporting System	飞机通信寻址和报告系统
3	ACMI	Aircraft，Crew，Maintenance and Insurance	飞机、机组、维修、保险
4	AD	Airworthiness Directive	适航指令
5	ADS-B	Automatic Dependent Surveillance - Broadcast	广播式自动相关监视
6	AER	Aircraft Evaluation Report	航空器评审报告
7	AFM	Airplane Flight Manual	飞机飞行手册
8	AHM	Airport Handling Manual	机场操作手册
9	ALI	Airworthiness Limitation Item	适航性限制项目
10	AMOC	Alternative Method Of Compliance	等效替代方法
11	APU	Auxiliary Power Unit	辅助动力装置
12	ASB	Alert Service Bulletin	紧急服务通告
13	ATA	Air Transport Association of America	美国航空运输协会
14	AWL	Airworthiness Limitation	适航性限制
15	BAA	Bilateral Airworthiness Agreement	双边适航协议
16	BASA	Bilateral Aviation Safety Agreement	双边航空安全协定
17	BBJ	Boeing Business Jets	波音商务喷气飞机
18	BFE	Buyer Furnished Equipment	买方提供设备
19	BLR	Base Lease Rates	基准租赁费率
20	BTB	Back to Birth Traceability	溯源可追踪性
21	BV	Base Value	基准价值
22	CAAC	Civil Aviation Administration of China	中国民用航空局
23	CCAR	China Civil Aviation Regulations	中国民用航空规章
24	CDL	Configuration Deviation List	外形缺损清单
25	CMM	Component Maintenance Manual	部件维护手册
26	CMP	Configuration Maintenance Procedure	构型维修程序
27	CMP	Customer Maintenance Program	客户维修方案
28	CMR	Certification Maintenance Requirement	审定维修要求
29	CMV	Current Market Value	当前市场价值
30	CNA	Common Nozzle Assembly	公共喷管组件

序　号	缩　写	英文全称	中文名称
31	CPCP	Corrosion Prevention and Control Program	腐蚀预防与控制方案
32	CS	Certification Specifications	EASA适航规章
33	CSLSV	Cycles Since Last Shop Visit	上次进厂维修后使用循环
34	CSN	Cycles Since New	自新件以来的使用循环
35	DAR	Designated Airworthiness Representative	委任适航代表
36	DFDR	Digital Flight Data Recorder	数字式飞行数据记录器
37	DMDOR	Designated Modification Design Organization Representative	改装设计委任代表
38	DOA	Design Organization Approval	设计机构批准
39	DTI	Damage Tolerance Inspections	损伤容限检查
40	EASA	European Aviation Safety Agency	欧洲航空安全局
41	EBU	Engine Build-up Unit	发动机装配组件
42	EDTO	Extended Diversion Time Operations	延伸航程运行
43	EFB	Electronic Flight Bag	电子飞行包
44	EGT	Exhaust Gas Temperature	排气温度
45	ELA	Electrical Load Analysis	电气负载分析
46	ELT	Emergency Locator Transmitter	应急定位发射器
47	EO	Engineering Order	工程指令
48	ESM	Engine Shop Manual	发动机修理手册
49	ETOPS	Extended-Range Twin-Engine Operations	双发延程飞行
50	EWIS	Electrical Wire Interconnection System	电气线路互联系统
51	FAA	Federal Aviation Administration	美国联邦航空局
52	FAR	Federal Air Regulations	美国联邦航空条例
53	FC	Flight Cycles	飞行循环
54	FCOM	Flight Crew Operation Manual	飞行机组操作手册
55	FH	Flight Hours	飞行小时
56	FIM	Fault Isolation Manual	故障隔离手册
57	FTFR	Fuel Tank Flammability Reduction	燃油箱可燃性降低
58	FTS	Fuel Tank Safety	燃油箱安全
59	HPTACC	High Pressure Turbine Active Clearance Control	高压涡轮主动间隙控制
60	HT	Hard Time	硬时限
61	HUD/EVS	Head-Up Display/Enhanced（Flight）Vision Systems	平视显示器/增强型目视系统
62	ICA	Instructions for Continued Airworthiness	持续适航文件
63	IFR	Instrument Flight Rules	仪表飞行规则
64	IP	Implementation Procedures	实施程序
65	IPA	Implementation Procedures for Airworthiness	适航实施程序
66	IPC	Illustrated Part Catalog	图解零件目录
67	ISTAT	International Society of Transport Aircraft Trading	国际运输类飞机贸易协会
68	LLP	Life Limited Part（s）	寿命件
69	LOC	Letter Of Credit	信用证

序　号	缩　写	英文全称	中文名称
70	LOI	Letter Of Intent	意向书
71	LOPA	Layout Of Passenger Accommodation	客舱设施布局图
72	LOV	Limit Of Validity	有效性限制
73	LRF	Lease Rate Factor	租赁费率系数
74	MC	Master Change	重要更改
75	MC List	Master Change List	主要更改项目清单
76	MCAS	Maneuver Characteristics Augmentation System	机动特性增强系统
77	MDA	Modification Design Approval	改装设计批准书
78	MDL	Master Drawing List	主要图纸清单
79	MEL	Minimum Equipment List	最低设备清单
80	MLR	Market Lease Rates	市场租赁费率
81	MMEL	Master Minimum Equipment List	主最低设备清单
82	MPA	Maximum Power Assurance	最大功率验证
83	MPD	Maintenance Planning Document	维修计划文件
84	MRBR	Maintenance Review Board Report	维修审查委员会报告
85	MRO	Maintenance，Repair and Overhaul（Organization）	维护、修理和大修机构（组织）
86	MSN	Manufacturer Serial Number	制造商序列号
87	MTOW	Maximum Take Off Weight	最大起飞重量
88	NAAA	National Aircraft Appraisers Association	国家航空器评估协会
89	NCR	Non-Compliance Record	不符合记录
90	NDT	Non-Destructive Test	无损探伤检查
91	OCCM	On Condition/Condition Monitoring	视情监控和状态监控
92	OEM	Original Equipment Manufacturer	原始设备制造商
93	OHM	Overhaul Manual	翻修手册
94	PBN	Performance Based Navigation	基于性能导航
95	PMA	Parts Manufacturing Approval	零部件制造人批准书
96	PMI	Principal Maintenance Inspector	主任维修监察员
97	POI	Principal Operations Inspector	主任运行监察员
98	PRR	Production Revision Record	生产更改记录
99	PRR List	Production Revision Report List	产品修订报告清单
100	PSE	Principal Structural Elements	主要结构元件
101	PSU	Passenger Service Unit	乘客服务组件
102	QACVR	Quick Access Cockpit Voice Recorder	快速访问驾驶舱语音记录器
103	QEC	Quick Engine Change（Kit）	快速发动机更换（器材）
104	RAG	Repair Assessment Guidelines	修理评估指南
105	RNP APCH	Required Navigation Performance Approach	所需性能导航进近
106	RR List	Revision Report List	修订报告清单
107	RTU	Right To Use	授权使用书

序　号	缩　写	英文全称	中文名称
108	RVSM	Reduced Vertical Separation Minimum	缩小垂直间隔
109	SB	Service Bulletin	服务通告
110	SFE	Seller Furnished Equipmen	卖方提供设备
111	SIP	Schedule of Implementation Procedures	实施程序计划
112	SPV	Special Purpose Vehicle	特殊目的公司
113	SRM	Structure Repair Manual	结构修理手册
114	SSI	Supplemental Structural Inspection	补充结构检查
115	SSID	Supplemental Structural Inspection Document	补充结构检查方案
116	SSM	System Schematics Manual	系统原理图
117	STC	Supplemental Type Certificate	补充型号合格证
118	TC	Type Certificate	型号合格证
119	TCAS7.1	Traffic Alert and Collision Avoidance System 7.1	空中交通警告和防撞系统7.1
120	TCDS	Type Certificate Data Sheet	型号合格证数据单
121	TIP	Technical Implementation Procedures	技术实施程序
122	TSLSV	Time Since Last Shop Visit	上次进厂维修后使用时间
123	TSN	Time Since New	自新件以来的使用时间
124	TSO	Time Since Overhaul	自大修以来的使用时间
125	USM	Used Serviceable Materials	二手可用航材
126	VDA	Validation of Design Approval	设计批准书认可证
127	VFR	Visual Flight Rules	目视飞行规则
128	VSTC	Validation of Supplemental Type Certificate	补充型号认可证
129	VTC	Validation of Type Certificate	型号认可证
130	VTCDS	Validation of Type Certificate Data Sheet	型号数据单认可证
131	WBM	Weight and Balance Manual	载重平衡手册
132	WFD	Widespread Fatigue Damage	广布疲劳损伤
133	WQAR	Wireless GroundLink Quick Access Recorder	无线地面链接快速访问记录器

目　　录

第1章 二手飞机引进概述

1.1 二手飞机的定义

通俗地讲，相对于新出厂的飞机而言，二手飞机是旧飞机，或称为使用过的飞机。中国民用航空规章规定只要满足下述条件之一即为二手飞机：

（1）飞机的所有权曾经被除制造厂或专门的出租方之外的第三方所持有；

（2）飞机曾经被私人拥有、出租或安排过短暂使用；

（3）飞机曾经专门用作培训驾驶员或参与空中出租业务；

（4）飞机所有权虽然一直被制造厂或专门的出租方所持有，但1日历年累计使用超过100飞行小时（先到为准）。

根据中国民用航空规章对二手飞机的定义，在从飞机制造厂引进新飞机时要特别注意，如果拟引进飞机属于上述条件最后一项的情况，应按照二手飞机引进。

1.2 飞机引进的定义

飞机引进是指购机方或承租方通过合法的协议或合同获得飞机的所有权或使用权的过程。飞机引进不仅指从国外进口飞机，飞机在国内进行所有权或使用权的转移过程也属于飞机引进。需要说明的是，飞机的湿租是一种特殊形式的飞机租赁。飞机的湿租是由出租方向承租方提供飞机和飞行机组的租赁方式，且由出租方承担飞机的运行控制，承租方并不对湿租的飞机进行管理，也不承担其适航性责任。因此，这种飞机租赁严格讲不属于飞机引进的范畴。但由于市场需求的存在，飞机的湿租也不鲜见，本书仅做简单介绍。

1.3 选择二手飞机的考量

1.3.1 二手飞机的安全性

由于二手飞机的机龄普遍较长，不少人认为二手飞机的安全性不高，业内也有不少人认为运行老龄飞机的安全压力大。这种对老龄飞机的认识是否正确呢？引进二手飞机是否要承担很大的安全风险呢？由于航空运输关系到公众的生命和财产安全，在引进二手飞机前应该对老龄飞机的安全性有全面的了解，才能决定是否引进二手飞机。

老龄飞机的安全性不高的说法由来已久。在20世纪航空制造业发展的前期，由于设计理念、制造工艺和航空材料等方面存在局限性，发生了几起飞机老龄导致的空难，这在人们心里留下了阴影。1954年1月10日，彗星1号客机从意大利罗马飞往英国伦敦，起飞后机身突然在空中解体，从9 000 m的高空坠入地中海。飞机上的乘客和机组人员全部遇难。后来调查发现，彗星1号客机的座舱是增压的，当时增压座舱尚属新事物。由于对增压座舱的结构设计经验不足，飞机在经历数年飞行和频繁起降后，飞机结构在承受反复增压和减压过程中产生的交变载荷后出现机身结构金属疲劳，导致飞机解体坠毁。这是民航历史上首次发生因金属疲劳导致的空难事件。1977年5月14日，英国丹纳尔航空公司波音707-321C飞机在赞比亚卢萨卡国际机场坠毁，事故原因是右水平安定面后梁因疲劳裂纹而脱落，导致飞机失控发生空难。1988年4月28日，阿罗哈航空的243号航班在飞行途中发生爆裂性失压的事故，头等舱区域的上半部机身蒙皮爆裂与机体脱离，一名乘务员不幸被吸出机舱外死亡，其余机组人员和乘客则分别受到轻伤和重伤，幸运的是该航班安全落地。调查发现该机发生事故时已服役19年，飞行了89 090个循环。以上这几起典型的老龄飞机的空难案例在历史上影响深远，在人们的头脑中形成了老龄飞机不安全的印象。

目前，距上述几起空难的发生已经过去了数十年，现在运行的老龄飞机的安全性是否得到了改善？在经济全球化的今天，航空运输业的优势无可替代，上述几起老龄飞机的空难事故也没能阻挡飞机制造业和航空运输业的发展。每次空难的发生都以血的代价为后来者提供了改进的方向和目标，推动了飞机设计标准和航空相关法律法规方面的革命和进步，飞机设计的理念和制造技术都因此而不断完善，使得老龄飞机的安全性达到了可接受的水平。

飞机结构设计思想是受科技水平和生产力水平制约的，也是随着时代的发展不断进步的。以上述几起空难事故为例，每次事故的发生都使飞机设计制造的专业人员对飞机的设计制造有更科学、更先进的认识，飞机的结构设计思想在不断地演变进化。虽然各阶段结构设计思想之间并无明显的时间界限，但是按其发展过程大致可以分为20世纪40年代的静强度设计思想、20世纪50年代至60年代的安全寿命设计思想、20世纪70年代的破损安全设计思想、20世纪80年代至90年代的损伤容限设计思想。结构设计思想的演变进化和应用改善了后续设计制造飞机的结构可靠性，为老龄飞机的持续安全运行打下了基础。

在航空制造业和航空运输业发展的过程中，世界各国的民航管理部门为航空制造业和航空运输行业的健康发展和持续安全运行起到了保驾护航的作用。比如1977年丹纳尔航空公司波音707事故发生后，美国联邦航空局（简称FAA）修订了其《运输类飞机适航标准》（FAR25）中的FAR25.571。阿罗哈航空的243号航班在飞行途中发生失压事故后，FAA成立了适航保证工作组，针对多为老龄飞机的11种机型，确定了必须要执行的改装服务通告和检查服务通告以维持飞机结构完整性，开发了结构腐蚀的检查和防护程序，审查并更新了疲劳裂纹检查程序的补充结构检查文件，对结构修理进行广布疲劳影响的评估，进而提高当时运行飞机的安全可靠性。1991年，美国国会要求FAA制定老龄飞机法案，以保证老龄飞机的持续安全适航。2005年FAA颁布了老龄飞机安全法案，对老龄飞机的持续安全适航提出了具体要求，包括飞机和记录审查、增压边界修理评估、补充检查、燃油箱防爆方面的具体要求，从法律法规的层面规范了对老龄飞机的持续安全适航管理。

尽管目前中国民航的机队平均机龄较短，但机龄在10年以上的飞机也已超过200架，且老龄飞机的数量将会逐年增加。为了对老龄飞机的持续安全适航给予科学、有效的监督管理，中国民用航空局（简称CAAC）始终与国际接轨，从20世纪90年代开始，陆续颁布了一系列有关老龄飞机管理的规章和适航管理要求。2010年，CAAC组织成立了由民航局管理人员和运营人专业技术人员组成的老龄飞机工作组，跟踪研究国外老龄飞机管理的先进理念和做法，进一步建立健全了老龄飞机管理的规章体系，以及相关专业人才的培养机制，改善了现有的管理手段，通过不断分析、排查老龄飞机持续适航和运行安全中的安全隐患，着力从管理体系上提升老龄飞机的管理水平，使人们对老龄飞机不安全的认识成为过去。综上所述，飞机设计思想的进化保证了飞机的初始安全品质，飞机投入运行后的持续适航管理能够与时俱进地发现和修复飞机设计制造的缺陷和隐患，使老龄飞机的运行能够实现持续安全和持续适航。因此，老龄飞机的运行安全是可以实现的。

前面对老龄飞机运行的安全性进行了分析说明。那么，认为新飞机安全的说法对不对呢？人们通常认为新飞机技术先进，飞机的系统和部附件的可靠性高，运行安全系数一定高于老龄飞机。然而，事实会告诉大家新飞机比老龄飞机安全的说法是片面的。

1992年，某运营人的一架雅克42型飞机执行南京至厦门的航班任务，在起飞过程中发生机毁人亡的事故，该机失事时刚出厂半年。事故的直接原因是，机组人员未执行起飞检查单制度，未在起飞滑跑前将飞机的全动式平尾调到起飞所需的角度，致使失事飞机在起飞时不能产生使飞机抬头的力矩，在滑跑过程中冲出跑道。该事故发生的深层次原因是，当时该机型的起飞未就警告信号的设计逻辑不严谨，飞机在起飞前没有调整到起飞构型时会触发起飞未就警告信号，但在机组没有将飞机调整到起飞构型的情况下可以将该警告信号人工抑制，随后即使飞机仍未调整到起飞构型，起飞未就警告信号也不会再次触发，致使机组误认为飞机已调整到起飞构型而滑跑起飞，事故就这样发生了。如果该型飞机的起飞未就警告信号的逻辑设计为在人工将该警告信号抑制后，当飞机在滑跑前仍未调整到起飞构型时，该警告信号被再次触发，就可以提醒机组中断起飞，从而避免事故的发生。

2018年10月29日，一架印尼狮子航空公司（简称狮航）执飞JT610航班的波音737MAX8客机，从雅加达苏加诺·哈达国际机场飞往槟港，飞机起飞13 min后失联，随后被确认在西爪哇省加拉璜附近海域坠毁。该机失事时刚出厂3个月。2019年3月10日，埃塞俄比亚航空公司（简称埃航）一架由亚的斯亚贝巴飞往内罗毕的波音737MAX8客机在起飞后不久坠毁，该机失事时刚出厂4个月。波音737MAX8和波音737MAX9机型上安装了一套机动特性增强系统（简称MCAS），这个系统的作用是防止飞行机组操纵飞机迎角过大导致飞机失速。JT610航班事故调查发现飞机迎角传感器信号数据错误，在未经飞行机组操纵且飞机并未进入大迎角飞行状态的情况下，MCAS被迎角传感器的错误信号数据激活，超控飞行机组对飞机的控制将飞机机头压低，致使机组人员无法重新将机头拉起，导致飞机失控，最终造成飞机俯冲坠毁。

由上述案例不难发现，新飞机发生空难事故绝非个案，这个现象如何解释呢？俗话讲百密必有一疏，在飞机的设计方面也如是。上述案例都与飞机的设计存在缺陷有关。存在设计缺陷的飞机怎么会通过验证并取证投入运行呢？通过分析案例我们会发现，如果只是设计存在缺陷往往并不具备发生空难的条件。例如雅克42型飞机的起飞未就警告信号的逻辑设计虽然不严谨，但如果机组人员按手册要求在起飞滑跑前将飞机的全动式平尾调到起飞所需的角度，空难不可能发生。如果狮航和埃航的波音737MAX8飞机的迎角传感器不发生故障，空难也不可能发生。可见，空难的发生是若干个不利因素同时出现，形成了完整事故链的结果。在飞机的设计过程中很难做到将所有可能存在的不利因素及其组合全部找出来。在飞机取证阶段，由于没有遇到形成完整事故链的情况，飞机存在的设计缺陷就有可能未被及时发现，飞机取证后一直带着隐患飞行。在飞机的运行过程中，这些设计缺陷和制造缺陷会在一定条件下暴露出来，这也是为什么我们经常会收到民航管理部门颁布的适航指令和飞机制造商发布的服务通告的真相。

根据以上分析论证，我们应该认识到老龄飞机不一定不安全，新飞机不一定绝对安全。老龄飞机虽然系统和部件会存在老化和性能衰减的情况，故障率较高，但其设计和制造过程中存在的重大缺陷在运行过程中陆续被发现并被及时纠正，同样的问题不会再次出现，在飞机得到了持续的规范维修的前提下，其固有安全性甚至会高于新飞机，这也为我们选择引进二手飞机增添了信心。实际上，通过数据统计分析我们会发现，航空技术发展到今天，设计理念和制造工艺都很先进了，因飞机本身的问题而发生空难的比例处于相当低的水平，而人为因素是导致空难发生的最普遍原因，具体表现为：有章不循，有法不依，无视工作标准和工作程序，缺乏诚信，不按要求办事。因此，航空安全工作的重点是要抓人为因素对航空安全的影响。这就是为什么"老龄飞机不一定不安全，新飞机不一定绝对安全"。这里的"不一定"就是要看飞机是否按照规章和技术文件要求进行了维修，飞行机组的操作是否遵循了手册的要求。如果飞机的使用和维修不符合要求，那么即使是新飞机，其安全性也不一定比老龄飞机高。

1.3.2　二手飞机的服役年限和维修成本

由于二手飞机是旧飞机，其中相当一部分是老龄飞机，因此在引进二手飞机时大多数情况下需要考虑引进的二手飞机还能运行多少年，以及这些二手飞机的维修要花多少钱。实际上，在国际民航界内，老龄飞机的概念是不存在的，没有一个老龄飞机的年龄划分标准。"老龄飞机"这个名称的出现源于FAA曾经根据事故调查、经验积累和多年研究提出过的一个说法，但是FAA正式颁布的法规和咨询通告中并没有关于"老龄飞机"的称谓，欧洲民航当局同样如此。由于FAA在其规章FAR121部AA分部中规定"服役年限达到或超过14年的飞机应当对结构修理、改装记录进行检查和评估"，因此导致一些国家及地区的民航管理部门和运营人误将14年作为"老龄飞机"的划分界限。国际上对民用运输飞机的适航管理秉持对飞机的持续适航性和安全改进进行持续管理的理念，只要是在运行的飞机，无论是新飞机还是老飞机，必须保证其是适航的和安全的。因此，飞机的持续适航和安全改进并不是特别针对服役年限达到或超过14年的飞机，而是与飞机的运行环境、运行条件、运行类型以及维修状况密切相关。如果运行环境条件恶劣，或维护不到位，即使是服役时间未达到14年的飞机也会出安全问题，甚至出现比服役时间达到或超过14年的飞机更严重的个别现象。

至于二手飞机的服役年限，目前民航运行的主流机型的制造厂家均没有给出一个确定的答案。到底飞机飞到什么时候退役？以波音飞机为例，波音公司给出了一个LOV的概念，即飞机"结构维修方案的有效性限制"。LOV针对的是维修方案的有效性。由于缺乏有效解决广布疲劳损伤（简称WFD）的手段，目前在役机型的维修方案都没有包含解决和处置WFD的维修任务或方法。因此，一旦达到WFD发生点，现有的维修方案将失效。飞机结构的广布疲劳损伤必然会发生，采取修理等补救措施成本太高，只能要求飞机在发生广布疲劳损伤之前退役，而这个退役的时间点便是LOV的门槛值。随着飞机运行经验的不断累积，以及技术的不断进步，LOV可能会在原有的基础之上得以进一步延长。如果选择延长LOV，则FAA会将延长LOV界定为重大设计更改，要求必须按照美国联邦航空条例FAR21、FAR25和FAR26的要求进行验证和审定。尽管FAA并没有绝对禁止运营超出LOV的飞机，但要延长LOV，从验证的工作量、工作难度和经济性上讲，已经远远超出了绝大部分运营人的承受能力。因此，届时将飞机退役可能是明智的选择。

运营二手飞机的维修成本要在飞机引进时就着手进行控制，引进二手飞机的大部分风险存在于引进飞机的各环节。在选择引进机源时由于数据和信息不充分、不对称，对引进机源的历史难以进行详实的了解，如果仅核查资料而不实际检查飞机，根本不能准确把握飞机的技术状态。在选择引进机源时需要对引进机源以往的使用历史和维修状态进行检查评估。如果飞机引进前的接收检查工作做不到位，就意味着引进飞机后会花更多的钱来纠正在飞机接收前没有发现的问题。这时产生的维修成本支出只能由飞机引进方来承担。因此，在签署飞机接收文件前需要对引进的飞机进行仔细的检查，保证飞机的技术状态满足合同及适航标准的要求。

在引进飞机时，应尽可能选择飞行小时数小和飞行循环数小的机源。根据飞机已飞的飞行小时数和飞行循环数及将来运行时的飞机日利用率，推算出飞机引进后在到达LOV之前是否有足够长的服役时间，从而摊薄飞机的引进成本。选择引进机源时，对飞机的技术状态进行透彻的了解很重要，状态不好的飞机会在未达到LOV之前就需要进行重大的修理或改装，或提前达到LOV的限制状态，导致飞机的服役时间缩短。选择引进机源时还要对以往的运营人和运行环境及维修工程管理水平进行评估，间接佐证飞机是否得到高质量的维修而具有良好的技术状态。要注意与飞机相关的适航指令及改装工作的执行情况，该完成的工作最好在接收飞机前完成。对于在我国运营的飞机涉及的补充型号合格证改装项目必须经过CAAC批准，飞机的构型要符合CAAC的运行标准，如有差异就意味着需要进行加改装而增加维修成本。要注意引进飞机的构型与公司机队构型的兼容程度，尽量减少差异航材项目，以减少航材储备项目，节约航材采购成本。

1.3.3　二手飞机的交易价格

对于采购或租赁新飞机来说，由于飞机的技术状态一致，交易价格相对透明，对交易价格的评估相对容易，仅需考量由于飞机构型和飞机性能存在的差异导致购机或租机价格产生的差异。购买新飞机时，飞机制造商通常在合同中与购机方约定一个购机合同价格。但在同样的合同价格下，议价能力高的购机方会争取到更多的利益。因此，相同的购机合同价格的含金量往往是不一样的，对购机的合同价格的评估实际上是对在合同价格下能够争取到哪方面的利益和能争取到多少利益进行评估，取决于购机方的需求和议价能力。如果是融资租赁新飞机，融资租赁可以看作是购买飞机的一种融资方式，融资租赁的价格应为飞机购买价格与融资成本对交易价格影响因素之和。在融资成本确定的情况下对交易价格的考量与购买方式下对交易价格的考量内容一致。如果是经营租赁新飞机，由于飞机已经由出租方购买了，承租方需要根据自己选装的设备项目情况自行或通过专业评估公司测算出大致的租金价格，然后与出租方进行租金谈判。

如果是购买二手飞机或租赁二手飞机，那么影响飞机交易价格的因素很多，需要逐项进行分析、考量。首先要考量拟引进飞机时点的世界及所在国家或地区的宏观经济发展形势。经济发展形势趋好，则对航空运输的需求增加，飞机交易市场热度上升，飞机交易价格随之上行。同理，经济发展形势不乐观，则会导致飞机交易价格下行。其次要评估拟引进飞机的机型在其生命周期中所处的位置和在役飞机的数量及未交付的订单数量。在其生命周期的后期，市场需求萎缩，在役飞机数量及未交付的订单数量逐渐下降，新飞机的交易价格下行，同机型的二手飞机的交易价格也会随之下行。最后要考量拟引进飞机来自什么国家或地区，前运营人是谁。来自航空运输发达的国家或地区的运营人的二手飞机更受欢迎，因为这些二手飞机的维修会比较规范，履历记录完整、清晰，飞机技术状态相对较好，在飞机交易时遇到的障碍少。除了考量上述与飞机的交易价格有关的宏观因素外，还需要对飞机本身影响其交易价格的诸多因素逐一分析。总体来看，在飞机服役期内，飞机的价值随着机龄的增长呈逐年锯齿形波动下行趋势，忽略市场波动周期的影响，飞机价值波动的原因在于飞机机身及在翼发动机、起落架和辅助动力装置（简称APU）周期性的维修和翻修使飞机的价值周期性地提高，然后飞机的价值随着飞机的运行逐渐减少。因此，飞机机身及在翼发动机、起落架和APU等主要部件的维修状态对飞机的交易价格有很大的影响。

评估飞机机身维修状态对飞机的交易价格的影响应从以下几方面考量：

（1）飞机完成定检（包括结构检）的情况，包括前一个定检的级别和飞机交易时距下一次同级别定检的时间占定检周期的比例。前一个定检的级别越高，距下一次同级别定检的时间占定检周期的比例越大，飞机的价值越高，交易价格就越高。

（2）飞机的适航指令（简称AD）和紧急服务通告（简称ASB）的执行状态。通常关于飞机执行AD和ASB的交付条件是飞机交付后180 d内到执行期限的AD和ASB应在飞机交付前执行完毕。如果这些AD和ASB在飞机交付前未执行完毕，那么飞机的交易价格要减去飞机交易后执行这些AD和ASB将要支出的成本。

（3）飞机的构型情况。飞机出厂时的初始构型和飞机投入运营后执行加改装导致飞机构型发生的变化都会影响飞机的交易价格。如飞机出厂时的初始构型是否配置了自备登机梯、是否有翼梢小翼以及客舱布局是否有头等舱等。又如飞机投入运营后为了提高安全运营品质或满足新的运行标准进行的诸如ADS-B改装、TCAS7.1改装和WQAR改装等。这些改装项目会对飞机的交易价格产生影响。引进二手飞机的构型是否满足飞机引进方所在国家或地区民航管理部门颁发的飞机运行标准，也会影响飞机的交易价格。如果引进的二手飞机构型不满足引进方所在国家或地区民航管理部门颁发的飞机运行标准，则意味着飞机引进方需要增加投入对引进飞机进行加改装，以使引进的飞机满足运行标准，以便投入运营。

（4）飞机的运行安全记录。如果飞机发生严重的事故或严重事故症候事件，导致飞机曾严重受损，那么即使修复后仍符合适航标准，视事件的性质和后续影响不同而对其交易价格有不同程度的影响。

（5）飞机的维修记录是否完整，特别是结构修理以及发动机、APU和起落架的维修记录是否完整，对飞机的交易价格影响很大。因为飞机机身的维修记录如果不完整，只要后续执行维修工作范围能够覆盖与维修记录不完整相关的维修项目，且维修记录符合要求，就可以佐证这些维修项目与适航要求的符合性。但如果结构修理的维修记录不完整，就没有办法佐证结构修理的实施符合相关的标准和要求，除非对相关结构修理项目重新进行修理。如果发动机或起落架的维修记录不完整，那么要将发动机或起落架拆下，对相关维修项目重新进行修理，绝非一件轻而易举的事，既耗费时间，又花费金钱。另外，装机部件的证书是否满足合同约定的标准也会对飞机交易价格产生影响。如果装机部件的证书不满足合同约定的标准，那么会因为将这类装机部件返厂取证产生费用。

评估发动机和APU维修状态对飞机的交易价格的影响应从以下几方面考量：

（1）发动机和APU装有的寿命件（简称LLP）的剩余使用寿命。

（2）发动机是否经历了首次大修。在剩余使用寿命相同的情况下，未经历首次大修的发动机的价值要高于经历过首次大修的发动机的价值。APU出厂后累计使用时间越长，其价值越低。

（3）发动机的技术状态。如果发动机存在监控使用项目，那么会给后续的运行带来一定的风险，同时也意味着迟早要为这些监控使用项目支付维修费用。

（4）发动机和APU是否仍在OEM的索赔期。如果发动机或APU仍在OEM的索赔期内，则会给其价值加分。

（5）发动机和APU的修理记录情况。发动机和APU的大修记录应规范、完整，特别是发动机LLP的溯源可追踪性（简称BTB）的证明文件要符合对LLP进行追溯的要求，否则为了符合LLP的BTB文件要求，会花费相应的时间和金钱。

（6）APU的性能状态。APU的性能会在使用过程中逐渐衰减，最终需要花钱进行性能恢复。

评估起落架维修状态对飞机的交易价格的影响应从以下几方面考量：

（1）起落架出厂后累计使用时间。累计使用时间越长，其价值越低。

（2）起落架LLP的剩余寿命和BTB文件完整性，要求与发动机的LLP一致。

（3）起落架剩余使用时间。一般起落架大修间隔为10年，刚完成大修的起落架价值在最高点，接近大修的起落架价值自然在最低点。这两种状态下起落架价值的差基本等于起落架大修的成本。这两种状态间的任一时点起落架的价值按照大修后已使用时间与大修间隔10年的比例进行分摊。

（4）起落架是否仍在OEM或者修理厂家的索赔期内，同发动机和APU。

（5）起落架的使用历史上是否发生过重着陆等可能会对起落架造成严重损伤的事件。如有，事件性质和严重程度对起落架的价值均有相应的影响。

新的运营人或规模较小的运营人往往不了解飞机交易市场情况，缺乏飞机引进经验，很难把握交易价格。飞机的交易价格是以飞机价值为基础的。因此，如何评估出合理的飞机价值是众多飞机引进方的共同需求，即使是那些成熟的大规模运营人也有同样的需求。众多的需求就会导致相关行业的出现，飞机价值评估行业也就应运而生。目前在国际上有国家航空器评估协会（NAAA）及国际运输类飞机贸易协会（ISTAT）等有影响力的飞机价值评估机构。这些评估机构以行业协会的组织形式出现，采用注册评估师制度。注册评估师通常需要有航空专业的学历，具有一定年限的航空从业经历和专业的飞机销售或者经纪人的工作经历，并通过规定的培训和考试。这些评估机构在飞机销售、飞机租赁、飞机售后回租、飞机退租及处置、飞机拆解以及飞机法律纠纷诉讼等方面，根据飞机的技术状态，结合市场的因素，独立提供中立的价值评估服务。

飞机价值评估机构都有成熟的飞机价值评估系统及完备的飞机机型数据库，通常可以根据客户的需求提供多种飞机价值评估服务：

（1）机队价值评估。根据运营人机队中的飞机型别和飞机数量评估出其机队总的市场价值和基准价值。

（2）飞机价值常规评估。在客户未指定飞机的情况下，通过因选择不同飞机型别、制造年份和构型而形成的组合进行评估，得出不同组合状态下飞机的价值和租赁费率意见。

（3）指定飞机、发动机估价。对指定的飞机或发动机进行评估，提供指定飞机或发动机的价值和租赁费率意见。

根据对飞机进行价值评估的目的，可以选择不同的评估方式。这些评估方式的区别在于评估的深度不同，评估的费用也不同。常见的飞机价值评估的方式有以下几种：

（1）桌面评估。桌面评估不包含对飞机的检查和维修记录的评审，是基于假设的飞机状态和维修状态或提供给评估师的信息进行的评估。桌面评估一般提供飞机的半寿估值，作为飞机价值评估中用于参照的基准价值。

（2）延伸桌面评估。延伸桌面评估也不包含飞机或其维修记录的现场检查，参考客户或飞机运营人提供给评估师的维修状态信息，考虑了飞机的实际维修状态，提供对飞机半寿基准价值进行调整后的飞机估值。

（3）深度桌面评估。深度桌面评估包含了对飞机及其维修记录的检查，检查旨在独立确认飞机和记录的总体状态，但不包含打开飞机检查盖板的检查及记录档案的详细评估。通常深度桌面评估根据飞机的实际维修状态和飞机及其记录的检查情况提供对飞机半寿基准价值进行调整后的飞机估值。

1.3.3.1　飞机价值评估常用术语和定义

飞机价值评估中会使用一些专用术语，下面以航升咨询公司（Ascend By Cirium）为例，将常用飞机估价术语定义介绍如下。

1.现值

现值指评估查询之日被评估飞机或发动机的价值和租赁费率，在查询之日有效。现值分为当前市场价值、当前基准价值、当前市场租赁费率和当前基准租赁费率。

2.预测价值

预测价值也可称为剩余价值或残值，即未来某个时点被评估飞机或发动机的价值和租赁费率。预测价值的评估以飞机或发动机在半寿状态和全寿状态为基准，在确定的年通货膨胀率（通常在0~3%之间）下，评估出未来某个时点在正常市场行情下的基准价值和疲软市场情况下飞机或发动机的估值。通常只对未来某个时点正常市场行情下的租赁费率进行预测，不对疲软市场情况下的租赁费率进行预测。

3. 飞机半寿

飞机半寿是一个标准的飞机评估行业术语，是为便于对飞机进行价值评估而设定的一个飞机维修的特定状态。在进行飞机价值评估时，确定评估飞机的实际状态与半寿状态间的差异，以半寿状态的飞机估值为参考值，根据飞机的实际维护状态进行价值调整，从而评估出飞机实际状态下的价值。因此，飞机半寿并不是指某架飞机使用了一半的寿命。半寿是假设机身、发动机、起落架和所有主要部件的维修状态处于其一半大修间隔，并且所有LLP已经使用了一半寿命的状态。

4. 飞机全寿

飞机全寿也是一个标准的飞机评估行业术语。飞机全寿是假设飞机处于以下特定的维修状态：

（1）机身刚完成深度检查，通常指D检；

（2）发动机刚完成性能恢复出厂；

（3）所有发动机LLP的已用寿命为零；

（4）起落架刚完成大修。

5. 飞机基准价值

飞机基准价值指在假设供需平衡且秩序正常的市场环境下发生的在买卖双方自愿、知情、无隐藏负债的单架飞机单次公正交易的半寿状态价值或全寿状态价值。基准价值是假设飞机维修状态处于半寿状态时的价值，如果飞机维修状态好于半寿状态，飞机的价值则应高于基准价值。反之，如果飞机维修状态低于半寿状态，飞机的价值则应低于基准价值。实际上，市场环境从来不会完全均衡且会受政治和经济事件的影响，因此飞机的交易价格会因非市场因素的影响偏离基准价值。飞机的基准价值取决于对飞机价值趋势的预测，价值趋势的预测需要对当前市场的看法以及预期的未来盈利能力和市场发展等因素进行综合考量。由于基准价值基于理想化的飞机状态和市场行情，因此不能反映飞机的实际价值，但是可以作为飞机价值评估的基准参考值，通过对其进行修正来确定飞机的实际价值。由于与长期的市场趋势有关，基准价值通常适用于分析历史价值和预测残值。随着机龄的延长，飞机的价值将趋向于达到一个几乎与机龄无关的水平，这时不同特定飞机的价值差异主要取决于发动机、起落架及APU等主要部件的维护状态。

6.飞机即时市场价值

飞机即时市场价值是即时市场条件下飞机最可能成交的价格。市场价值通常是根据对市场上最近交易信息的详细分析得出的结果。飞机即时市场价值取决于对飞机的预期需求、市场上交易难易程度以及评估师关于行业及行情的观点。与基准价值类似，飞机即时市场价值的评估也假设飞机的维修状态为半寿状态。在稳定的市场中，飞机即时市场价值基本与其基准价值趋向一致。由于合理的供需平衡市场是不存在的，如果飞机即时市场价值与基准价值出现偏离，表明市场中存在某些不平衡因素。如果飞机即时市场价值高于基准价值，表明飞机交易市场景气度较高；如果飞机即时市场价值等于基准价值，市场处于均衡状态；如果飞机即时市场价值低于基准价值，表明飞机交易市场景气度不高。

7.疲软市场价值

市场疲软情况是指世界或特定地区处于经济衰退或经济停滞时期，航空运力需求下降，运营人出现亏损、裁员及放缓机队增长计划的现象，市场供过于求，导致更多的飞机停场，飞机利用率降低，对飞机的市场价值产生了负面影响。疲软市场价值是根据基本价值并结合市场疲软情况下的供需关系预测得出的。

8.残值

残值是飞机、发动机在未来某个日期所具有的价值。

9.拆解价值

拆解价值是指飞机、发动机或主要部附件的实际或估计销售价格，这些销售价格是基于那些能够再次安装于其他飞机或发动机使用的、可销售的部附件的价值，但在确定和表述拆解价值时应说明是否包括拆解成本。当把飞机拆解成单个零部件，并以现状进行销售所产生的现金收益大于飞机整体的市场价值时，可以考虑进行飞机拆解以获得更高的收益。对于发动机和起落架等高价值项目，拆解价值可根据其在下次大检或大修之前可以使用的时间或循环来估算。此外，拆解价值也是一个会计术语，指的是该资产在其账面折旧期内已经完全折旧后的剩余价值，这时的拆解价值并不等同于市场价值。

10.报废价值

报废价值是指仅以飞机、发动机或其他主要组件的金属或其他可回收材料成分为基础所评估的实际或预计市场价值，不包括剩余的可供销售的、可重复使用的零件或部件的价值。报废价值通常会扣除拆解和处置的成本。在某些情况下，如果拆解和处置成本太高，报废价值可能为零，例如那些无法被回收的有毒有害材料或复合材料组件。

11.飞机当时市场租赁费率

按月支付的市场租赁费率是根据飞机现值测算的。以航升咨询公司为例，经营租赁市场租赁费率评估基于以下假设：

（1）经营租赁期为5年；

（2）每月预付固定额的租金款项；

（3）每个租赁期结束时飞机的残值与航升咨询公司评估的租赁期结束时飞机的基准价值一致；

（4）与具有合理信用风险的运营人合作。

从根本上说，租赁费率是一种付款方式，即在一定期限内，以一定的折现率将现值摊销为残值。贴现率应反映出租方面临的风险，主要是承租方的信誉、利率环境和出租方期望的回报。给定的租赁费率不包括任何维修储备金。

12.飞机基准租赁费率

按月支付的基准租赁费率是根据现值和预测值测算的。以航升咨询公司为例，基准租赁费率的评估假设条件与市场租赁费率评估的假设条件相同。虽然可以观察和评估过去和现在的交易以及市场条件，以提供历史和当前市场租赁费率的估值，但航升咨询公司使用了租赁费率系数（LRF）曲线的方法来预测租赁费率。LRF曲线方法源于所有以前市场条件下发生的历史交易，与"假设"类型分析不同，LRF方法预测"平均"飞机的"平均"租赁费率，并非针对某一架指定的飞机。航升咨询公司开发了各型别飞机租赁费率系数曲线，将市场租赁费率与市场价值的比率和飞机的机龄联系起来。这些曲线是从历史交易数据发展而来的。在进行评估的时候，将特定的飞机状态数据与同型别飞机租赁费率系数曲线进行比较，使用租赁率因素曲线和预测基准值，并综合考量指定的机队、构型等评估修正因素，最终得出预测租赁费率。由于不可能准确预测未来某个时点的市场情况，租赁费率的预测评估都是在假设市场环境稳定、供求关系平衡的条件下进行的。评估得出的租赁费率不包括任何维修储备金。

13.发动机现值

发动机现值是指在进行查询之日当天有效的发动机价值。发动机当前市场价值和当前基准价值是在发动机半寿、发动机全寿、大修后零使用时间和发动机到寿四种不同的维护状态场景下测算的。因此，维修状态是影响发动机价值最重要的因素。

14.发动机预测基准价值

发动机预测基准价值也称为发动机未来价值或剩余价值。发动机预测基准价值被赋予基准价值的含义，因为发动机的维修状况是影响其价值的一个重要因素，但不涵盖市场状况对发动机价值的影响。

15.发动机半寿

发动机半寿也是一个标准的评估行业术语，是为便于发动机价值评估而假设的一个发动机维修的特定状态。随着发动机的使用，其性能会下降，导致油耗增加，产生的最大推力减小，可靠性降低，最终发动机需要进厂大修以恢复其性能。在进行发动机价值评估时，根据评估发动机的实际维修状态与半寿状态的差异，以半寿状态的发动机估值为参考值，在价值评估过程中根据发动机的实际维护状态进行价值调整，从而评估出发动机的价值。因此，发动机半寿并不是指某台发动机使用了一半的寿命。发动机半寿是假设发动机的维修状态在大修间隔的一半，且假设发动机的所有LLP已经使用了一半的寿命。

16.大修后零使用时间的发动机

大修后零使用时间的发动机指大修后刚出厂未使用的发动机，其所有LLP被假定处于半寿状态。

17.发动机全寿

发动机全寿状态指发动机刚被大修的完全翻新状态，其所有LLP处于未使用的全寿命状态。实际上，所有LLP处于未使用的全寿命状态的情况很少发生，因为LLP具有不同的循环寿命，并且其生命周期也不一样，理论上要在不同寿命循环进行更换。但是如果发动机的维修储备金已全额计提，则LLP的剩余寿命和距下一次大修的剩余时间与已计提的维修储备金一并构成发动机在经济意义上的全寿命状态。

18.到寿（Run-Out）发动机的价值

到寿发动机指LLP到寿、运行参数超出其允许的极限值，或性能下降，需要进厂维修才能恢复使用的发动机。对到寿发动机进行价值评估时通常假定其LLP的剩余寿命为零。到寿发动机的价值与其大修成本密切相关。对于正在逐步被淘汰的发动机，其价值主要取决于发动机核心机的价值。

19.发动机市场价值

发动机市场价值是在指定时间点的市场条件下发动机能够最好地发挥作用的价值。发动机市场价值的评估是在市场环境公平有序的假设前提条件下进行的。发动机市场价值的评估包括对拟进行评估的发动机在给定时间点的市场行情和已有交易数据的调查研究，以及对该型发动机的市场需求热度和其在市场上的可获得性的调查研究，并进一步参考了知情业内人士所表达的观点。当天生效的发动机市场价值称为发动机即时市场价值。

20.发动机基准价值

发动机的基准价值是指在一个开放的、不受限制的、稳定的市场环境中，在合理的供求平衡的情况下，在充分考虑发动机最高和最佳的使用价值情况下，预测一台发动机在未来的经济价值。发动机的基准价值是在假设市场环境良好的前提下，通过发动机历史价值趋势预测得出的。

21.发动机市场租赁费率

通常按发动机即时价值测算出发动机的月付市场经营租赁费率。经营租赁费率需要考虑每笔交易的细节和当时的市场条件，然后才能确定标准化的经营租赁费率。经营租赁费率通常按月支付，在租赁期内不变。给定的经营租赁费率不包括任何维修储备金。

除了发动机的长期租赁，还有大量短期租赁的情况。发动机的短期租赁通常是为了临时替代需要大修的发动机，或者是为了替代因意外损伤需要修理的发动机。此类交易通常按飞行小时或按日历日或发动机热循环数结算。

1.3.3.2　飞机价值评估的设定条件

飞机价值评估依据的数据信息包括飞机制造商、飞机型号和衍生型号、飞机制造年份、在翼发动机制造商、发动机衍生型号和飞机最大起飞重量等。民用飞机的价值会因其构型存在差异而不同。典型的民用飞机构型有客机、货机、客货两用机和客货快速转换机。定制的商务飞机和定制的公务机的价值取决于其构型和内部装饰的豪华程度。飞机价值评估通常在以下假设条件下进行：

（1）飞机处于开放的、无限制的、稳定的市场环境中，具有合理的供需平衡状态；

（2）飞机的所有权和所有权文件清晰、有效，不存在影响飞机正常交易的情况；

（3）飞机的状态良好，没有损坏历史，所有AD和ASB都得以执行和控制，有完整的英文技术记录和文件；

（4）飞机制造商或型号合格证持有人能继续有效地支持飞机的运行；

（5）发动机制造商将继续有效地支持在翼发动机的使用；

（6）与其他类似级别和使用年限的飞机相比，飞机的设计和结构不会导致产生不必要的维护和大修费用；

（7）没有新的法律法规出台对飞机的运行特性、机龄及其他运行标准提出更高要求；

（8）飞机的使用和维修状态良好，其利用率和小时循环比处于同型别飞机的平均水平；

（9）飞机没有经历对其未来价值产生不利影响的事故。

1.3.3.3　机队价值评估

机队价值评估是通过评估系统模块将运营人或飞机所有权人的机队飞机的市场价值和基准价值进行评估并求和。通常机队价值评估需要以下信息数据：

（1）飞机制造商；

（2）飞机的基本型号或衍生型号；

（3）机队中飞机的平均机龄；

（4）运营人或飞机所有权人当前运行的或封存的飞机总数量（经营租赁项下的飞机或由经营租赁出租方管理的飞机不计在内）。

飞机价值评估系统根据机队的信息数据测算出每架飞机的基准价值和市场价值并求和，从而得出整个机队的基准价值和市场价值。

1.3.3.4　飞机价值的常规评估

飞机价值的常规评估适用于不指定飞机序列号或注册号，但希望获得某个机型及其衍生型、机龄和构型的不同组合下的估值。在飞机价值的常规评估中，可以通过评估系统的数据库提取出以下飞机详细信息，形成不同的飞机构型组合，对不同构型组合的飞机价值进行常规评估：

（1）飞机制造商；

（2）飞机的基本型号或衍生型号；

（3）飞机制造年份；

（4）飞机最大起飞重量；

（5）发动机制造商；

（6）发动机基本型号或衍生型号；

（7）飞机出厂日期。

飞机上如果安装了一些如翼梢小翼、顶部机组休息舱、平视显示器等可选构型项目，会对飞机的价值产生影响。

1.3.3.5　指定飞机的价值评估

指定飞机的价值评估是对一架指定序列号或注册号的飞机进行的价值评估。指定飞机价值的评估是先将飞机制造商、飞机型号和衍生型号、飞机制造年份、在翼发动机制造商、发动机衍生型号和飞机最大起飞重量等信息数据进行组合，形成多组飞机型号或衍生型号的基本构型数据信息，然后根据基本构型数据并结合飞机的个性化构型（比如翼梢小翼、前自备登机梯等）对评估的价值进行调整。指定飞机价值评估必须提供该架飞机的以下详细信息：

（1）国籍登记注册号：如果出售或租赁到另一个国家或在当前国家重新注册，注册号可能会改变。

（2）飞机序列号：飞机制造商赋予该架飞机的特殊机身标识，这种标识将在机身的整个使用寿命中保持不变，也称为飞机制造序列号（MSN）。

（3）飞机制造商：原始机身制造商。

（4）飞机型号和衍生型号：可以认为一个机型的几个衍生型号的飞机具有相近的价值。

（5）出厂日期：通常将指定飞机下生产线或首次飞行日期作为该机的出厂日期。

（6）发动机制造商。

（7）发动机型号和衍生型号。

（8）最大起飞重量（MTOW）。

（9）机身飞行小时数。

（10）机身飞行循环数。

（11）飞机构型：包括主要的可选构型项目，如翼梢小翼、顶部机组休息舱、平视显示器等。

（12）机身出勤日期（与机身飞行小时/循环相关）。

（13）当前运营人（如果飞机在湿租状态下，实际上可能由另一家运营人运营）。

（14）当前飞机所有人。

（15）当前飞机管理人（经营租赁出租方可以代表飞机所有人管理飞机）。

将以上指定飞机的资料数据录入飞机价值评估系统后，系统中的相关功能模块会计算出相应的评估值。然而，这类价值评估均属于延伸桌面评估或常规评估，这些评估方式并没有包括对飞机实体的检查，评估结果只能作为参考。要准确地评估出飞机或发动机的价值，还需要对飞机的技术状态进行检查，根据检查结果对延伸桌面评估的结果进行调整，从而得出比较准确的飞机或发动机估值。

1.3.3.6 发动机价值评估的设定条件

发动机价值评估通常在以下假设条件下进行：

（1）发动机处于开放的、无限制的、稳定的市场环境中，具有合理的供需平衡状态；

（2）买卖双方自愿进行交易，最长完成交易时间在12个月内；

（3）发动机不在租赁状态下，不存在需要缴纳的费用；

（4）发动机的所有权和所有权文件清晰、有效，不会存在影响飞机正常交易的情况；

（5）发动机的状态良好，没有损坏历史；

（6）所有适用的AD和ASB都得以执行和控制，有完整的英文技术记录和文件；

（7）发动机按照民航管理部门批准的国际上认可的维修方案进行维修；

（8）发动机制造商将继续有效地支持发动机的使用；

（9）发动机的设计和结构在正常的使用和合理的维修情况下，与同型号和同机龄的其他发动机相比，不会产生过度的维护和检修费用；

（10）没有新的国家噪声、环境法规或其他可能对发动机及其价值产生不利影响的法规生效；

（11）发动机不存在对其未来价值产生不利影响的因设计或材料导致的缺陷或事故。

1.3.3.7　发动机价值的常规评估

从理论和实践的角度看，如果同型号发动机使用状态相同，则它们应该具有相同的使用和报废价值。如果同型号发动机的LLP的寿命和大修周期是相同的，它们的价值则应该是相同的。因此，发动机价值评估不考虑其出厂日期，而只是将发动机视为使用过的发动机。以假设的半寿状态为评估标准状态进行价值评估，然后根据发动机的实际状态对评估价值进行相应调整。

对发动机进行价值常规评估时，需要以下发动机详细信息：

（1）发动机制造商；

（2）发动机型号及衍生型号；

（3）发动机具体构型。

对于状态介于全新和首轮大修之间的发动机，发动机价值会增加一个附加价值。这是因为这类发动机预期有更长的在翼使用价值，并且还处于制造商保修或索赔期内。

发动机制造商、发动机型号和衍生型号是发动机价值评估的必要基本信息。进行发动机价值评估时发动机构型不包括快速发动机更换附件（QEC），因为发动机制造商交付发动机时没有或很少安装了QEC，只是为了将发动机安装到飞机上，在更换发动机时需要安装QEC。不同发动机制造商对发动机的构型定义也各不相同。通用电气公司对飞机发动机的构型定义是完整的QEC（Full QEC），指准备就绪可以安装在飞机上的发动机，包括基本发动机硬件、所有买方提供的设备、快速发动机更换附件，以及相关发动机型号的排气喷管和进气整流罩。通用电气公司还有一个对飞机发动机构型的定义叫中性的QEC（Neutral QEC），指缺少几个主要航线可更换件的完整的QEC发动机，实际已安装的附件在发动机的构型清单中列出。罗尔斯·罗伊斯公司发动机的构型定义是"装扮好的"发动机（Dressed Engine），包括发动机本体及发动机电气系统、燃油系统、滑油系统和空气系统。IAE公司关于发动机构型的定义叫发动机组装套件，包括发动机本体、QEC、进气罩和尾喷管组件。

1.3.3.8　飞机预测价值的评估

飞机预测价值的评估是建立在飞机基准价值评估的基础之上的。飞机预测价值要考量的主要变量因素是经济、市场条件和飞机在其产品生命周期中所处的位置。飞机的预测价值体现了飞机在受政治因素或运营人战略决策因素影响的市场供需关系下，经过正常的折旧减值后具有的价值。为了使飞机预测价值的评估更精确，在飞机基准价值评估的基础上要考量通货膨胀的影响，这是因为通货膨胀掩盖了资产内在价值的减少。同时，我们还要考量每年国内生产总值和石油价格的变化这两个与飞机价值密切相关的周期性因素的影响。国内生产总值增长和航空运输需求有近似正相关的关系。国内生产总值增长，经济发展趋势向好，对航空运力的需求就会增加，飞机交易市场会呈现供不应求的状态。石油价格上升导致航空运行成本增加，会导致飞机交易市场呈现供大于求的状态。需要强调的是，我们不能保证对未来的周期性因素的研判是绝对正确的，历史上出现的"黑天鹅"事件是无法预知的。此外，还需要考量服役飞机的数量、飞机订单积压情况、飞机交易中客户的质量和数量等因素，这些因素很难用美元来量化，但它们隐含在二手飞机的销售价格中，对飞机价值有很大的影响。

事实上，实际飞机成交价值往往不可避免地偏离预测值，其原因有以下几个方面：

（1）飞机市场固有的波动性；

（2）对市场走向的判断出现偏差；

（3）偏离对基本交易条件的假设，例如遇险销售、一揽子销售、飞机的维护状态偏离全寿或半寿状态；

（4）交易飞机的构型偏离评估时假设的构型。

在比较实际市场价值和预测价值时，需要考虑以上这些因素的影响。综上所述，预测价值是期望值，也可以认为是市场的平均值，而实际市场价值是在这个平均值周围波动的。

1.3.3.9　发动机价值预测

发动机的最大价值在于为飞机提供动力的能力。因此，评估发动机价值与评估飞机的方法和内容有所不同。通常以下因素会影响发动机价值：

（1）LLP的价值：所有发动机都安装有以热循环数计算使用寿命的LLP。LLP一旦使用到"寿命极限"，就必须更换。在LLP被更换之前，其任何剩余的寿命都有相应的价值。

（2）进厂大修前的剩余时间：随着发动机的使用，其性能会逐渐下降，导致燃油消耗增加，可靠性也会降低。最终，需要对发动机进行一次维修，以恢复其性能。因此，发动机越接近其最佳性能水平，其价值就越大。

（3）报废价值：制造发动机的金属和安装在发动机上的电子设备仍具有的利用价值。

（4）索赔保修：新发动机具有制造商承诺的索赔保修权益，从而增加了发动机价值。

（5）使用价值：除了发动机物理部件的价值之外，发动机能够为飞机提供动力，通过执行航班使运营人获得经济收益，因此本身具备使用价值。

如果同型号（包括其衍生型号）的发动机使用模式相同，那么它们应该具有相同的使用价值和报废价值。此外，如果同型号（包括其衍生型号）的发动机的大修后使用状态和LLP的剩余寿命状态是相同的，那么它们的价值则应该是相同的。新发动机和旧发动机的区别在于是否已被使用和是否具有制造商提供的索赔保修权益。然而，并不是所有的发动机的使用模式都是类似的，比如备用的发动机，一年可能只使用几百飞行小时，而正常使用的发动机每年可能会使用数千小时。发动机的价值取决于维修状态。一个未使用的发动机将继续保持其价值，而一个到寿发动机的价值下降的数量等于对该发动机进行大修的成本额。因此，在评估发动机价值时我们不考虑发动机的生产年份，而将它们都视为旧的发动机。我们以假设的半寿状态作为评估的基准状态，评估出发动机半寿状态的基准价值，然后根据发动机偏离半寿状态的程度和是否进行过大修及是否具有索赔保修权益对基准价值进行相应调整，从而确定发动机的价值。此外，发动机LLP的价格和发动机的大修人工费是逐年上涨的，这对确定发动机价值有重大影响。新发动机的目录价格和LLP的目录价格对发动机的价值起着主导作用。只要发动机还在生产，只要市场对新的LLP的需求还没有减弱，涨价的现象就一直会存在。发动机大修的实际成本是其价值中的一个重要变量，特别是在其生命的早期阶段，通常会假设大修成本上涨率与潜在的通货膨胀率一致，即发动机大修的成本实际没有增加。需要注意的另一点是，尽管飞机在其使用寿命的初始阶段贬值更快，而发动机在使用寿命期间往往更好地保持其价值，因为经过大修的发动机的价值与新发动机的标价密切相关。

在飞机的产品生命周期的不同阶段，发动机的价值相应地有不同的变化趋势。发动机的经济寿命将跨越其所支持的飞机型号的生产周期，加上该型号飞机的服役时间，发动机的生命周期通常在40年以上，特别是如果该型号飞机成功地成为客改货的机型，其使用的发动机的生命周期将更长。发动机的生命周期可分为三个阶段。第一阶段是装备该型发动机的飞机作为一个新机型投入运行的阶段。在此阶段，运行新机型的均为飞机制造商的一手用户，随着投入运行的飞机数量逐渐增多，对发动机的需求稳健上升，但对备用发动机的需求不大。发动机的价值随着新发动机价格的上涨和通货膨胀率的上涨而增加。第二阶段，飞机一手用户开始将飞机出售给二手用户，或者改装成货机，形成该型飞机的用户数量增多但机队规模下降的现象。这时对备用发动机的需求增加，导致发动机的价值也会相应增加。第三阶段就是飞机产品生命周期的末期。这时该型飞机生产产量逐渐萎缩，最终停止生产，运行中的飞机逐渐退役，其使用的发动机在飞机停止生产之前就会停止生产。由于大量飞机的退役，可用发动机的数量供大于求，导致发动机价值在这一阶段急剧下降。

1.3.3.10　购买二手飞机的全面考量

飞机市场价值受很多因素的影响，除了飞机自身的构型及性能外，飞机的在役数量、未交付订单数量、运行区域、用户数量及成长性、飞机本身在其生命周期中所处的阶段等因素在飞机选型评估时都应予以考虑。同时还要考虑宏观经济状况对飞机市场价值的影响，因为宏观经济状况直接影响航空运输的市场需求，继而影响飞机的市场价值。因此，如果对未来航空运输市场有准确的判断，在宏观经济状况处于低谷的时点引进飞机是聪明之举，国内一家运营人在2003年非典疫情期间批量购买飞机就是典型的成功案例。

前面介绍了飞机进行价值评估的相关内容，实际上，在对购买飞机进行价值评估之前应首先选择适合引进的飞机机型。选定引进飞机的机型时，除了要考量安全性能这一首要因素外，飞机的运行性能要满足运行航线的要求，同时还要有运营盈利能力。有的机型由于设计原因天生就盈利能力低下，甚至不具备盈利能力。引进这样的机型会将运营人拖入举步维艰的局面。通常通过分析飞机每可用座公里或吨公里的直接运营成本、小时维修成本、签派放行可靠性、燃油消耗量等数据指标对飞机运营的盈利能力进行评价。选定引进飞机的机型时还应考量拟引进机型与运营人现有机队机型的通用性。这里讲的通用性指飞行机组的通用性和航材备件的通用性。例如空客320系列飞机具有很高的飞行机组通用性和航材备件通用性，运营人可以因此节省飞行机组训练和航材储备方面的成本支出。以上只是对飞机选型做了概要说明，需要强调的是，飞机选型与飞机价值评估相比，其意义和影响要重大深远得多，飞机选型将决定飞机引进后的运行安全和运营效益，直接影响到运营是否能够健康可持续发展。

通过上面对飞机价值评估的讲述，我们可以认识到飞机价值评估对飞机交易的重要性，我们也应该发现咨询评估机构虽然根据提供的飞机数据资料进行评估并给出了结果，但这个结果是咨询评估机构在没有看到飞机的前提下得出的。在进行评估之前设定了一系列的假设条件，这些假设条件与飞机的实际情况会有差别。比如评估时假设"飞机的使用和维修状态良好"，实际情况下飞机或多或少都会存在诸如结构腐蚀、结构疲劳、外来物撞击凹坑、管路渗漏、导线老化等缺陷，这些缺陷的修复都需要有相应的成本支出。因此，评估机构提供的评估结果只能作为参考，我们需要进一步解析所有偏离评估假设条件的项目及其对飞机价值的影响，然后对评估机构提供的评估结果进行修正。在所有可能出现的偏离项目中，飞机维修状态方面的偏离概率和偏离项目数量都很大，因此对飞机进行详尽的技术检查非常重要。为此，本书在后面的章节中有对飞机进行技术检查的详细介绍。

1.3.3.11 经营租赁二手飞机的全面考量

经营租赁二手飞机的价值评估与购买二手飞机的价值评估有一定的共同点，就是要对飞机进行价值评估。两者的不同点是经营租赁二手飞机时通过飞机价值评估为确定飞机的租赁价格提供参考，购买二手飞机时通过飞机价值评估为确定飞机的购买价格提供参考。在签订租约时，承租方需要核实所支付的租金价格是否合理，方法就是通过评估拟租赁飞机的现在市场价值和租赁期满时飞机未来的剩余价值，通过比较这两个值，估算出比较合理的租金水平。需要说明的是，飞机未来的剩余价值不可能十分精确，因为我们无法预测从现在到未来某个时点的阶段中有什么不确定事件发生，比如困扰全球的新型冠状病毒疫情。

经营租赁二手飞机时，飞机剩余价值的评估要以租约条款约定条件和所租赁飞机的基本状况为基础。在评估飞机未来剩余价值时，租约中关于经营租赁飞机的维修要求和飞机退租时的相关约定条款对飞机剩余价值的评估都是很重要的。

对经营租赁二手飞机价值进行评估时，除需要飞机的基本状况信息外还需要搜集关于所租赁飞机的一些特殊信息，比如该型号的飞机是否仍在生产，该型号的飞机的世界机队数量及其分布情况，运营该机型飞机的运营人有哪些及其运营情况如何，该型号飞机配置的发动机有几种选型及其特点和配置份额等。

飞机的机龄是影响飞机价值的重要因素。飞机在整个生命周期内，其价值呈现逐年递减的趋势，不同机龄的飞机维修成本不尽相同，导致其市场价值也不相同。一开始飞机处于全寿状态，随着飞机的使用，其维修状态最终会下滑到接近于零寿的状态，这时会对飞机进行大修，将各个附件和组件的寿命恢复到全寿状态，而飞机的价值也在大修结束后提高到全寿价值，在飞机的整个生命周期内如此往复，导致其价值围绕半寿价值点上下波动。在这个过程中，随着机龄的增加，非例行维修项目逐渐增多，其维修成本越来越高。因此，当老龄飞机需要进行大修时，需要计算大修成本与飞机所能恢复的价值之间的关系，如果前者大于后者就属于不经济维修，应选择对飞机进行退役处置。

对于进入生产周期末期或者已经停产机型的老龄飞机，由于其一手飞机可能已经在降价销售，并且数量逐步减少，因此其价值极易受市场影响。如果有新的替代机型出现，由于新机型的飞机整体性能会高于被替代的机型而更具有市场优势，将会加速被替代的机型飞机的折旧速度，使其市场价值快速贬值。

如果一个机型的世界机队数量较小且多数在国外，同时运营该机型飞机的运营人运营实力不强，该机型飞机的换手率不会高，飞机的使用和维修的状态也不会很理想。选择租赁这种状态下的飞机可能在日后的运营保障方面面临挑战。因此，这种状态下的飞机租金水平应低于市场热度较高的机型。

为了准确评估租金水平，在选定拟租赁的机源后，需要对该飞机的运行历史和维修历史及记录进行整理核查，以确定该飞机的维修状态。飞机的维修状态就是指在某一时点飞机上的所有附件和零部件的剩余寿命情况。飞机维修状态的相关项目中，LLP的状态对飞机价值的影响最大。LLP的寿命是固定的，到寿后必须更换，更换之后其价值根据更换后LLP的状态有所提升。如果更换了一个新件，则其价值恢复到新件的价值。另外一些附件和组件无法进行更换，只能进行性能方面的恢复或者大修，将其使用寿命重新恢复初始水平，但是其价值因具有使用的经历而不能恢复到全新状态时的价值。为了确定飞机的运行历史和维修现状及已发生的维修成本，至少要核查以下数据或信息：

（1）飞机机身已使用的飞行小时数和循环数；

（2）发动机已使用的飞行小时数和循环数；

（3）电子设备的型号、件号及已装机使用时间；

（4）维修检查结果，包括已完成的维修项目、发现的问题及修复情况、距下一次检查所剩的时间。

评估飞机的价值时通常选择飞机的半寿状态为评估价值的基准状态，根据飞机实际状态与半寿状态的偏离量对飞机半寿基准价值进行调整，从而得到飞机的评估价值。因此，我们可以根据维修检查结果中已完成的维修项目、发现的问题及修复情况、距离下次检修的时间计算出飞机偏离半寿状态下分摊的维修成本数据，尚未被分摊的那部分维修成本就是飞机现有价值的组成部分，与租金水平密切相关。需要注意的是，飞机维修项目的检修周期存在差异，因此需要对检修周期不同的维修项目单独进行测算。同时还需要注意的是，在进行租赁合同谈判时要争取到一个合理的机身、发动机、起落架、APU的维修补偿金的补偿费率，以对飞机偏离半寿状态时的价值进行合理的调整。维修储备金的余额加上飞机维修状态本身的估值应该等于飞机在全寿状态下的价值。

1.4　二手飞机引进方式

二手飞机的引进方式主要分为购买和租赁。购买是通过交易双方签订合同由购买方通过买卖交易获得飞机所有权的过程。租赁则是通过交易双方签订租赁合同由承租方获得飞机使用权的过程。飞机的租赁又分为干租（Dry Lease）和湿租（Wet Lease）。干租又分为经营租赁（Operating Lease）和融资租赁（Finance Lease）。干租是只对飞机的租赁，不包括保险、机组人员、维修等。通常租赁公司多采用干租的方式将飞机出租。干租要求承租方负责飞机的运行控制，并将飞机的国籍注册在承租方名下。湿租飞机的方式基本上就是1.4.4小节中介绍的飞机、机组、维修、保险（ACMI）方式。通常湿租租赁期不少于一个月，多为1~2年。

1.4.1　经营租赁

经营租赁是飞机租赁的主要模式之一，承租方按期支付租金。租赁到期后，飞机退还出租方。经营租赁主要有以下特点：

（1）承租方不承担飞机所有权上的一切风险，包括飞机陈旧过时的风险和处置旧飞机资产的风险。

（2）租期结束后承租方可以要求续租或退租，也可在租约到期后考虑购买飞机。

（3）相比融资租赁合同，经营租赁合同中对飞机的维护、维修、大修和日常运营等方面对承租方的义务作出详细的约定，有大量的技术条款和法律条款相结合。

（4）出租方的代理人有权代表出租方在飞机运营期间拥有频繁的检查飞机的权利。经营性租赁的出租方通常每年对飞机进行一次检查，而融资性租赁通常为一年半一次或更久对飞机进行一次检查。

（5）经营性租赁合同中承租方需要更为频繁地向飞机出租方提交租赁飞机的运行状况数据。

（6）经营性租赁合同中对租期结束时退租条件的约定较为详细而明确，包括退租的整个流程、对租赁飞机的技术状态要求、对租赁飞机维修补偿金的评估流程和计算方法等。经营性租赁飞机退租的时间往往会尽可能和飞机的大修（一般为C检）时间相匹配。

飞机经营租赁在约定的租赁期内收取的租金不能够完全覆盖出租方支付的飞机的价格，租赁期低于飞机的使用寿命。租金一般按月或者按季支付。承租方承担租赁期内飞机的维修费用。飞机的保险费用由承租方支付并投保，飞机的大修费用可以维修储备金的形式向出租方支付。飞机的经营租赁期一般为6~12年，用于进行客改货的二手飞机的经营租赁期一般为10~15年甚至更长，原因是客改货的投入需要更长的租期来消化。租期结束后承租方有续租、退租、留购的选择权。飞机租赁公司以较低的资金成本购买飞机，租期内赚取利差。租约到期后以再次租赁或出售飞机的残值来收回成本并获得利润。

1.4.2　购买

购买飞机就是通过交易取得飞机所有权和使用权的过程。购买飞机还可根据购机资金的来源不同分为自有资金购买和贷款购买两种方式。由于飞机购买价格不菲，航空运输业利润微薄，采用自有资金购买飞机的方式会使购机方承受很大的资金压力。因此，行业内用自有资金购买飞机的情况并不多，通常更倾向于通过向银行或非银行金融机构贷款来购买飞机。采用贷款方式购买飞机使得购机方可以拥有飞机的所有权和使用权，优点是对飞机具有完全的支配使用权，没有使用期限的限制，且飞机的交易只涉及飞机的买方和卖方，交易结构简单，风险小，易操作；缺点是机队规划的灵活性不如经营租赁且需承担飞机残值的风险，对飞机购买方的资本要求较高。

1.4.3　融资租赁

融资租赁也称为资本租赁。飞机的融资租赁是由承租方选定引进机源，由出租方出资来购买飞机并取得飞机所有权，飞机由承租方使用，出租方收取租金，但对交易过程中的飞机验收、交付及租期内的维修使用以及经营中的风险不负责任。融资租赁主要有以下特点：

（1）拟租赁飞机的型号、数量由承租方自己选定，租赁公司只负责按用户要求融资购买飞机，对于飞机缺陷和交付延期的赔偿等权利均转让给承租方。

（2）出租方是飞机的法定所有人，承租方按协议规定在约定租赁年限内将全部租金支付完毕后，飞机所有权可以以名义价格或直接无偿转让给承租方。

（3）承租方负责所租飞机在租期内营运的一切费用，如维修、保险、纳税等。

（4）融资性租赁合同中尽管规定出租方有对飞机进行检查的权利，但是很多出租方在实务中视情可能会不要求行使此权利。

（5）在融资租赁中出租方对飞机的具体运行情况关注较少。

飞机的融资租赁期通常在5~15年，承租方支付的租金一般超过飞机市场价值的90%。飞机融资租赁的交易结构至少涉及三方，需要至少签订两个基本合同，即出租方与飞机出售方签定的购机合同和出租方和承租方签定的租赁合同。此外，承租方和飞机出售方要有相应的飞机交接协议。通常在融资租赁方式下，飞机会出现在承租方的资产负债表上。因此，融资租赁也可被视为一种购买飞机的融资方式。

1.4.4 ACMI

ACMI是飞机湿租的一种方式，在国际上被广泛使用。ACMI方式下由出租方提供飞机和一名飞行员或完整的机组人员，并承担飞机的所有维护费用和飞机保险及第三者责任险，以及机组的工资和津贴。出租方将按飞机运行的轮挡小时（从撤轮挡到堵轮挡的时间）为单位收取租金，并设置每月最低使用轮挡小时。如果飞机在一个月内飞不够每月最低使用轮挡小时，承租方必须按照每月最低使用轮挡小时支付租金。承租方需承担燃油费、飞机起降费、货物地面处理费、飞机停场费、机组膳食和交通费、签证费用以及当地税。此外，承租方必须提供乘客、行李和货物保险，在特定情况下还需要支付战争险的费用。如飞机跨境运行，承租方还需支付飞越飞行导航费。这是因为当ACMI航班运行时，该航班使用由国际民航组织发给运营人的航班号。为了支付空中交通管制服务的费用，航班飞越的国家将向航班号所有者发送账单，该航班号可以通过其代码轻易识别。通常出租方会有自己的代码，但出租不想使用它，否则账单就会发到出租方那里。通常ACMI租约要求承租方提供自己的航班号，以便账单直接寄给承租方。因此，ACMI租赁通常只能在两家国际民航组织成员国的运营人之间进行。

还有一种湿租方式叫潮湿租赁（Damp Lease），类似于ACMI租赁，区别在于出租方不提供乘务人员，由承租方提供乘务人员。只有承租方的乘务人员接受了出租方的安全和紧急程序培训，了解飞机的差异后才能参加运行。这种飞机租赁方式极少被采用。

另一种与ACMI相似的飞机运力使用方式是包机（Chartering）方式。通常包机方以飞机运行的轮挡小时为单位向飞机运力提供方支付包机费用，除此之外不再承担其他与包机运行相关的费用。包机与ACMI的最显著区别在于ACMI方式下承租方具有飞机的完全使用权，而包机方式下包机方只拥有执飞包机合同中约定航班的飞机使用权。

1.5 二手飞机引进方式的比较

二手飞机通常是从飞机租赁公司或其他航空运输运营人那里租赁或购买，特殊情况下也不排除从飞机生产厂商那里购买。了解引进飞机各种方式的特点有助于对飞机引进方式进行选择和决策，下面就几种飞机引进方式的特点进行分析。

1.5.1　飞机经营租赁的特点

飞机经营租赁可以提高承租方机队灵活性，在飞机选型及租期方面具有较大的灵活性。承租方可以根据市场需要增减航空运力，灵活选择机型，从而满足特定时期运力的需求，以应对在不同经济环境和运行环境下市场需求的变化和运营战略的变化，便于引进新的机型，避免因拥有飞机所有权而不便于对机队快速更新，可以在较短的时间内完成对航空运力的调整。通常运营人的临时运力需求或过渡性运力需求多采用经营租赁方式来得到满足。飞机经营租赁是运营人解决机队扩张与资金短缺矛盾的最有效途径。在飞机经营租赁项下，承租方不需要先付款购买飞机即可享有飞机的使用权，从这个角度理解，飞机经营租赁也有一定的短期筹资作用。由于经营租赁的飞机所有权不属于承租方，承租方无须对经营租赁的飞机进行资本化。但新的会计准则要求运营人将租赁资产（短期租赁和低价资产租赁除外）都列入资产负债表，确认为使用权资产和租赁负债。租赁飞机的使用权资产，主要是租赁期内支付的租金额与租期末将租赁飞机退租预计发生的维修成本之和的折现值。对于新起步的运营人和资本压力大的运营人，通过经营租赁的方式可以解放资金占用，扩大融资来源，取得更大的经济效益。从承租方的角度来讲，经营租赁的风险相对较小，因为经营租赁简单灵活，交易结构基本为双边交易，通常不涉及第三方，交易关系和交易形式明确，主要可能涉及的风险通常为不可预期的自然灾害风险、政治风险及汇率风险等。

1.5.2　购买飞机的特点

采用购买方式引进飞机，运营人较租赁方式可以在税收方面减少支出，拥有飞机的所有权和处置权，但需要支付大额的购机款。如通过贷款购买飞机，在运营人经营状况和财务状况良好的情况下，可以充分发挥财务杠杆的作用，有利于运营人持续保持良好的经营状态。通过贷款来购买飞机的操作较为简单，飞机交易环节不涉及其他方，付清了贷款就拥有飞机的所有权，可以自由地对飞机进行处置。贷款购买飞机需要一次性大额资金投入，会在筹措资金方面给运营人带来压力，对运营人的财务状况影响很大，资产负债率会增大，资本结构变差。采用购买的方式引进飞机后通常不会在短时间内将飞机再次交易，因此使得运营人机队的灵活性降低，同时运营人因为购买了飞机而需要承担未来处置飞机残值的风险。

1.5.3　飞机融资租赁的特点

融资租赁是以融通资金为主要目的的租赁，是融资与融物相结合的一种筹集长期资金的方式。承租方在进行融资之前，首先应该对融资进行成本分析，只有对融资的收益与成本进行比较，同时考虑不确定的风险成本，才可在融资资金所预期的总收益大于融资的总成本时考虑融资。融资租赁对于承租方的好处是不必筹集大笔资金就可以获得飞机的长期使用权，在最终交完尾款后拥有飞机的所有权。在整个租赁期内租金按合同的约定交付，避免了金融波动的风险。通常飞机融资租赁的租赁期比贷款购机的融资期限长。在融资租赁合同期内，承租方必须连续支付租金，非经双方同意，中途不得退租，这样既能保证承租方长期使用融资租赁的飞机，又能保证出租方在租赁期内收回投资并获得一定收益，因此这种租赁合同的稳定性较强。融资租赁也面临一定的风险，首先是当事方违约的风险，由于融资租赁的参与者多，交易结构相对复杂。如果某一方违约或交易环节出现非预期的情况，就会造成一定的纠纷和问题。如果出租方和承租方在不同的国家，政治上和外交上的风险和非预期的事件发生都会使承租方承担风险。由于融资租赁项下的支付租金体现在承租方财务报表上，会增加承租方的负债，挤压外部筹措资金的空间。融资租赁的飞机达到一定数量时，会使资产负债率过高，占用承租方在银行的信贷额度，从而降低承租方的评估等级，使承租方从银行融资或贷款难度增大。如果承租方筹资不足，就会影响公司经营和投融资计划的实施，影响运营的正常开展。如果承租方负债过多，超出了其可承受的限度，会导致偿还困难，增加财务风险。飞机融资租赁交易结构较经营租赁复杂，可能出现的风险包括承租方经营困难、不能如约支付租金及金融方面的风险，比如利率、汇率以及税率的变动等。和飞机经营租赁一样，飞机融资租赁也会面临因自然因素导致飞机损伤的风险，从而给承租方或出租方带来损失，但这类风险造成的损失可以通过保险获得偿付。

1.6　二手飞机引进方式的选择

1.5节阐述了几种飞机引进方式的特点，在选择飞机的引进方式时需要结合这些特点进行多维度的考量，以确定最优的飞机引进方案。确定飞机引进方案时，要衡量飞机引进的资金支出金额，评价购买或租赁飞机哪种方式更经济。这时需要通过评估飞机租赁的经济效益来测算，判断租赁飞机与购买飞机两种方式的经济性，以决定采用租赁方式还是购买方式引进飞机。

飞机引进方式的选择往往取决于资金方面的现有实力或潜在实力。仅从资金支出的角度来看，大量案例分析表明，购买飞机的方式是最经济的，融资租赁飞机的方式次之，经营租赁飞机方式的经济性排在第三位。一般情况下，如果飞机引进方资金实力雄厚，需要增加企业的固定资产、扩大企业规模，购买应作为引进飞机方式的首选。如果飞机引进方自有资金相对不足而且融资能力不强，或拟引进的机型是用于过渡的，需要在短期内扩充机队，尽快投入运营，增强短期内的运载能力，可以选择交易结构简单且风险较小的经营性租赁。如果飞机引进方资金相对充足或具有良好筹资渠道，需要增加企业的固定资产、扩大企业规模，立足于长期投资，则可以选择合同稳定性强的融资租赁方式。

经营租赁飞机时，飞机租赁期满后退租给出租方时，承租方往往要承担大笔的退租费用。此外，飞机经营租赁的承租方，其飞机维修工程管理的水平至关重要。如果维修工程管理的水平不理想，飞机退租的费用必然增大。国家政策对引进飞机的方式也有影响。2010年，中国海关将飞机维修费用纳入征税范畴，随着飞机的不断老化，飞机的维修成本会逐年增加，承租方的税赋进一步加重。如果没有好的租赁条件，尽管目前经营租赁占有相当大的比例，也应慎重考虑采用经营租赁的飞机引进方式。在采用融资租赁方式时，如果机队中的融资租赁飞机比例过高，由于租赁期长，租金数额大，会影响飞机引进方经营的经济效益，导致偿债能力低，抗风险能力降低。如果自购飞机比例过大，飞机引进投入的资金额过大，资金周转的周期长，也不利于飞机引进方的日常经营。因此，需要根据对资金的需要和经营的实际状况以及融资的能力和成本情况，确定合理的融资租赁飞机的规模。这也说明了为什么我们很少看到只采取一种方式引进飞机的运营人。

综上所述，飞机引进方在选择飞机引进方式时，应该考虑其资本实力和经营状况，要根据其战略规划及抗风险能力综合考虑。同时根据自身经营状况，参考几种飞机引进方式的特点，权衡利弊，最终决定飞机引进方式。

1.7 飞机引进方式的创新

当前，国内运营人广泛采用"保税租赁"的方式引进飞机。飞机保税租赁是飞机租赁公司通过在国家批准的境内综合保税区内设立特殊目的公司（SPV），开展面向国内外市场的飞机租赁业务模式，经过创新，已涉及出口租赁、离岸租赁、联合租赁等多种创新业务方式。本质上该模式仍是租赁，与非保税租赁模式相比，在该模式下承租方无须一次性缴纳进口关税和增值税，通过政策准入、税收优惠和流程完善等方法，为承租方大大节省了成本支出和当期现金流出。上面提到的SPV，是飞机租赁公司依据国家有关法律、法规，在保税区为从事飞机租赁业务并实现风险隔离功能所专门设立的项目子公司。由SPV作为出租方向承租方租赁飞机，目前已成为飞机租赁业务普遍采用的模式。

传统的租赁模式与保税租赁模式相比，一方面存在重复征税等问题，对于承租方来说成本支出较高，另一方面存在飞机出租方无法收取外币租金等问题，不利于飞机租赁公司资产的管理。目前，国内各大综合保税区为了促进保税租赁业务的开展，均给予SPV以及承租方各种税收优惠政策。以天津东疆综合保税区为例，2011年5月，国务院批复赋予天津东疆综合保税区在国内率先开展融资租赁业的"先行先试"政策。在国家政策的驱动下，天津东疆综合保税区放宽了融资租赁公司的设立条件，允许天津东疆综合保税区内设立单机融资租赁子公司，不设最低注册资本限制，促进更多的国内公司进入融资租赁行业。天津东疆综合保税区的飞机保税租赁模式是由飞机租赁公司在天津东疆综合保税区注册一个SPV，根据承租方的需求和合同约定，由SPV公司作为出租方以保税的形式引进飞机，承租方无须一次性缴纳进口关税和增值税，也可免除预提所得税和预提增值税。具体操作方法是SPV自飞机制造商购买飞机或获得购机权，并与承租方签署飞机租赁合同。如SPV需要融资，则可以飞机为抵押从融资机构获得本/外币融资，若项目还需要提供担保，则担保方与出租方签订担保合同。飞机租赁公司将依据购机协议和租赁合同将飞机购机价款汇至天津东疆综合保税区内指定的SPV，由SPV向飞机制造商购买飞机，飞机价款支付完成后，SPV根据需要可以将飞机交付接收的权利全部或部分地转让给承租方，签署书面的授权委托书，或出租方直接参与飞机交付接收的具体工作。承租方在办理飞机入关手续时，可充分享受天津东疆综合保税区给予的税收优惠政策。由出租方和承租方分别向天津东疆综合保税区海关和承租人主运营地海关备案，办理相关海关手续，分期缴纳关税和增值税后，即可获准在国内进行运营。租赁期内，承租方向SPV按期支付租金。租赁期末，SPV根据租赁合同的约定，对于在承租方支付完所有租赁款项、飞机期末购买价款和其他应付款项后，将飞机的所有权转移至承租方名下或退还飞机至SPV，飞机租赁交易完成。税收优惠是开展飞机保税租赁业务的主要推动因素，采用保税租赁模式对承租方和出租方都有利，可以降低飞机引进的税负，降低交易成本。保税租赁模式具有的优势会在未来我国飞机租赁市场上全面显现出来。

第2章　引进二手飞机的行业管理要求

　　飞机引进涉及机队规模布局、机队规划、飞机运行安全等多个方面,有时甚至需要对政治、经济、安全等因素进行综合考虑。因此,飞机的引进必然需要政府行业管理部门进行管理与调控。国家发展和改革委员会和CAAC是我国对飞机引进工作实施行业管理的政府机构,负责民用飞机引进规划审批、飞机引进审批、适航审批、运行维修审批等多个环节的管理与调控。下面从飞机引进批准文件的要求、适航管理要求、运行要求和维修要求几个方面介绍行业管理部门如何对引进二手飞机进行管理。飞机引进方在引进二手飞机过程中必须不折不扣地满足行业管理部门的这些管理要求。

2.1　飞机引进规划及审批要求

　　依据CAAC颁布的于2021年9月1日生效的《运输飞机引进管理办法》,国内的CCAR121运营人在短期(一年及以下)经营租赁、短期续租运输飞机时,运营人应向其所在地区管理局提出申请,经地区管理局评估后报CAAC最终批准。在境外飞机引进(不含短期经营租赁和境外湿租)及长期续租飞机时,运营人应向其所在地区管理局提出申请,地区管理局出具评估意见,CAAC出具审核方案,报国家发展和改革委员会批准。运营人和所在地区管理局应在每年按照要求的时限报送当年及下一年度飞机引进计划或评估意见。运营人在提交飞机引进申请时,应提交下述资料:

　　(1)申请人概况、机队规划执行情况、机队规模及近期飞机实际引进、退出情况;

　　(2)计划引进飞机的机型、数量、飞机来源、引进方式、租期、引进月份;

　　(3)计划续租飞机的机号、机型、原起租日期、原租期、续租起租日期及租期;

　　(4)计划退出飞机机号及日期;

　　(5)航空安全情况;

　　(6)守法信用情况;

（7）民航发展基金缴纳以及民航安全保障财务考核情况；

（8）计划引进飞机投放基地及执飞航线；

（9）可用机组现有实力及最近12个月平均飞行时间数据；

（10）最近12个月航线维修放行人员疲劳管理水平；

（11）计划引进机型的民航局型号设计批准及补充型号设计批准。

在实际管理中，国内有的地区管理局的要求会高于规章的标准，比如在审批飞机引进时签派人员也提出相关的要求。

二手飞机作为运营人飞机引进来源的一种，也必须满足上述民航局的飞机引进管理办法，以保证运营人飞机引进工作的有序开展。

2.2　飞机引进适航管理要求

适航管理是为保证飞行安全而进行的行业技术管理，涉及飞机的设计、制造、运行、维护各个环节，可以说贯穿了飞机的全寿命周期。飞机运营人承担飞机安全运行的主体责任，在引进飞机之前应首先确认其适航批准状态，并在投入运行前对引进飞机进行监造、监修，在飞机交付前做单机适航检查。在上述工作完成后，向CAAC申请民用飞机国籍登记证、标准适航证和无线电台执照。涉及的CAAC规章和程序文件主要有以下几种：

（1）CCAR21《民用航空产品和零部件合格审定规定》；

（2）CCAR25《运输类飞机适航标准》；

（3）CCAR26《运输类飞机的持续适航和安全改进规定》；

（4）CCAR45《民用飞机国籍登记规定》；

（5）CCAR39《民用飞机适航指令规定》；

（6）AP-45-AA-2008-01R3《民用飞机国籍登记管理程序》；

（7）AP21-AA-2008-05R2《民用飞机及相关产品适航审定程序》；

（8）AC-21-AA-2008-15《运营人飞机适航检查单》；

（9）AC-21-AA-2010-16《民用飞机监造工作要求》。

2.2.1　引进飞机的国籍登记

对于从境外引进的二手飞机应首先注销原国籍注册登记，才可申请在中华人民共和国注册登记，经CAAC确认满足CCAR45《民用飞机国籍登记规定》的要求后，获得国籍登记证。注销原国籍注册登记的工作应由引进飞机原国籍登记证的持有人向其所在国的民航管理部门申请，并获得所在国民航管理部门颁发的已取消注册登记的证明。中国国籍登记证的申请应在CAAC官方网站上申请，网址为amos.caac.gov.cn。申请在我国注册登记引进的飞机要按AP-45-AA-2008-01R3《民用飞机国籍登记管理程序》的要求网上提交下述文件：

（1）申请书；

（2）引进飞机批准文件；

（3）交接文书；

（4）已注销外国或地区国籍的证明；

（5）申请人拟从事国际航行的，应提供申请人的英文名称及相关证明文件；

（6）民航局要求提交的其他有关文件。

依据CCAR45及相关程序要求，在我国注册登记的民用飞机应当在飞机外部规定位置喷涂国籍标志、登记标志并随机携带国籍登记证方可运行。运输类飞机国籍登记标识的喷涂位置为机翼和尾翼之间的机身两侧和右机翼上表面和左机翼下表面。运营人的法定名称喷涂在机身两侧和右机翼下表面和左机翼上表面。运营人的标志喷涂在垂尾两侧。运营人出于宣传和广告的需要，可在机身喷涂其他图案，但这些图案不得与国籍登记标志相混淆。取得中国注册登记的飞机受中国法律管辖和保护，也就意味着必须满足中国的适航、运行、维修等方面规章和程序要求，接受CAAC的监管。飞机国籍注册登记或转移不作为产权的证据，而是管辖权和安全责任的象征。

2.2.2 飞机引进前的机型设计批准

除获得2.1节所述飞机引进批准文件（习惯称为购租机批文）之外，运营人在引进飞机前，应确认飞机的适航批准状态。首先需要做的是核实该型飞机是否已得到CAAC的型号设计批准，否则依据我国民用航空法，该型号民用飞机将不得在中国投入商业航空运行。

对于国产型号飞机，民航管理部门的设计批准方式为对飞机基本型号或者衍生型号颁发型号合格证（TC），对于二手飞机还要特别关注其在基本型号或者衍生型号构型基础上执行的所有加改装是否取得以下任一形式的批准：

（1）型号合格证数据单（TCDS）更改；

（2）补充型号合格证（STC）；

（3）改装设计批准书（MDA）。

需要说明的是，STC适用于对设计大改的批准，而MDA则适用于对设计小改的批准。

对于进口型号飞机，民航管理部门的设计批准方式为，对进口飞机基本型号或者衍生型号颁发型号认可证（VTC），对于二手飞机还要特别关注其在基本型号或者衍生型号构型基础上执行的所有重要加改装是否取得了以下任一形式的批准：

（1）型号认可证数据单（VTCDS）更改；

（2）补充型号认可证（VSTC）；

（3）设计批准认可证（VDA）。

需要注意的是，VTCDS、VSTC适用于对进口飞机的设计大改的批准，VDA适用于对进口飞机零部件的设计批准。对于进口飞机型号的设计小改，一般基于双边适航协议，CAAC对出口民航当局的批准直接予以认可，但应当具有相关批准的证明。

2.2.3 引进二手飞机的适航检查要求

为保障民用航空安全，维护民用航空活动秩序，规范民用飞机及其相关产品的适航管理，CAAC颁布了AP21-AA-2008-05R2《民用飞机及其相关产品适航审定程序》，对民用飞机及其相关产品的适航检查及相应适航证件进行管理。该程序对引进全新飞机及二手飞机的适航申请、适航检查、颁发标准适航证提出了详细而具体的要求。下面介绍CAAC对运营人在签署二手飞机购租机合同前进行飞机预检和飞机交付前的监修及适航检查的要求。

2.2.3.1 引进二手飞机的预检要求

依据AP21-AA-2008-05R2《民用飞机及其相关产品适航审定程序》的要求，按照CCAR-121审定合格的国内运营人引进二手飞机时应满足以下要求。

1.二手飞机的履历要求

拟引进二手飞机的运营历史清楚，具备完整、有效的履历和维修记录，其维修记录应至少保存以下信息：

（1）重要改装的批准情况及工作记录；

（2）AD和SB的执行情况；

（3）超手册修理记录；

（4）非例行工作记录及工作单；

（5）事故及重大事件记录。

二手飞机多属老龄飞机的特点使得飞机维修记录的管理成为飞机接收时的检查重点。如果飞机维修记录不满足CAAC的管理要求，将导致引进的飞机不能取得适航证，也就无法投入运营。二手飞机往往经历了多次交易，由于管理手段和管理标准不同，很容易造成维修记录管理不规范的状况。二手飞机往往执行的改装也比较多，为了满足运行标准要求对一些航空机载电子系统进行了加改装。这些改装项目的改装方式或改装厂家可能各不相同，建议至少按照以下几个方面开展飞机维修记录的整理：

（1）飞机部件记录，包括装机部件清单和LLP清单；

（2）CAD/AD执行清单；

（3）结构修理记录，包括结构修理及改装、机身外部缺陷、载重平衡、腐蚀控制；

（4）改装记录，包括改装记录文件、批准文件、ICA文件等；

（5）SB执行清单。

2.二手飞机的部件要求

拟引进二手飞机交付前，其所有人应向飞机引进方提供完整属实的装机清单，以使飞机引进方及时、全面、准确掌握拟引进二手飞机的装机设备状况。该装机设备清单的内容不得少于原制造厂给出的装机清单内容，并应包括自二手飞机出厂后所有更换件的记录。

装机设备使用、维护、更换、安装记录必须完整、有效，具有可追溯性。装机的LLP需有CAAC认可的适航批准标签且能够满足BTB的追溯要求。对于其他零部件，需有适航批准标签或CAAC认可的有效合格证件或可接受的证明性文件。

3.引进二手飞机的预检要求

考虑到二手飞机大多机龄较长且可能多次易手的情况，为保护国内飞机引进方利益，保证二手飞机的持续运行安全，CAAC规定引进二手飞机的运营人在签署购、租机合同前要对此类较为复杂的二手飞机进行预检，并对预检内容和报告形式进行了规定。预检工作原则上由运营人派出有丰富工程经验和维修经验的本公司人员承担。考虑到一些运营人的特殊情况，如公司新成立或引进二手飞机为运营人执管机队的新机型，依据AP21-AA-2008-05R2要求，运营人预检检查组也可邀请包括CAAC监察员在内的行业内的相关专家参加，但此时CAAC监察员是以专家身份参加预检工作。为准确了解二手飞机的状态，检查组应参照AP21-AA-2008-05R2所附"使用过飞机预检单"（AAC-236）的内容和要求，对拟引进二手飞机的适航文件以及实际技术状态进行预检，重点检查以下几项内容：

（1）拟引进二手飞机的构型与CAAC VTC批准构型之间的差异，以及和运营人机队现有相同机型之间在设备及构型上存在的差异。如存在差异，应评估上述差异对飞机适航性的影响并提出在飞行、维修、航材等方面所需完成的工作。

（2）拟引进二手飞机在运行中是否发生过事故、重大事件，处理情况如何。

（3）是否做过重要改装（如STC）及重要修理，评审相关适航批准文件及改装、修理记录是否完整、有效。

（4）LLP的控制方式是否满足原制造厂相关文件（如MPD）的要求，LLP清单是否完整、有效。

（5）拟引进二手飞机的AD和SB执行情况。

（6）拟引进二手飞机的历史防腐记录，对于发生二级（包含二级）以上腐蚀的区域，需要检查腐蚀区域的实际情况。

（7）对拟引进二手飞机进行外部检查及必要的内部抽查。

（8）CAAC以及申请人认为有必要的预检项目。

上述要求充分考虑了二手飞机已有运行历史的特点，重点对二手飞机的履历、重大加改装项目的适航批准、零部件装机清单的完整、真实性提出了明确要求和规定。上述预检工作有助于运营人在签署购租机合同前明确己方要求。对引进飞机进行预检带来的另一个好处是，在判明该架飞机历史上做过重大加改装之后，可以提前与CAAC商定对这些既往的重大加改装项目的适航批准政策、批准方式及所需批准时间，避免后续飞机交付工作不能如期完成。

预检结束后，飞机引进方需参照AP21-AA-2008-05R2所附"使用过飞机预检报告"（AAC-237）的内容和要求完成预检报告，报告至少对以上提到的各项内容进行说明，并对二手飞机的适航状况给出明确结论。"预检报告"和"预检单"需随"适航证申请书"一起提交CAAC。

2.2.3.2 飞机引进的适航监造/监修要求

在预检工作结束且购租机合同签署之后，进入飞机引进方对拟引进二手飞机的监修环节。依据AP21-AA-2008-05R2，二手飞机交付时要满足以下要求：

二手飞机交付前，国内引进方应要求二手飞机所有人将该二手飞机送至CAAC批准或接受的维修单位完成一次高级别/深度检修（注：依据中美适航实施程序细则IPA的规定，从美国引进的二手飞机应完成一次100 h或同等级别的检查）。

飞机交付时的检查方案应根据二手飞机维修历史、二手飞机技术状态并结合飞机引进方运营人现有同型号机队的维修管理方案来确定，应能够保证维修方案的顺利过渡。

对于交付时机龄超过14年的二手飞机，飞机引进方应加大结构检查深度，如对龙骨梁、厨房和厕所下地板梁以及下货舱底部结构的检查。

飞机引进方应及时选派相关工程技术人员对拟接收的二手飞机进行现场监修，以确保相关维修和改装工作的质量满足适航要求。

飞机引进方应该准备好下述技术资料和数据，以便适航监察员检查：

（1）飞机、发动机、螺旋桨的日历时间、飞行小时数、飞行循环数；

（2）LLP的控制状况；

（3）飞机的维修方案以及执行情况；

（4）AD和SB的执行情况；

（5）重大故障的发生与处理；

（6）重要改装项目和重要修理项目的适航批准状况；

（7）更换件的适航批准状况；

（8）补充结构检查方案（SSID）的执行情况；

（9）腐蚀预防与控制方案（CPCP）的执行情况；

（10）机身增压边界结构修理评估方案的执行情况。

上述要求包括了三个主要要素：一是交付前要做一次高级别检修，二是检修方案要结合运营人现有机队维修方案和该架飞机技术状况专门制定，三是飞机引进方要派员监修。为顺利贯彻CAAC上述要求，飞机引进方在二手飞机引进合同中应体现监修要求和安排。飞机引进方应选派有丰富工作经验和专业知识、有较强独立工作和管理能力的工程技术人员负责监修工作。

为规范新飞机引进方的监造活动，CAAC制定了AC-21-AA-2010-16《民用飞机监造工作要求》，对监造规划、监造管理、问题处理、监造程序、监造内容提出了要求和指导。依据CAAC要求，飞机引进方监造代表的监造工作应从飞机进入组装线以后开始，至飞机接机检查结束为止。监造工作结束后，要有监造工作报告。监造项目要根据CAAC要求，至少包括（但不限于）以下几项内容：

（1）重要区域关闭前的检查（如油箱、设备舱）；

（2）重要结构件的对接检查（如机翼和机身、尾翼和机身、起落架安装）；

（3）系统测试和功能测试（如起落架收放、飞行操纵系统测试）。

当CAAC监察员或适航委任代表（DAR）抵达接机现场时，飞机引进方应组织咨询会议，向CAAC适航监察员或适航委任代表介绍监造情况，汇报内容应至少包括以下几项内容：

（1）拒收项目情况；

（2）超差项目情况；

（3）让步（NCR/Concession）项目；

（4）飞机交付计划和进度。

飞机引进方应在接机现场向监察员或适航委任代表提交监造工作报告。监察员或适航委任代表将对监造报告进行审核，监造报告的情况将作为监察员或适航委任代表进行飞机适航检查的基础。

对于引进二手飞机来讲，虽然飞机的制造活动早已结束，但飞机引进方可参照上述飞机监造要求，开展二手飞机的监修工作。交付前做高级别检修的目的：一是发现原运营人所做维修工作的缺漏项，及时发现交付后可能带来的额外维修项目和安全隐患；二是与飞机引进方现有机队整体维修管理方案及维修周期做好匹配。

2.2.3.3 二手飞机交付前的适航检查要求

按照《中华人民共和国民用航空法》及中国民航相关适航要求，飞机需获得国籍登记证、适航证及电台执照方可投入商业运营。上述证件都是行政许可法定证件，由CAAC或CAAC授权人员颁发。对于运输类飞机，适航证的法定名称为标准适航证，通常简称为适航证。在运营人完成对二手飞机预检和监修工作之后，后续环节就是要为该架飞机申请取得适航证。CAAC颁发了AC-21-AA-2008-15《运营人飞机适航检查单》，以落实运营人的主体适航责任。依据该咨询通告要求，在CAAC监察员或适航委任代表开展适航检查前，运营人应首先对引进的飞机进行适航检查，并将检查报告提交CAAC监察员或适航委任代表。需要注意的是，运营人委派实施适航检查的人员需要有该机型培训经历，对检查项目进行审核的人员需要具有民用飞机维修人员执照。检查和审核人员的专业范围应包括机械和电子专业。检查单由机务接机组组长签署后，方可提交给CAAC适航监察员或适航委任代表。按照咨询通告要求，运营人飞机适航检查单分为四部分：①飞机基本信息，主要包括飞机制造日期、机体序号等信息；②飞机的文件记录检查，包含飞机适航文件和手册等内容；③飞机现场检查，按照检查位置的不同，分为外部检查和内部检查两部分，检查单按照飞机不同部位进行了细化，每个检查项目都有相应检查要求，以提醒实施者在检查时予以注意；④总结部分，运营人应根据检查结果填写检查情况总结。该检查单是针对运输类飞机制定的通用检查单，由于各型飞机在结构、设备和构型上存在差异，因此运营人需要在检查中对检查单项目进行评估，对于不适用的项目，可以不进行检查，并在备注中说明。运营人将填写完成的检查单提交给CAAC适航监察员或其授权人员，作为飞机完成适航检查的符合性证明和依据，适航监察员或适航委任代表可参考运营人填写的检查单进行审核、抽查和复核。

鉴于二手飞机已有服役经历，避免不了做过一些加改装，有些加改装是根据适航要求或制造厂要求进行的，有些是用户根据自己的需要进行的。此外，在运营中发生的不正常的使用或不正常的修理，其后果可能影响飞机的适航性。因此运营人在对二手飞机进行引进前的适航检查时，要重点关注飞机的加改装及飞机的维修及相关履历及记录。AC-21-AA-2008-15《运营人飞机适航检查单》中对二手飞机有特别的检查项。比如在文件记录检查时，需填写飞机重要改装记录及适航批准状况、未取得CAAC认可的重大加改装及STC状态清单。原则上，任何重大加改装包括STC在飞机引进前均需得到CAAC的认可批准。鉴于二手飞机的特殊情况，原改装方案批准持有人出于某种原因，很有可能不配合CAAC的认可批准工作，运营人需及早了解飞机运营历史中重大加改装情况，与CAAC就认可批准的方式进行沟通协调，避免影响飞机交付。这项工作应在二手飞机预检查后立即开展。此外，在文件审核中还需关注飞机的历史维修记录，至少包括：

（1）外部损伤记录；

（2）最近的发动机、APU孔探报告；

（3）飞机部/附件/机载设备更换记录的完整性与可追溯性；

（4）飞机上更换或加装设备的安装批准；

（5）飞机的维修方案及执行情况；

（6）飞机目前重心位置与重量和平衡手册的符合性；

（7）腐蚀控制和预防工作的完成情况；

（8）重要事件及事故的评估报告和处理结果；

（9）超手册结构修理情况；

（10）补充结构检查方案的执行情况；

（11）机身增压边界结构修理评估方案的执行情况；

（12）更换座椅垫、座椅靠背、地毯、垂帘、内部装饰等相应的阻燃/防火证明文件（包括整体阻燃证）；

（13）最近的起落架修理报告。

在对二手飞机进行现场检查时还需特别关注蒙皮漆层及蒙皮腐蚀情况、镶平蒙皮修理、非镶平蒙皮修理、超手册修理情况及飞机外部损伤情况。

运营人在完成单机适航检查后，向CAAC监察员或适航委任代表提交检查记录和检查报告，对该份报告的评估将作为CAAC开展单机适航检查的内容之一。CAAC或适航委任代表在确定该飞机满足经批准的型号设计并处于安全运行状态后，即可颁发适航证。

2.2.4　二手飞机引进的双边适航要求

考虑到引进的二手飞机大多数来自国外，AP21-AA-2008-05R2中规定：从制造国引进飞机时，该飞机制造国应与我国签有航空安全协议或适航双边协议；从非制造国引进飞机时，该飞机出口国应与我国签有相关双边协议。由此可见，无论二手飞机来自原制造国还是来自第三国，均需出口国与中国签有涉及飞机进出口内容的航空安全协议或适航双边协议。下面简要介绍一下航空安全协议或适航双边协议的作用和意义。

对于进口飞机，即使该飞机已经满足了所在国/地区民航当局的规章要求并获得相应批准，但根据我国民用航空法的规定及国际民航公约相关附件的标准和建议措施，仍需符合中国适用的民用航空规章要求，并获得CAAC的相应批准。这里所说的相应批准包括两方面内容，即型号设计批准（包括设计更改批准）和单机适航批准。型号设计批准颁发给首次引进机型的首架飞机，后续同型号飞机引进不再需要型号设计批准。中国作为飞机的非设计国时，CAAC通常以颁发型号认可证（VTC）的方式批准该型号设计，以颁发补充型号认可证（VSTC）的方式批准设计更改。单机适航批准则是针对每一架拟引进飞机的。在出口国民航当局为出口飞机颁发出口适航证的基础上，CAAC通过单机适航检查确认该架飞机满足经批准的设计并处于安全可用状态后，颁发标准适航证。这其中，VTC/VSTC是CAAC颁发标准适航证的前提。在保证航空安全的前提下，为有效地减少由于重复的技术检查和测试给飞机制造商带来的负担，在适航标准的符合性方面，CAAC一般都采取与引进前飞机所在国/地区民航当局签署双边协议的方式来解决双重符合性问题。因此，签署双边适航协议的一个很重要的目的是在保证安全的前提下，便利于民用飞机的进出口活动。所谓的便利是指尽量减少重复性审定及技术检查，不增加进出口国家企业（包括制造业和航空运输业）额外负担，减少进口国民航当局审定资源的投入并提高检查效率。达到上述目标的前提和基础是飞机进口国和飞机出口国双方民航当局的监管体系和监管能力是相当或兼容的。因此在签署适航双边协议或其他类似双边协议之前，签署双边协议的双方通常要用几年的时间评估双方监管体系和监管能力的差异，并根据评估的结果在双边协议中约定双方民航管理部门在型号设计批准、生产制造批准、飞机出口适航批准及飞机交付运营后各自承担的责任和义务，以及在上述各环节中的审查批准/认可方式。这类双边协议的具体落实措施通常包括在双边航空安全协定（BASA）或者双边适航协议（BAA）之下的具体执行程序（IP）中。与我国建立相关双边协议的国家目录可参见民航局咨询通告AC-21-40《与我国建立双边适航关系的国家及有关文件目录》。

由于我国是波音飞机和空客飞机的进口大国，下面分别介绍中美、中欧双边中关于二手飞机引进的具体规定。

2.2.4.1 从美国引进二手飞机

《中美航空安全协议》（BASA）于2005年签署，这是一个关于航空安全的全面框架协议，内容包括飞机适航、飞机维修、飞行标准和空中管制等与航空运行活动相关的所有领域。《中美航空安全协议》的实施需要协议双方在该框架协议确定的原则下，签署各领域的实施程序细则。目前中美BASA下只有一份关于适航审定的实施程序细则，简称IPA。该IPA于2017年签署，取代了1995年中美两国签署的实施程序细则（SIP）。中美IPA确定了两国民用航空产品进出口的范围、流程及支持方法。新的IPA签署后，运营人是最大的受益者。因为在IPA中明确了各种条件下的二手飞机的引进条件，解决了从美国或欧洲引进飞机时需要对引进的二手飞机进行"洗澡"的问题。所谓的二手飞机"洗澡"是指从非制造国出口的二手飞机需要向原制造国拿到原制造国的出口适航批准。原来的中美适航双边协议只明确了在两国制造的飞机的进出口管理程序，对于二手空客飞机如何从美国出口到中国的处理方式并未提及。这造成二手飞机引进方需将此飞机在欧洲某国注册，然后由该国民航当局颁发出口适航证，给二手飞机引进方增加了许多额外工作和成本支出。新的中美IPA细分了飞机设计国、制造国、出口国的各种情况，明确只要原型号合格证持有人仍然存在并能持续提供持续适航支持，满足下述条件的二手飞机可以从美国引进：

（1）美国既是设计国、制造国又是出口国。只要二手飞机型号已获得CAAC的VTC，飞机上的重要加改装（如STC）获得CAAC的VSTC，则该架二手飞机可以按本章2.2.3节及2.2.4节的要求引进。

（2）美国既是设计国、制造国又是出口国，但生产设施在中国。二手飞机引进要求同美国既是设计国、制造国又是出口国的情况一致。波音737MAX飞机在舟山总装就属于这种情况。

（3）美国是设计国、出口国，中国是制造国。这种情况是CAAC为在中国境内生产美国飞机的设施颁发生产许可证。与波音737MAX飞机在舟山总装案例不同，此种情况通常称为设计国与制造国分离（目前暂无案例）。这种情况下二手飞机引进要求除满足前述美国既是设计国、制造国又是出口国情况的要求外，还需两国设计制造企业签署"生产转让协议"。CAAC和FAA在IPA的要求下，签署专门的"工作安排"，在中国生产的飞机序列号需列入型号合格证数据单（TCDS）中。

（4）美国是设计国、出口国，第三国是制造国。这种情况是第三国民航当局为在其境内生产美国飞机的设施颁发生产许可证，如湾流飞机在以色列制造。这种情况下二手飞机引进要求除满足前述美国既是设计国、制造国又是出口国情况的要求外，FAA应与第三国民航管理部门签署有双边协议，美国设计企业与第三国制造企业签署"生产转让协议"，在第三国生产的飞机序列号需列入型号合格证数据单（TCDS）中。

（5）第三国既是设计国又是制造国，美国是出口国。从美国出口空客飞机到中国就属于这种情况，只要二手飞机型号已获得CAAC的VTC，飞机上的重要加改装（如

STC）获得CAAC的VSTC，则该架二手飞机可以按本章2.2.3节及2.2.4节的要求引进。

（6）第三国是设计国，美国是制造国也是出口国。如空客320在美国生产，二手飞机引进要求同前述美国是设计国、出口国，第三国是制造国时的要求。

（7）第三国是设计国，第四国是制造国，美国是出口国。如空客220飞机由加拿大设计，空客制造，其从美国出口到中国，涉及法国、加拿大、美国、中国四个国家。这种情况二手飞机引进要求同前述美国是设计国、出口国，第三国是制造国时的要求。

可以看出，新的IPA的签署，放宽了二手飞机的引进来源。只要该飞机型号得到CAAC的VTC，引进二手飞机上的重大加改装得到CAAC的认可，无论该飞机的原设计国、原制造国是谁，均可从美国出口到中国。随着中美二手飞机来源的放开，二手飞机上的重大加改装的认可渠道也变得更加灵活。原来CAAC仅认可原设计国民航管理部门对该型飞机所做的重大加改装的批准。比如，CAAC不认可FAA对一架空客飞机所做的STC批准，原因是FAA不是空客飞机取证的主审国。新的IPA则允许这种情况的发生，这也就意味着一架在美国运行多年的空客二手飞机，美国运营人对该架飞机做了重大加改装获得了FAA的STC，依据中美IPA，CAAC通过认可审查，可以认可FAA对这架曾在美国注册的空客飞机颁发的STC。新的IPA带来的便利还体现在进口二手飞机上已实施的修理和改装的设计资料的互认上，如该修理和改装的设计资料已获FAA作为审定民航管理部门的批准，CAAC则直接接受。FAA对修理和改装设计资料的批准方式通常为签发FAA表8110-3、FAA表8110-9或FAA表337。总而言之，中美新的IPA大大便利了二手飞机在两国之间的相互引进。

2.2.4.2　从欧洲引进二手飞机

《中欧民用航空安全协定》于2019年5月签署生效，该协定同中美BASA一样，是中欧关于航空安全方面的全面框架协议，内容包括飞机适航、飞机维修、飞行标准和空中管制等与航空运行活动相关的所有领域。与中美BASA下签署各领域实施程序细则IPA不同（BASA+IP），完整的中欧双边协定分为三个层级：第一层级为《中欧民用航空安全协定》（BASA），原则规定双方合作的目的、在航空安全领域合作的范围、双方的义务、合作机制和适用法律等内容；第二层级为双方在航空安全具体合作领域附件（ANNEX），如适航和环保审定领域，内容主要包括在这一合作领域合作的范围、管理机构、工作原则及工作机制；第三层级为在该合作领域的具体技术实施细则TIP，即中欧双边协议框架为BASA+ANNEX+TIP。目前中欧航空安全协定在适航和环保审定领域的三层文件全部签署完毕。中欧双边协议适用范围包括二手飞机的引进，但条款内容相对简单明了。依据中欧双边协议附件及其TIP，引进二手飞机需满足下述条件：

（1）该飞机型号获得CAAC颁发的VTC；

（2）该飞机出口国以颁发出口适航证的方式证明该飞机的设计满足CAAC批准的设计的要求和CAAC的专用要求并处于安全可用状态；

（3）该飞机在使用过程中按规定的维修要求做了妥善的维修工作并有完整的维修记录和履历本；

（4）该飞机原有TC持证人仍然存在并能提供持续适航支持。

考虑到在欧洲国家生产的飞机存在多次易手的可能，依据中欧双边协定，欧洲航空安全局（EASA）或相关欧洲制造国有义务向中国运营人和CAAC提供该飞机原始出厂时的构型状态和装机清单。对于二手飞机上的重大改装，如STC，需得到CAAC的VSTC。对于其他改装和修理，CAAC予以接受。

鉴于英国已于2020年12月31日正式脱欧，中欧航空安全协定已不适用于英国。如何从英国引进二手飞机，还需依中英两国民航管理部门协商而定。

如果从美国或欧洲以外的国家（比如新加坡、澳大利亚）引进二手飞机，出口国需与中国签署双边协议，否则二手飞机仍需要完成"洗澡"后才能引进到国内。

2.3　飞机引进运行批准的一般要求

引进飞机的运营人应是正在审批或已得到CAAC批准的依据CCAR121运行合格审定的大型飞机公共航空运输运营人，这是引进飞机运营的前提条件。在此前提条件下，运营人除了必须满足2.2节中CAAC规定的适航管理要求外，在引进飞机投入运行前至少90 d要向其合格证管理局提交申请，将该飞机加入运行规范。否则依据CCAR121规定，运营人不得运营引进的飞机。飞机引进运行批准涉及的CAAC规章和程序要求主要有CCAR121《大型飞机公共航空运输运营人运行合格审定规则》、CCAR91《一般运行和飞行规则》、AC-121-FS-052《飞机投入运行和年检》。

CAAC主任维修监察员（PMI）与运营人商定检查计划对引进飞机进行检查。申请加入规范的飞机应当符合下述要求。

1.具备完整技术状态记录

对于引进全新飞机，应当具备飞机制造商出厂时提供的以下技术状态记录：

（1）AD执行状态清单；

（2）SB执行状态清单；

（3）载重平衡报告；

（4）罗盘系统/磁罗盘偏差记录；

（5）装机设备清单；

（6）装机时限/LLP控制状态清单；

（7）器材评审委员会记录或重大偏差记录；

（8）试飞报告和排故记录。

对于二手飞机，除需具备上述飞机制造商出厂时提供的技术状态记录外，还应当具备引进飞机前所有人或者运营人提供的以下技术状态的履历记录：

（1）机体总的使用时间；

（2）每一发动机和螺旋桨的总使用时间和履历记录；

（3）机体、发动机、螺旋桨和设备上的LLP的现行状况；

（4）装在飞机上的所有要求定期翻修项目自上次翻修后的使用时间；

（5）飞机的目前维修状态，包括按照飞机维修方案要求进行的上次检查或维修工作后的使用时间；

（6）适用的AD的符合状况，包括符合的方法和数据，如果适航指令涉及连续的工作，应当列明下次工作的时间和/或日期；

（7）适用的SB执行情况；

（8）对机体、发动机、螺旋桨和设备进行的重要修理和改装的情况（对于涉及持续适航与安全改进要求的飞机，如有涉及疲劳关键结构的修理和改装，应当提供按照CCAR-26 或者等效标准评估完成的修理资料；如有电气线路互联系统的改装及燃油箱系统的改装，还应当提供符合CCAR-26 或者等效标准的适航批准）；

（9）以往出现的重大故障和重复故障记录，以及当前存在的故障记录；

（10）最近一次或近两年更换过的装机部件的适航批准标签需符合相应主管民航当局的规定。

2.飞机运行设备满足运行要求和特殊适航要求

运营人应结合其具体运行的种类确定其适用的符合性要求。

1）基本仪表和设备要求

基本仪表和设备要求适用于所有飞机，并可按照如下原则确认符合性：

（1）基本飞行仪表和设备的符合性：包括目视飞行规则（VFR）、仪表飞行规则（IFR）、夜间（或云上）运行、结冰条件下运行的符合性，可通过飞行手册限制章节批准的运行种类确认。

（2）应急和救生设备的符合性：具体要求参见CCAR-121中K章的适用要求，可通过装机设备清单初步表明符合性，但投入运行前需通过飞机现场检查确认。

（3）通信、导航和监视设备的符合性：具体要求参见CCAR-121中K章的适用要求，可通过装机设备清单并结合飞行手册的相关内容表明符合性。需要注意的是，CCAR-121中K章要求的某些设备需在飞行手册中同时包含设备使用、操作说明以及必要的飞行程序。

（4）记录设备的符合性：具体要求参见CCAR-121中K章的适用要求，可通过装机设备清单表明符合性。

2）客舱和货舱的特别适航要求

按运行种类划分，具体包括CCAR-121中J章的以下要求：

（1）旅客座椅间距要求：适用于载客运行飞机，可通过客舱旅客座椅布局图示初步表明符合性，但投入运行前需通过飞机现场检查确认。

（2）客舱载货装置要求：适用于在客舱内装货的载客运行飞机，可通过客舱载货布局图示表明符合性，如安装专门载货装置还应当表明获得了相应的适航批准。

（3）货舱载货装置要求：适用于在货舱内装货的载货运行飞机，可通过货舱布局图示表明符合性。

3）特殊运行设备和适航批准要求

基于运营人的申请确定，具体包括以下要求：

（1）RVSM运行的符合性：可通过飞行手册限制章节批准的导航部分确认。RVSM运行不适用于非涡轮动力飞机，对于涡轮动力飞机，如不申请RVSM运行资质，将限制飞行高度不得超过7 600 m。

（2）延伸跨水运行的符合性：包括水上迫降和通信、导航、应急救生设备的要求。可通过飞行手册限制章节确认水上迫降要求的符合性，通信、导航、应急救生设备可通过装机设备清单并结合飞行手册的相关内容表明符合性。

（3）EDTO运行的符合性：可通过飞机型号合格证数据单及批准的构型维修程序（CMP）确认。

（4）PBN运行的符合性：可通过飞行手册限制章节批准的飞行管理系统部分确认。

（5）低能见度运行的符合性：可通过飞行手册限制章节批准的飞行指引系统部分确认。

（6）HUD/EVS运行的符合性：可通过飞行手册限制章节批准的导航部分和飞行标准司发布的飞机评审报告（AER）确认。

（7）ADS-B运行的符合性：可通过飞行手册限制章节批准的导航部分确认。

（8）EFB运行的符合性：可通过CAAC飞行标准司发布的AER确认。

（9）高高原运行的符合性：可通过飞行手册的性能章节确认起降性能；通过飞行

手册系统说明章节确认氧气系统和增压系统构型；通过飞机型号合格证数据单及批准的构型维修程序（CMP）确认EDTO运行的符合性。

2.4 飞机引进维修管理体系一般要求

为保证引进飞机安全运行，运营人应当建立一个维修系统来保证其飞机持续符合型号设计要求及有关涉及民航管理规章中的维修要求。运营人的维修工程管理能力和维修能力应与引进飞机相匹配，制定相应管理手册和技术文件并得到CAAC批准或认可。

1.维修工程管理体系

如果申请投入运行飞机的机型为运营人未曾运行过的机型，运营人应当在其维修工程管理体系明确工程技术、生产计划，以及质量管理的具体责任机构、人员和设施，明确机型培训政策并在引进前完成相关的培训。如果申请投入运行飞机的机型为运营人已有机型，对单架次飞机引进无额外要求，但运营人应当随着机队规模的扩大评估维修工程管理体系工程技术、生产计划和质量管理的责任机构、人员和设施是否能与机队规模管理需要相匹配。

2.维修能力

如果申请投入运行飞机的机型为运营人未曾运行过的机型，运营人维修单位应当至少按照CCAR-145获得航线维修能力的批准，建立覆盖其运行基地和外站的航线维修管理体系，并且对于采用委托维修方式的外站已经完成相关协议的签署。如果申请投入运行飞机的机型为运营人已有机型，对单架次飞机引进无额外要求，但运营人应当随着机队规模的扩大评估运营人维修单位（包括自建维修单位和协议维修单位的情况）的航线维修人力资源是否能与机队需要的航线维修能力相匹配。

3.维修工程管理手册

如果申请投入运行飞机的机型为运营人未曾运行过的机型时，运营人应当评估、修订其维修工程管理手册，说明维修工程管理体系中工程技术、生产计划，以及质量管理的具体责任机构、人员和设施，明确相关的管理程序，并随同飞机投入运行申请提交合格证管理局PMI批准其修订。如果申请投入运行飞机的机型为运营人已有机型，对单架次飞机引进无额外要求。

4.飞行记录本

如果申请投入运行飞机的机型为运营人未曾运行过的机型，运营人应当评估、建立其符合机型特点的飞行记录本（包括电子记录本）。如果申请投入运行飞机的机型为航空运营人已有机型，则无额外要求。

5.最低设备放行清单

如果申请投入运行飞机的机型为运营人未曾运行过的机型，运营人应当制定其机型最低设备清单，并随同飞机投入运行申请提交合格证管理局主任运行监察员（POI）批准。如果申请投入运行飞机的机型为运营人已有机型，运营人应当评估其已批准机型最低设备清单的适用性，如有修订需要，随同飞机投入运行申请提交合格证管理局POI批准其修订。

6.维修方案

如果申请投入运行飞机的机型为运营人未曾运行过的机型，运营人应当制定其机型维修方案，并随同飞机投入运行申请提交合格证管理局PMI批准。如果申请投入运行飞机的机型为运营人已有机型，运营人应当评估其与已批准的机型维修方案的适用性，如有修订需要，随同飞机投入运行申请提交合格证管理局PMI批准其修订，并针对引进的二手飞机评估前运营人的机型维修方案与引进方运营人现批准机型维修方案的差异；根据前运营人的机型维修方案执行状态，采取过渡检查方案或者制订转换计划加入引进方运营人现批准的机型维修方案。上述过渡检查方案或者转换计划应当随同飞机投入运行申请提交合格证管理局PMI备案。

需要注意的是，如采取过渡检查方案加入运营人现批准的机型维修方案，应当在飞机获得投入运行批准前完成。过渡检查工作的维修单位资质应当符合CCAR-145或者前国籍登记国民航管理部门的要求。

7.可靠性方案

运营人应当制定其机型可靠性方案，并随同飞机投入运行申请提交合格证管理局PMI批准。如果申请投入运行飞机的机型为运营人已有机型，则无额外要求。

8.除冰/防冰大纲

运营人应当制定其机型除冰/防冰大纲，并随同飞机投入运行申请提交合格证管理局PMI批准。如果申请投入运行飞机的机型为运营人已有机型，则无额外要求。

本章2.3节及2.4节简述了引进飞机时必须遵守的运行批准要求和维修管理体系要求。只有满足了上述要求，引进的飞机方可加入运行规范，最终投入运营。上述要求既适用于全新飞机的引进，也适用于二手飞机的引进。

本章解读了CAAC对飞机引进的相关要求，着重解读了CAAC对二手飞机引进的相关要求。通过解读这些管理要求，我们深刻认识到飞机引进不仅仅是运营人对运力需要的考量，政府监管也参与其中。政府部门的相关管理要求贯穿于飞机引进的批准、飞机的国籍登记注册、飞机运行前的适航批准、运行批准和维修批准等各个环节，运营人必须遵守执行。

第3章 二手机源的选择

3.1 选择二手机源的要点

3.1.1 二手机源的特点

1.构型多样化

飞机的构型定义了一架飞机的性能及运营人可得到的服务。运营人按照其需求选择飞机的性能和可得到的服务的过程就是对飞机构型进行选择的过程，业内通常简称为飞机选型，通过选择飞机构型可以确定客户化的构型。相较二手飞机引进的飞机选型，新飞机引进时的飞机构型选择相对简单，只需依据飞机制造商提供的飞机选型手册对构型选项进行选择，就可以完成对新飞机的性能、功能、设备、服务等方面的个性化定制，飞机随后将按照用户选择的构型生产出来。在引进二手飞机时，由于飞机的构型已然形成且各不相同，同时二手飞机往往执行过一些加改装，导致飞机构型的差异更加显著，因此构型多样化是二手飞机的一个特点。二手飞机的构型选择就是在潜在的引进机源中去选择构型满足引进方个性化需求的飞机，而不是对飞机的设备构型和需要的服务进行选择。

2.履历背景复杂

这里讲的履历背景主要指飞机以往的运行和维修的历史及接受适航管理的历史。二手机源往往来源于全球各地，飞机的运行环境不同，使用和维修的水平不同，接受的适航管理体系不同。不同的运行环境对飞机的技术状态有着不同的影响，不同的适航管理体系对飞机维修的管控标准和力度也不同，会影响到飞机的维修质量，进而也会影响到飞机的技术状态，可见飞机的履历背景与二手飞机技术状态密切相关。飞机的履历背景越复杂，飞机技术状态存在的差异往往越大。

3.飞机构型难以满足日益提高的运行标准

随着民航应用技术的发展和提高运行安全性的需要，越来越多的新技术在民航业得到应用，极大地提高了民航运行的安全性和运行效率，同时对飞机的运行性能也提出了更高的要求。二手飞机由于生产时间较早，一些系统和设备的构型往往无法满足现行的或即将生效的运行标准的要求，因此需要对飞机进行改装以提高其运行标准，通常这些改装项目以机载电子系统改装居多。

3.1.2　二手机源选择要点

1.优选飞机来源

选择引进二手机源需要考虑多种因素，最需要关注的是要避免引进的二手飞机无法满足适航标准，不能投入运营，或者运营的经济性差，不能为运营人带来利润。在不同国家运行的飞机，遵循的适航管理标准和要求往往与CAAC的管理标准和要求存在差异，这些差异的存在意味着飞机引进过程中会存在障碍。在第2章中已对二手飞机引进的双边航空安全协定和双边适航协议要求进行了说明。如果从美国和欧洲引进二手飞机会相对简便，如果从美国和欧洲以外国家或地区引进二手飞机仍需要做大量的工作。因此，在选择引进机源时需要查清楚其历史上在哪些国家运行过，其属地民航管理部门隶属哪个适航管理体系，是否与我国民航局签署有双边航空安全协定或双边适航协议。国内的运营人在选择二手飞机时，首先要选择在适航管理较为完善的发达国家运营过的、前运营人的运行管理规范且安全记录良好并得到高质量维修的二手飞机，尽量选择与中国签有航空安全协议或双边适航协议国家的二手飞机。国内引进新飞机和引进二手飞机的管理要求有区别，如从国外引进一架新飞机，只要该飞机的型号取得了CAAC的VTC，就可以申请CAAC的适航证了。但如果从美国和欧洲以外的国家和地区引进一架美国生产的二手飞机，该飞机需要首先取得FAA的适航证，如果该飞机经历了STC改装，相关STC还需要获得CAAC的批准认可，然后才有资格申请CAAC颁发的适航证。为此需要把拟引进的二手飞机送到FAA的维修站进行一次高级别检修以取得FAA颁发的适航证，然后再申请CAAC颁发的适航证。这种操作途径业内俗称给飞机"洗澡"。事实上大多数国家购买二手飞机时都无须"洗澡"，因为国际上多数国家都签署了相关协议，在协议国购买的二手飞机，只需要在民航管理部门做个报备，无须申请适航认证，更不需要通过"洗澡"来获得适航证。但由于与我国签署相关协议的国家数量太少，多数国外的民航管理部门未予CAAC实现适航管理互认，导致了二手飞机引进要"洗澡"的情况出现，增加了飞机引进的烦琐程度和交易成本。可见，在飞机技术状态满足要求的前提下，应优先选择在国内运行的二手飞机，这会使飞机的引进减少周折，规避潜在的风险，同时降低引进飞机过程中的成本支出。

2.符合CAAC管理要求

进行交易的二手飞机自生产出厂后的所有历史维修记录需要完整保留，运行历史上没有发生过重大事故。适用的AD需要在规定的时限前执行。机身、发动机、APU、起落架及其LLP控制状态清晰，并具有可追溯性。装机部件需要有清晰、完整的适航证书。重要的修理、改装以及补充型号合格证（STC）需要有符合规章要求的批准文件，并且文件记录完整。所有补充型号合格证项下执行的改装需要获得CAAC的认可。

3.尽量选择构型统一的机源

由于二手飞机的构型已为客观存在，在对潜在引进机源进行评估时，需要将二手飞机的构型与飞机引进方现有机队的构型进行对比。如存在差异，则需要评估构型差异对未来运行的影响。尽量选择与现有机队构型一致的引进机源，要重点评估发动机和APU型号、电子电气系统、空调系统、火警系统、机轮与刹车系统等重要系统和高价部附件的构型是否与现有机队构型一致。如果构型不一致，需要考虑是否在引进后将有差异的系统构型与现有机队系统构型进行统一。总之，通常在选择二手飞机时要尽量选择与现有机队飞机构型相同或相近的飞机，以便减少航材储备的采购支出和工程技术管理可能增加的成本。

4.符合引进方的个性化要求

二手飞机的引进方通常会有一些个性化的需求。例如引进二手飞机用于客改货时，二手飞机交付时间点需要尽量与客改货机位的开工时间点相匹配，同时飞机构型需要满足客改货方案中对飞机构型的限制要求。拟引进飞机机龄需要满足引进方的预期要求。为了满足运营商载的要求，需要核实飞机的基本性能参数，例如最大起飞重量、发动机推力参数等。在交付过程中，交付地点需要满足引进方在报关地点及进行客改货地点方面的要求。

3.2 二手飞机引进机源的选择

3.2.1 购买及融资租赁机源的选择

1.机龄的选择

在选择引进机源时，需要根据引进方的需求选择引进机源的机龄范围。引进飞机的方式不同，对引进飞机机龄的考虑也不同。从技术层面讲，目前飞机的寿命没有明确规定，飞机运行达到飞机结构维修方案有效性限制门槛值（LOV）之前，飞机不应出现广布疲劳损伤。目前，LOV可以被认为是飞机的经济使用寿命值，因为运行达到LOV的飞机如果要继续运行，需要大量的资金投入来对飞机进行深度检查和执行补充的维修改装，往往不划算。在选择引进机源时，引进方需要根据预期的飞机运行年限、飞机日利用率、资金预算、维修能力等方面的综合评估来确定选择引进机源的机龄。对于经营租赁飞机而言，租赁飞机的机龄不是很重要的考量项目，因为机龄越小，其租金水平越高，飞机退租时租赁合同的双方还要根据飞机交付时技术状态和退租时技术状态的差异进行相互的补偿，承租方不存在面对飞机残值处置的风险。对于购买及融资租赁飞机来讲，选择引进飞机机龄的原则应该是引进的飞机运行到预期运行年限时，其运行数据不要达到LOV。

2.运行历史限制

二手飞机在交易前往往会有在不同的国家和不同运营人管理下运行的历史。经历的运营人越多，运行的历史记录资料越复杂，梳理历史记录的难度越大。因此，在可供选择的机源充足的情况下，应尽量选择一直在国内运行的飞机或者在与我国签有航空安全协议或双边适航协议国家运行的飞机，并且历史运营人的数量越少越好，建议不超过2家。

3.交付状态选择

飞机的交付状态与飞机购买价格直接相关，在价格合理的情况下，尽量选择一架交付时状态较好的飞机。交付状态主要体现在交付时是否执行了较大级别定检、发动机LLP剩余寿命、起落架大修后剩余时间等。购买及融资租赁飞机的交付状态由合同双方约定，通常有现状交付方式和执行一次高级别定检后交付的方式，交付方式的选择直接影响交易的价格。建议飞机的引进方优先选择第二种交付方式，虽然交易价格较现状交付方式高，但可以规避引进飞机存在未知的重大损伤缺陷导致引进后非预期的大额维修成本支出风险。为了不给维修计划和运行控制带来负担，建议引进飞机的发动机和起落架及其LLP最好有足够的剩余寿命，以保证飞机在引进后有充足的时间安排它们送修，避免飞机刚引进就因部件到寿停场，影响运营人的正常运营。

3.2.2 经营租赁机源的选择

经营性租赁飞机时，飞机交付状态的要求基本与飞机退租时的要求一致。例如，在交付时执行了高级别定检，往往在退租时也要求执行同等级别的退出检。交付时发动机LLP剩余寿命、时控件剩余时间、起落架大修剩余时间等和退租时技术状态存在差异时，需要合同双方进行互相补偿。虽然交付和退租条件通常是对等的，但为了飞机顺利引进和平稳运行，选择飞机的技术状态越好就越理想。

经营租赁飞机时，一般在交付时要求机身执行一次较高级别定检。对发动机LLP剩余寿命的要求需要从距下一次发动机大修时间和发动机的性能恢复两方面综合考虑，既要满足所需发动机的性能，同时发动机下一次大修时间与发动机LLP的剩余寿命应尽可能匹配。同理，起落架LLP剩余寿命需要与起落架下一次起落架大修时间尽可能匹配。

在经营租赁飞机时，还需要考虑飞机的运行标准性能是否满足CAAC现行的或近期要生效实施的运行标准。国内的运营人在选择引进机源时要注意飞机的机载设备构型和运行性能应满足以下运行要求：

（1）RNP APCH运行；

（2）TCAS7.1；

（3）ADS-B OUT DO-260B；

（4）ACARS；

（5）卫星通信系统；

（6）WQAR系统；

（7）QACVR系统；

（8）米制高度表；

（9）固定式ELT；

（10）甚高频通信要求最小间隔为25 kHz或8.33 kHz，且显示面板可以显示小数点后三位。

如选择的机源不能满足上述机载设备构型和运行性能的要求，对于不满足的项目必须在飞机交付前由出租方完成相关加改装工作。对于不满足近期要生效实施的运行标准的项目，应尽可能在合同中约定在飞机交付前由出租方完成相关加改装工作。因为这些加改装项目如果在接收飞机以后进行，则运营人不得不在支付了租金的情况下将飞机停场实施加改装，因此造成经济损失。如果合同中约定这些加改装项目由承租方在接收飞机后来实施，承租方应与出租方协商分摊改装的费用及因飞机停场带来的运营损失，或在合同中以调整租金的方式进行处理。

3.2.3 客改货的机源选择

当前，将客机改为货机运行的潮流方兴未艾，尤其是发生新冠疫情后，对货机的需求陡然大增，不少运营人临时将客机调整为货机使用。波音737-800客改货市场销售火爆，不少新的客改货项目正在紧锣密鼓的研发中。新科宇航工程公司与空客公司和它们的合资公司Elbe Flugzeugwerke研发的空客321客改货飞机已经开始交付，美国Precision

公司的空客321客改货研发项目已近尾声，Gecas公司与以色列IAI公司联合实施的波音777-300-ER的客改货项目正在推进中，中国商飞也正在进行ARJ-21客改货的研发。面对庞大的客改货市场，怎么选择用于客改货的飞机呢？

选择客改货的机源时，除了要考虑前面论述的选择二手飞机的关注事项外，还需要对客改货的个性化需求予以考量。关于客改货飞机的机龄的考量，承租人需要结合租金、租期内运营和维护成本一同比较。综合看，机龄越小的客改货机源，总成本（租金+运营+维护）未必比机龄大的飞机高。客改货飞机的机龄过于小，飞机的引进成本会大幅增加，如果客改货飞机的机龄过大，引进后服役的时间有限，难以摊薄不菲的客改货成本，因为无论客改货飞机的机龄是多少，客改货的成本是一定的。另外，准备进行客改货的飞机交付时点应尽量与客改货改装开工的时点接近，防止因飞机不能按时就位给客改货的施工方带来经济损失，亦防止因此产生经济纠纷。在接收用于客改货的飞机时应尽可能避免采用现状交付的交易方式，合同中应约定在完成一次高级别检修的基础上交付飞机，以防止在客改货施工期间发现隐匿在飞机上的重大缺陷，导致客改货不能按计划完工，飞机不能按计划投入运行，同时规避因此承担大额维修成本支出的风险。

飞机客改货的改装方案往往对进行改装的飞机构型有特别的要求。以波音737-800BCF为例，选择用于波音737-800BCF客改货的飞机构型需要满足以下要求：

（1）生产线号103之后的飞机（1998年10月30日之前生产，地板强度不符合货机的要求）。

（2）飞机不能为BBJ构型。

（3）飞机不能为P-8构型（P-8为美国海军使用的巡逻机型）。

（4）飞机的后压力隔框不能为平的（正常后压力隔框为球形，部分飞机为了获得更大的客舱容积，选择了平面的压力隔框）。

（5）飞机不能安装有分叉式小翼（部分波音737-800飞机配装的是分叉式小翼）。

（6）飞机不能有翼尖压载消除装置。

（7）不能是生产线号在778之前，翼尖小翼被翼尖替代的飞机。

（8）下货舱防火级别不能为D级，没有烟雾检查或者抑制系统。

（9）未安装G1厨房和/或A厕所的飞机。

在满足以上构型要求的基础上，再对引进机源的技术状态进行评估，选择出既满足客改货构型要求，又符合飞机引进方对飞机技术状态个性化要求的飞机进行客改货。下面以选择波音737-800机源为例，给出一个评估引进机源技术状态个性化要求方案，供大家参考。

（1）发动机型号和推力为CFM56-7B24或CFM56-7B26。这两种推力的发动机需要运营人根据运行需求确定。

（2）发动机LLP剩余寿命不小于2 000循环。这样可以在飞机引进后至少运行一段时间再进行发动机计划性大修，以保证有足够的时间安排发动机的大修事宜。

（3）发动机大修后使用循环不大于6 000循环。由于发动机CFM56-7B大修后一般可在翼使用9 000循环，因此飞机交付时，发动机应有一定的剩余可使用的循环数，避免飞机引进后不久就产生计划性下发的情况，给维修计划部门留出安排发动机送修的时间。

（4）起落架总使用循环不能超过机身总使用循环，距离下次大修不能少于3年。由于起落架大修周期间隔为10年，限制距离下次大修不少于3年，可以避免飞机引进后不久就需要进行大修的情况。

（5）飞机飞行小时数和飞行循环数分别在50 000和30 000左右，假设小时循环比在1.5～2之间，小时循环比偏离假设范围较大时需要核查该架飞机是否在历史上存在非正常使用的情况。

（6）历史运营人不超过2家。如果历史运营人较多，飞机历史记录资料存在缺失或者梳理不清的风险大。

（7）APU大修后使用时间不大于3 000 h（LLP剩余不小于8 000循环）。

（8）最大起飞重量不少于174 200 lb（1 lb=0.453 6 kg）。飞机的最大起飞重量属于飞机选型项目，不同的运营人对最大起飞重量需求不同。由于航空运输的货物都有一定程度的轻抛，比较大的载货空间往往对货机来说更为重要。然而，为了使客改货后的飞机具有较高的载运灵活性，可以考虑将部分引进飞机的最大起飞重量选择为174 200 lb这个起飞重量最大值。

第4章 二手飞机交易的谈判

在选定了合适的二手飞机引进机源后，接下来交易各方会进入交易意向书的谈判。交易双方签署交易意向书后，甲方（飞机购买方或承租方）向乙方（飞机出售方或出租方）交付保证金，乙方则将交易意向书中指定的飞机从交易市场信息平台中撤出，而后交易双方进入交易合同的谈判阶段。

4.1 意向书谈判

4.1.1 意向书的基本概念

意向书（Letter of Intent）通常简称LOI，为飞机交易各方在签署正式交易合同前为锁定交易而签署的协议，意向书内容为交易各方讨论约定的交易最关键、最核心的交易条款，包括交易的前提条件和整体框架。意向书中约定的内容将作为交易合同谈判的基础，谈判各方在交易合同谈判时都应遵守意向书中对交易的前提条件和整体框架的约定，除非各方均同意进行变更。因此，意向书也可以理解为精华版的飞机买卖或者租赁合同，但与交易合同不同的是，意向书仅仅是谈判各方为表明愿意进行交易做出约定的一种形式，其本身不具有法律效力。

4.1.2 意向书的基本要素

飞机购买意向书和飞机租赁的意向书内容会略有不同，通常都包括以下条款：

（1）交易各方信息；

（2）交易标的物；

（3）标的物物权确认；

（4）交易类型；

（5）交易的先决条件；

（6）交易结构；

（7）交易价格；

（8）交易成本费用；

（9）保证金；

（10）付款要求；

（11）技术要求；

（12）保险条款；

（13）索赔、保修权益转让；

（14）适用法律法规；

（15）保密约定条款。

交易各方信息是指在意向书中明确的各交易方的名称、地址、联系人和联系方式等信息。交易标的物为交易各方认可的对约定标的物的状态描述和定义，通常会明确交易涉及飞机的生产序号（MSN）及其在翼发动机的型号及序号。标的物物权确认是指交易的乙方应提供标的物的物权证明文件，交易的甲方应对标的物的物权进行审核与确认。交易类型明确了交易为飞机买卖或飞机租赁。飞机买卖的交易通常为现金支付，在交易飞机满足合同约定的成交条件并且乙方收到甲方支付的购机款后，乙方将飞机的所有权转让给甲方。飞机经营租赁的交易通常亦为现金支付。在租赁飞机满足合同约定的成交条件且乙方收到甲方支付的租金保证金后，出租方将飞机的使用权转让给承租方。交易结构明确了交易的途径及重要时间节点，诸如对飞机进行技术检查的时间和地点、对飞机进行技术接收的时间和地点、飞机交付的时间和地点、交付调机的责任方及调机航线和时间、飞机交付涉及的出关和进关地点及责任方等。交易价格是指交易各方约定的飞机买卖价格或租金的价格，通常为不含税的价格。保证金是为确定履行意向书提供的一种金钱形式的承诺保证，通常在意向书中约定在完成合同谈判后予以退还，或充抵合同款不再退还。付款要求明确了交易中约定的付款时点及付款金额。意向书中还会明确界定在交易过程中产生的成本费用（如税费、律师费及保险费）的缴纳主体。保证金的数额通常是飞机出售价格的10%或者飞机租赁3个月的租金，机龄不同以及交易主体风险的不同导致保证金的比例会有差异。飞机出售一般要求一次性缴纳保证金，飞机租赁一般要求分3次缴纳保证金，缴纳时点一般约定为签署意向书、签署合同及技术接收后的某一时间点。技术要求约定了出售或租赁交易中二手飞机的技术状态或交付标准，通常采用现状交付方式或按照交易各方约定的条件和标准进行交付。无论哪种交付方式，均应在意向书中明确交付条件和标准。

飞机保险是为了防止飞机由于自然灾害、战争、劫机、飞机本身机械原因或维修原因等导致飞机全损或者部分损坏产生巨大经济损失，而对飞机包括机身和发动机及主要零部件进行的保险。飞机保险主要包括机身险、机身战争险、法定责任险、机组人身意外险、直升机保险、政治险、飞机发动机损坏险、飞机无法正常服务险、飞机产权保险、免赔额保险和飞机残值保险等。上述险种中与飞机租赁关系密切的险种主要为机身险，一般不少于租赁飞机时飞机公允价值。机身险负责对在飞行和滑行中或地面停放时，被保险飞机的机身、发动机及附属的灭失、损坏，以及碰撞、跌落、爆炸、失火等，不论任何原因而造成的飞机全损或者部分损失进行保险理赔。机身战争险负责对发生战争、罢工、暴动、恶意行为的破坏活动造成的损失进行赔偿。法定责任险主要包括旅客法定责任险和第三者责任险。旅客法定责任险指旅客在乘坐或上下飞机时发生意外，造成人身伤亡、所携带和已经交运登记的行李物件的损失，或因行李物件在运输过程中的延迟而造成的损失，根据法律或契约规定应由被保险人负担赔偿责任。第三者责任险指由于飞机或空中坠人、坠物造成第三者的人身伤亡或财产损失，被保险人应该负担赔偿责任。飞机发生全损时，保险金由保险人支付给受让人，用于偿还转让人在"借款合同"项下届时尚未清偿债务中的本金及其他清偿的债务。偿还上述金额后，受让人将剩余款项返还转让人。飞机发生非全损失时，对于一定范围内的保险赔付应首先赔付给飞机出租方。出租方收到的保险金在出租方收到运营人列明修理的性质及支出的详细书面清单后，用保险金补偿修理费用。在飞机租赁项下，承租方购买飞机保险后，飞机保险权益转让给飞机出租方。保险权益转让后，在承租方同意保险权益转让的合同期间，保险人公司将飞机出租方列为保单的被保险人和受益人之一，将其他拥有飞机权益的各方作为飞机保险的附加被保险人。另外，在意向书中还会有一个保密约定条款，要求交易各方对意向书中的信息予以保密，不得透露给第三方。

4.1.3　意向书谈判的要点

1.交易路径

意向书中应明确交易的路径，明确交易涉及的相关方、交易过程中重要环节的事项和责任方，以及时间和地点安排，谈判各方根据约定的安排能够对交易的可操作性予以肯定。

2.交易价格

交易价格指的是飞机出售或者租赁的价格，需要交易各方进行评估和谈判来确定。影响交易价格的主要因素是飞机交易时的市场热度和飞机本身的技术状态。

3.其他价格

其他价格指的是除了飞机出售或者租赁价格之外的其他涉及飞机交易的价格，例如保证金金额，机身、发动机、APU、起落架的维修调整金，飞机租赁的维修储备金，涉及的税金及调机费等，这些价格项同样需要交易各方进行评估和谈判来确定。

4.保证金返还条款

在未达成交易的情况下，乙方应按照保证金返还条款的约定，将收取的保证金返还给甲方。典型的返还条款如下：

（1）一个或多个飞机交付条件无法满足合同约定，且交易各方未能在最终交付日期前就这些条件的解决方案达成一致；

（2）仅由于乙方的原因，飞机不能在最终交付日期完成交付，双方同意终止合同；

（3）在甲方已经提供了乙方合理要求的任何必要合作情况下，乙方未能按照合同约定在最终交付日期前将飞机调机至改装厂或维修厂；

（4）飞机在交付前全损或者约定时间内无法满足最低交付条件；

（5）甲方未在意向书约定时间内得到公司董事会对合同的批准。

5.飞机交付状态最低标准

飞机交付状态一般分为现状交付（As-is，where-is）和满足最低标准两种状态。现状交付指在飞机满足适航状态的前提下，对于飞机交付时的技术状态和技术参数无更多要求的交付方式。最低标准交付指的是飞机要满足适航要求，而且不低于交易各方约定的交付技术标准的交付方式。最低标准是指合同中约定的飞机交付时机身、发动机、发动机LLP、起落架、APU和主要部附件的技术状态标准。

4.2　二手飞机交易合同的技术谈判

二手飞机交易合同谈判通常分为商务谈判和技术谈判两个方面，两者各有侧重又要协调统一。本书侧重对二手飞机交易合同的技术谈判进行探讨。

4.2.1　技术谈判的范畴

因为二手飞机已经被使用过，不同运营人使用和维护飞机的水平不相同，导致飞机技术状态参差不齐。因此二手飞机交易合同的技术谈判与引进新飞机的技术谈判相比复杂程度高且难度大。二手飞机交易合同的技术谈判除了要遵循适航规章要求和标准外，还需要对交易飞机交付时的机身及发动机和发动机LLP、起落架、APU和飞机部附件的状态以及相关飞机文件的交付要求和标准进行谈判，技术谈判的结果会直接影响交易的结构及价格。为便于对后续内容的理解，下面先对二手飞机交易合同的技术谈判中经常使用的相关名词术语进行解释。

（1）飞机：包括机身、发动机和交付时安装在机身内或机身上的所有部件，也包括在任何特定时间安装在飞机内或飞机上的所有代替、更新和替换部件，以及适用的飞机文件。

（2）机身：飞机除发动机以外的部分。

（3）发动机：确定在翼发动机及其型号和技术验收证书中载明的相应制造序列号，以及飞机交付时在翼发动机上的所有部件。

（4）发动机翻修：发动机根据手册要求进行的维护、检查和修理工作。所有维修和翻修工作应至少按照发动机厂家推荐的工作范围和维护手册进行。租赁飞机的发动机翻修通常由承租方指定且出租方认可的发动机维修/大修供应商执行。

（5）起落架：飞机的起落架组件，但不包括任何不受起落架制造商检修和寿命限制的附属部件（例如机轮和刹车），并应包括主起落架和前起落架的内、外筒，包括起落架上的所有部件。

（6）APU：安装在机身上的APU，有确定的APU型号，以及交付时应安装在该APU上的所有零件。

（7）APU翻修：对APU进行的所有必要的维护和检查，至少应根据制造厂家推荐的工作范围进行翻修工作，以恢复其全部性能。

（8）BTB追溯性：飞机部件的履历文件的可追溯性，包括自新部件装机开始使用起该部件的安装位置、使用的飞行小时数、飞行循环数、日历日信息以及在某架飞机或某台发动机、APU或某个起落架上安装/拆卸的时间以及对应的小时/循环信息和所有安装使用的历史维护记录，还有所有安装过相关部件飞机的无事故声明。

（9）飞机文件：包括飞机制造商和飞机部件供应商提供的所有技术数据和手册、日志、记录、计算机数据、媒体和其他材料，也包括在新飞机交付以来制造商和历任运营人保存的与飞机或飞机任何部件有关的文件。

（10）维修计划：属地民航管理部门批准的飞机维修计划，该计划应符合飞机及零部件制造商的MPD，包括定期区域检查和部件维护、状态监控、勤务、测试、预防性维护、维修、结构检查、系统检查、大修、批准改装、服务通告、工程指令、适航指令、封存、腐蚀控制、检查等维修类别和维修项目。

（11）租机月报：按出租方要求的格式编制的租赁飞机的月度使用报告。

（12）C检：按照维修计划和制造商的MPD进行的高级别的维修工作。

（13）制造商维修计划：制造商发布推荐的飞机维修计划。

（14）开普敦公约：《移动设备国际权益公约》《飞机设备特有事项公约议定书》以及国际登记处监督机构根据该公约颁布的条例和程序的正式英文文本的统称。

4.2.2　技术谈判重点

飞机引进的不同形式决定了技术谈判要点的不同。根据飞机引进形式不同，技术谈判可分为以下几种情况。

4.2.4.1　飞机经营租赁技术谈判

在进行经营租赁项下的技术谈判时，首先要保证租赁的飞机在接收时处于适航状态，其次要满足合同中约定的运营人对于飞机技术状态参数个性化的最低要求和交付标准。一般情况下，即便飞机为现状交付，也必须满足运营人属地民航管理部门的适航管理要求。经营租赁技术谈判时要遵循经营租赁飞机的交付条件和退租条件对等的原则。

运营人在飞机租赁期间和退租期间会遇到一些常见的问题，比如租赁合同要求按永久修理标准或镶平修理标准进行维修，但有时维修的实际情况不能满足这一要求。如果将来在退租时进行纠正可能花费较大，甚至需要更换部件或者结构件。又比如飞机损伤发生在受STC影响区域内，却使用了飞机制造厂的方案进行了维修，是否需要咨询STC持有人对飞机制造厂修理方案的评估意见；OEM将修理定义为永久修理，但有后续重复检查要求，该修理是否被出租方接受；由工程委任代表（DER）批准或设计机构批准（DOA）的维修是否被出租方接受。以上这些问题如何解决需要在合同谈判时与飞机出租方达成共识并在租赁合同中体现，承租方应在租赁期起始点开始按照双方达成的共识对飞机的维修进行控制和管理，防止租赁期内飞机的维修与租赁合同中的约定条款发生偏离，为将来的退租工作带来障碍。

4.2.2.2　购买即时状态交付飞机的技术谈判

即时状态交付的飞机是指出售的飞机已停止运行等待出售，飞机的运行数据已锁定。买方已经接受停止运行飞机的技术参数，主要包括飞机机身、发动机、APU和起落架剩余的飞行时间与循环。即时状态交付方式下对于飞机的物理检查和文件记录的检查要求应予以明确。

4.2.2.3　购买远期交付飞机的技术谈判

购买远期交付的飞机是指飞机不能在短期内交付，至少需要半年甚至更长的时间。此时交易各方会根据目标交付日期推测交付时飞机的技术状态，用于确定交易的价格。飞机的交付技术状态直接影响飞机的销售价格，所以购买远期交付飞机的风险和不确定性远远大于购买即时状态交付的飞机。由于远期交付飞机的实际交付状态大多与合同谈判时推测的交付状态有偏离，在飞机交付时应依据合同中约定的维修调整金标准对交易价格进行调整。下面介绍技术谈判的重点。

1.机身

机身部分的谈判主要针对涉及的飞机适航标准和机体维修工作展开，具体谈判要点如下：

（1）合同应约定飞机交付时需要满足的适航标准，明确飞机交付应满足CAAC或FAA或EASA适航标准，同时明确交付时是否需要满足CCAC或FAA或EASA的运行标准。如果交易飞机的现状存在不满足交付标准的项目，需合同各方讨论明确如何满足交付标准及承担因此产生的维修和改装成本的责任方。

（2）合同中应明确在飞机交付时，是否要求乙方对飞机内外部执行标准清洁和喷漆工作。清洁工作的要求和标准应该参照相关手册执行，喷漆工作要明确喷漆图纸和漆料的品牌，整个喷漆的过程也要按照相关的手册执行。

（3）对飞机进行交付检查时，如飞机为现状交付，甲方有权利检查飞机可接近区域和机身内外部所有合同约定的部附件，包括对发动机和APU的孔探工作及飞机所有历史文件的检查。如飞机为非现状交付并由前运营人执行退出检，甲方应有权共同参与对前运营人的退租工作进行检查。检查工作主要包括飞机结构检查、系统测试、发动机和APU孔探工作以及飞机所有历史文件的检查。

（4）对于客舱应急设备和松散设备的检查，乙方应提供已被批准的LOPA图，甲方有权利按照LOPA图检查客舱和驾驶舱的松散设备和应急设备。

（5）飞机交付时不应存在与制造厂家MPD维修项目相关的保留故障和偏离项目，且飞机部件应处于适航可用状态。如果存在保留故障和偏离项目应先得到乙方所在国民航管理部门批准和甲方所在国民航管理部门的批准。乙方需要将保留故障和偏离项目的维修成本补偿给甲方。

（6）合同中要约定由乙方负责完成的区域检查和结构检查应在飞机交付前完成相关工作，而且甲方有权利在乙方或者飞机前运营人执行上述检查时到现场一同检查飞机。

（7）合同中要约定在飞机交付前执行完飞机交付后若干天（通常为180 d）内到期或者重复检查的AD。如果若干天内到期的AD需要完成终止措施的，乙方应执行完成终止措施。这样可以避免甲方在接收飞机后，因没有足够的时间准备执行马上到期AD所需维修资源，导致飞机因不适航停场。

（8）对于经营租赁的飞机，合同中应约定承租方执行费用较大的AD工作时，出租方应分摊执行这些AD的费用，并为此约定一个分摊门槛值，俗称AD门槛值。这项约定主要是为了保护承租方在执行AD时，如成本超出AD门槛值，需要出租方向承租方提供补偿，英文表述为"AD sharing"。对于承租方来讲，AD门槛值越低越好，这样可以降低承租方承担的维修成本。而对于出租方当然希望AD门槛值越高越好，这样就可以减少对承租方执行此类AD费用的补偿。因此，AD门槛值是经营租赁合同谈判双方博弈的一个要点。

（9）经营租赁合同中应对涉及飞机改装的SB的执行政策进行约定。服务通告一般情况下会分为普通SB和ASB。对于经营租赁的飞机，在合同谈判时，应明确承租方执行适用的SB和ASB的政策。承租方在合理、均衡、安全与效益的前提下，争取减少执行SB工作，减少租期内执行SB的维修成本的投入。

（10）出租方一般会要求在合同中约定不允许承租方在机身上使用PMA部件。在飞机租赁期内，通常承租方在满足民航管理部门和运营人质量管理体系要求的情况下，会通过选择使用PMA部件来降低维修成本。目前国内运营人已广泛使用客舱PMA部件。为了满足退租要求，承租方在退租时会更换掉运营时使用的PMA部件，造成资源的浪费。建议承租方与出租方进行谈判时，可以在争取在满足民航管理部门和承租方质量管理体系要求的情况下在合同中注明客舱部件或者非关键性部件可以使用PMA部件。另外，对于承租方租赁的老龄飞机，如无法购买到原厂生产的部件时，争取出租方接受使用PMA部件。购买飞机时，购买方对于是否接受PMA件的问题需要在满足运行安全要求的前提下在合同谈判时统筹考量。

（11）合同中应明确要求机身所有外部标牌、标志和标记应正确粘贴、无损坏且清晰可读。在飞机退租时承租方应去除机身上与承租方有关的外部喷涂信息，如承租方运营人的徽标和飞机注册号信息等。

（12）非歧视条款：对于租赁的飞机，出租方一般会要求承租方在租赁期内不得歧视其出租的飞机，租赁的飞机应与承租方自有机队的飞机或者其他租赁的飞机同等对待。为了降低租赁飞机的维护成本，承租方可以要求在满足适航要求的情况下，租赁的飞机有别于自有飞机的维护和改装标准，具体条款双方需要协商。

2.发动机

如果现状交付飞机，发动机部分的合同谈判主要围绕发动机目视检查、发动机孔探检查、MPA试车和发动机勤务及历史文件检查展开。上述所有检查项都应该满足维护手册和适航规章的要求，但对于发动机的性能数据、剩余的飞行小时数和飞行循环数不做额外要求。如果飞机是非现状交付，发动机部分的合同谈判主要针对发动机性能、LLP剩余寿命的最低要求、发动机维修和翻修的标准、发动机目视检查、发动机孔探检查、发动机试车和发动机勤务检查工作展开，具体谈判要点如下：

（1）合同中应明确飞机交付时，每台发动机及其各单元体应处于适航可用状态。不允许发动机或其组件存在监控使用的项目或偏离维修方案和需要缩短检查间隔的项目。例如某检查项目按照维护手册或者厂家要求每500飞行循环需要对该项目进行检查。但因以往检查发现了问题，按照维护手册或者厂家要求将500飞行循环的检查间隔降低至250飞行循环间隔进行重复检查。这种情况在飞机交付时是不能接受的，除非合同各方进行对这种情况的处理达成新的共识。

（2）发动机性能部分：对于非现状交付的租赁飞机，要明确甲方可接受的发动机性能最低标准。例如距离下一次发动机性能恢复剩余的飞行时间不少于若干小时以及EGT裕度的要求，或发动机翻修后的使用小时不大于若干小时。

（3）发动机LLP部分：对于非现状交付的飞机，要明确甲方可接受发动机LLP的最低标准。例如距离下一次发动机翻修剩余循环不得少于若干循环，任何发动机LLP在下次计划性拆卸前的剩余循环不得少于若干循环。对于LLP和发动机性能的要求，一般会按照甲方机队的飞机利用率进行匹配和计算，从而得出甲方可接受的发动机最低剩余飞行小时数和循环数。例如新成立的运营人或者是运营人新引进的机型，在没有备发或出于运营人运行考虑的情况下，运营人应根据将来运行的航线和航班频次测算飞机每年使用的飞行小时数和飞行循环数，假设每年飞行1 600 h和1 000循环的利用率，运营人计划引进飞机后要保证两年内飞机不停场检修，则需要乙方满足发动机最低4 000 h和2 500循环的要求，此数据可以作为进行租赁或购买飞机的最低标准之一。

（4）发动机维修和翻修标准：这里提及的维修和翻修工作是指在发动机维修站内进行的维修工作，不包含发动机正常的C检和航线维修工作项目。为了避免在飞机租赁和退租时出租方与承租方对于发动机的维修和翻修工作级别和维修工作范围产生争议，合同中应该明确将发动机原制造厂手册或其建议的修理范围和标准作为判定维修工作级别和维修工作范围的依据标准。

（5）发动机目视检查：目视检查的目的是确认发动机部件是否正确安装在位，部件的件号和序号是否与乙方提供的部件清单中载明的件号和序号相符。另外，目视检查时还应检查发动机部件是否存在损伤和漏油等现象。如发现件号及序号与交付部件清单不一致或存在损伤和漏油的现象，合同中应明确要求乙方对于发现问题的部件进行澄清或者更换。

（6）发动机孔探：发动机孔探的工作目的是确认发动机是否存在内部损伤，合同中应该约定发动机孔探的范围和标准，并约定发动机孔探工作的执行方，合同中还应该约定在执行孔探时甲方是否有权利观察和监督孔探工作。

（7）发动机勤务：除按照维修方案和维护手册完成正常的勤务工作外，乙方在飞机交付时应出具发动机所使用的滑油品牌的声明文件，因各个运营人使用的滑油品牌有所不同，要防止不同品牌的滑油混合使用，造成严重的后果。

（8）发动机部件：合同中通常会约定每台发动机安装的部件须是发动机制造商批准认可的，不可安装PMA部件、FAA DER维修部件或未经认证批准型号的部件。对于租赁飞机而言，如果由于租赁的飞机老龄化，承租方无法购买到原厂生产部件时应要求出租方同意使用PMA部件。发动机外围部件（如进气整流罩、风扇整流罩、反推装置、反推装置绝热层组件和排气喷嘴组件）须通过具有相应资质维修人员的检查，且没有受损、分层和裂纹等超出飞机维护手册（AMM）标准限制的情况出现。发动机部件的追溯性文件至少要有证明发动机部件自新件开始屡次安装的位置及使用的飞行小时数、飞行循环数、日历日信息，还要包括在某架飞机或某台发动机上安装/拆卸的时间以及对应的小时/循环信息，包括之前的维护记录和所有安装使用过这些部件飞机的无事故声明。

（9）发动机试车：在甲方代表在场的情况下，乙方根据制造商的维修手册完成一次发动机全功率试车。甲方需在接收证明上记录发动机试车条件和结果。

3. APU

现状交付飞机时，APU部分的合同谈判主要围绕APU的目视检查、孔探检查、试车记录和历史维修记录检查展开。

在非现状交付的情况下，谈判主要围绕APU性能和LLP剩余寿命的最低要求、维修和翻修的标准、目视检查、孔探检查、试车和勤务检查展开谈判，具体谈判要点如下：

（1）明确每台APU及其各单元体应处于适航可用状态，不允许APU及其组件处于监控使用状态或存在按照维护手册要求需要缩短检查间隔的项目。

（2）APU性能：要明确甲方可接受的APU最低性能标准。例如，距离下一次APU性能恢复剩余的飞行时间不少于若干小时或APU翻修后的使用小时不大于若干小时。

（3）APU的LLP：要明确甲方可接受APU LLP的最低标准。例如上一次APU翻修后剩余可使用循环不得低于若干循环或根据APU制造商的手册规定寿命限制，任何APU的LLP距下次计划性拆卸前的剩余可使用循环数不得少于若干循环。对于APU的LLP要求和APU的性能要求，甲方应按照机队的利用率进行匹配和计算，从而得出甲方可接受的最低剩余飞行小时数和循环数。例如，新成立的运营人或者是运营人新引进的机型，在没有备发或出于公司运行考虑的情况下，应根据机队运行的航线和航班频次测算飞机每年使用的飞行小时数和飞行循环数，假设每年APU使用2 000 h，运营人计划引进飞机后要保证两年内飞机不停场检修，则需要乙方满足APU最低剩余使用寿命4 500 h的要求，此数据可以作为进行租赁或购买飞机的最低标准之一。

（4）APU维修和翻修标准：APU维修和翻修工作指的是在以APU维修站内进行的维修工作，不包含APU正常的C检和航线维修工作项目。为了避免在飞机租赁和退租时出租方与承租方对于APU的维修和翻修工作级别和维修工作范围产生争议，合同中应该明确以APU原制造厂手册或其建议的修理范围和标准作为判定维修工作级别和维修工作范围的依据标准。

（5）APU目视检查：目的是确认APU部件是否正确安装在位，部件的安装记录信息是否与装机实物保持一致。另外，还应检查APU部件是否完好，有无损伤、漏油等现象。合同中应明确要求乙方负责对发现问题的部件进行维修或者更换。

（6）APU孔探：APU孔探工作是为了确认APU是否存在内部损伤。合同中应该约定APU孔探的范围和标准及APU孔探工作的执行方，并约定在执行孔探时甲方有权利观察和监督孔探工作。

（7）APU勤务：除按照维修方案和维护手册完成正常的勤务工作外，飞机交付时乙方应出具APU所使用的滑油品牌声明文件，因各个航司使用的滑油品牌有所不同，以防止不同品牌的滑油混合使用造成严重后果。

（8）APU部件：合同中通常要约定，每台APU安装的部件须是发动机制造商批准认可的，不可安装PMA部件、FAA DER维修部件或未经认证批准型号的部件。对于租赁的老龄飞机，如承租方无法购买到原厂部件时应要求出租方同意使用PMA部件。对APU部件的追溯性文件要求与对发动机部件的追溯性文件要求一致。

4.起落架、轮胎和刹车组件

合同中涉及起落架部分的谈判内容主要包括起落架状态、翻修报告、部件追溯性和剩余寿命，具体谈判要点如下：

（1）前起落架、主起落架和轮舱应保持干净，不出现损伤、变形、渗漏等超出AMM限制标准的情况，如不满足AMM手册要求需要进行维修或更换。

（2）起落架、机轮和刹车组件以及轮舱所有部件的识别标志都应保持干净、粘贴牢固、清晰可读。

（3）前起落架和主起落架应处于适航可用状态，且需要在合同中约定接收飞机时起落架剩余寿命的最低要求和标准，例如距进行下一次起落架大修保有不低于若干个飞行循环和若干个月的剩余使用寿命。

（4）合同中应约定飞机交付时刹车组件和机轮的剩余寿命的最低要求和标准。例如刹车组件和机轮在翻修后应保持不低于若干的使用寿命时长或表述为刹车和机轮大于若干的剩余使用寿命。

（5）起落架、轮子和刹车组件的部件：每个起落架、机轮和刹车组件安装的部件须是起落架、机轮和刹车组件制造商批准认可的，不可安装PMA部件、FAA DER维修部件或未经认证批准型号的部件。对于承租方租赁的老龄飞机，如无法购买到原厂部件时应要求出租方同意使用PMA部件。起落架、轮胎和刹车组件的部件追溯性文件至少要有证明部件自新件开始屡次安装的位置及使用的飞行小时数、飞行循环数、日历日信息，以及在某架飞机或某个起落架上安装/拆卸的时间以及对应的小时/循环信息，还包括之前的维护记录和所有安装过飞机的无事故声明。

5.飞机部件

合同中有关飞机部件的谈判重点主要有部件的剩余寿命、租赁飞机租期内更换部件的证书要求和更换部件的寿命要求。

（1）对于部件的剩余寿命，合同中需要约定在飞机交付时甲方可接受的部件剩余寿命。例如按照飞行小时数和循环数控制的部件剩余寿命，除了发动机LLP外应不低于若干飞行小时和飞行循环，通常为5 000飞行小时或4 000飞行循环或18个月。再比如按照日历日控制的部件须剩余18个月或100%的使用寿命。如某一部件全寿低于18个月，假设该部件全寿为12个月，则该部件按照全寿标准交付。

（2）关于租期内更换部件的适航证书的要求，由于飞机租赁贸易具有国际化属性，飞机要在全球范围内流通，所以出租方为了保持飞机在全球贸易中的流通性，一般会要求承租方在飞机退租的时候保证租期内更换的部件满足FAA或EASA的部件适航证书要求。针对于租期内更换新部件和检查、测试、修理和翻修的旧部件，出租方会要求每个OCCM零件应处于可用状态，且具有相关适航挂签，如EASA FORM 1或FAA FORM8130-3。

关于部件证书要求的谈判，承租方应争取退租条件为仅提供所在属地民航管理部门要求的部件适航证书，或缩短提供境外民航管理部门要求的部件适航证书的部件装机时间范围。例如退租时仅提供CAAC证书或者仅提供飞机退租前2年的FAA FORM8130-3证书。这样可以降低退租时不满足合同要求的部件重新取证的成本和规避因部件取证原因导致飞机不能按时完成退租的风险。

（3）对于LLP，需提供追溯性文件，追溯信息包括自新部件开始使用以来的屡次历史安装位置和使用的飞行小时数、飞行循环数、日历日信息，以及在某架飞机或某台发动机、APU或某个起落架上安装/拆卸的时间以及对应的小时/循环信息，还包括之前的维护记录和所有安装过相关LLP飞机的无事故声明。

6.飞机修理项目

合同谈判时，对于租赁的飞机，出租方一般会要求承租方按照飞机制造商和FAA或EASA的要求对飞机的所有受损部位进行永久性修理且得到批准。同时会要求根据飞机制造商和FAA或EASA的要求对外部修理部位进行镶平修理和批准。承租方应争取提供所在属地民航管理部门要求的修理方案批准。对于不能满足永久修理要求的维修工作也争取让出租方接受。例如退租时仅提供CAAC批准的维修方案，如对于某些区域无法进行镶平修理，应争取出租方接受非镶平修理的状态。这样可以规避退租飞机时因必须取得镶平和永久修理方案导致将来退租工作不能按计划完成。

对于现状交付出售的飞机，卖方至少应保证飞机上所有修理工作满足双方约定法规所管辖的民航管理部门适航要求，满足飞机制造厂维护手册的要求，卖方应提供所有修理的文件记录。

7.机身外表面、舱窗和舱门

机身外表面、舱窗和舱门的相关合同条款应要求检查上述区域是否存在部件丢失、腐蚀、掉漆、符合材料分层和松动等现象，如果存在上述现象应按照AMM和SRM手册要求进行更换或修理。具体要求如下：

（1）机身应没有任何凹痕和磨损以及超出SRM要求的松动的、被拉出的或缺失的铆钉。

（2）根据AMM的要求，舱窗应处于良好状态，干净，无分层、瑕疵和裂纹，密封性良好。

（3）根据AMM的要求，舱门应可自由移动、正确使用并配备有适用密封件。

（4）机身应防腐蚀，若发现腐蚀应根据SRM的要求进行清洁处置和修复。

（5）机身和外部部件漆面检查，如发现掉漆应按照相关图纸和手册进行补漆和修复。

8.机翼和尾翼

关于机翼和尾翼的合同条款主要是要求检查上述区域的状态，核实是否存在部件丢失、腐蚀、掉漆、复合材料分层和松动等现象，如果存在上述现象，应按照AMM和SRM手册要求进行更换或修理。具体要求如下：

（1）所有机翼前缘应无超出SRM可接受损伤标准的损伤情况。

（2）所有飞行操纵面应无损坏和分层现象。如飞机或舵面重新喷漆，应根据SRM的限制和要求进行重新配平。

（3）所有未上漆的整流罩和整流装置应按照标准进行抛光。

（4）检查机翼区域是否存在漏油，如有应按照AMM手册进行维修或更换部件。

9.客舱

关于客舱的合同条款主要是要求检查客舱区域是否存在部件丢失、腐蚀、掉漆、复合材料分层和松动等现象，如果存在上述现象，应按照AMM和SRM手册要求进行更换或修理。具体要求如下：

（1）天花板、侧壁和舱壁板应保持干净，状况良好，没有出现超出AMM限制标准的分层、裂缝和污渍等情况。

（2）所有标志、标牌和识别标记均应使用中文，并且应清晰、易读。

（3）地板应妥善密封，不得出现超过AMM限制标准的分层现象。

（4）根据AMM的要求，厨房隔间应保持干净，处于良好的可用状态，并且没有超出AMM限制标准的损坏和腐蚀情况。所有管路和电器连接，接线应处于良好状态，厨房地板应密封完好。

（5）飞机安装的所有厨房配餐部件，包括餐车、转运箱、烤箱、热水杯、咖啡机和煮水器，均应符合AMM的要求，并且处于良好的工作状态。

（6）厕所应保持干净，状况良好，无分层、裂缝和污渍，必要时需重新进行涂漆。

10.驾驶舱

关于驾驶舱的合同条款主要是要求检查驾驶舱区域的状态，确认是否存在部件丢失、腐蚀、掉漆、复合材料分层和松动等现象，如果存在上述现象，应按照AMM和SRM手册要求进行更换或修理。具体要求如下：

（1）所有识别标记和标牌应为中文，且需粘贴牢固和清晰、可读。

（2）根据AMM要求，所有控制面板应处于良好使用状态，未出现分层、污渍和裂纹现象，且安装牢固。

（3）根据AMM要求，地板垫应保持干净且正确安装。

（4）驾驶员座垫应处于干净良好的使用状态，且需满足甲方属地民航管理部门对座垫的阻燃要求。

（5）驾驶员座椅应处于良好使用状态，如需要应对座椅进行维修。

11.货舱

货舱的相关合同条款主要是要求检查货舱区域的状态，确认是否存在部件丢失、腐蚀、掉漆、复合材料分层和松动等现象，如果存在上述现象，应按照AMM和SRM手册要求进行更换或修理。具体要求如下：

（1）根据AMM的要求，所有货舱侧壁板和货舱舱门及部件应处于良好状态，密封良好，并在必要时进行货舱整新。

（2）所有货网和货舱装载设备应处于良好状态，且未出现超出AMM标准的撕裂或磨损情况。

（3）货舱应防腐蚀，若发现腐蚀应根据SRM的要求进行清洁和修复。

12.ETOPS

如飞机具备ETOPS运行能力，甲方应按照ETOPS检查要求确认乙方是否按照ETOPS维护程序完成了相关工作。

13.出口适航证书/飞机注销函件

在交付飞机时，乙方应出具前运营人所在属地民航局颁发的飞机出口适航证书和飞机国籍登记的注销函，这属于飞机交易的通用条款，同时也是各个国家民航局注册和注销工作的正常要求。

14.飞机文件清单

为了避免在飞机交付时，交接双方因对飞机交付所需文件范围的定义不同导致争议，需要将交接飞机的文件清单在合同条款或其附件中予以明确。文件交付清单需双方进行讨论和确认。

15.试飞

飞机试飞检查是交接飞机时的关键检查工作，一般由飞机交付方使用飞机制造商试飞程序或交付方的试飞程序进行不少于2 h或不超过4 h的试飞。具体试飞内容会在飞机交付时由双方代表共同确认。飞机接收方应被允许派代表进行最终检查，并代表接收方参与观察试飞工作。一般情况由交付飞机的一方承担或支付飞机试飞的成本。而接收方人员或代表在接收飞机过程中参与检查产生的所有费用应由接收方自行承担（通常情况下各自承担费用）。在试飞检查中发现的与交付条件要求和试飞方案不符的故障或偏离项，交付方应负责进行纠正，费用由交付方承担。最终检查的费用（除接收方人员或代表的费用和开支外），包括运行试飞的费用应由交付方支付。

16.技术报告

飞机接收前的预检报告是为了让甲方在飞机接收前更好地了解飞机的状态，此报告由卖方提供，一般在飞机预定的销售日期前至少180 d（具体时间双方协商），乙方将向甲方提供飞机的技术评估报告，此外，应甲方的要求，乙方将向甲方提供：

（1）AD清单；

（2）SB清单；

（3）周转部件、HT部件和LLP清单；

（4）改装、更改和维修清单；

（5）飞机前运营人的维修计划信息；

（6）截至飞机销售日期的完整的检查、检测和其他工作的工作范围；

（7）由前运营人从制造商或发动机制造商处订购的飞机相关的所有免费SB器材清单（这些器材在飞机交付日期之前未安装，但是预计在飞机交付日期后会收到）。

乙方还将向甲方提供：

（1）飞机交付日期前6个月的起飞和巡航趋势报告；

（2）当前发动机LLP部件清单；

（3）发动机上次修理报告；

（4）飞机文件，包括乙方可从前运营人处获取的其他文件。

17.维修调整金

购买远期交付的飞机时，买卖双方均无法准确锁定远期交付飞机交付时的维修状态。在一般情况下，买卖双方会根据预估的飞机交付技术状态锁定交付条件，然后双方讨论飞机全寿或半寿的交付技术标准和维修调整金的金额。在飞机交付时，买卖双方根据签署的维修状态补偿条款约定的补偿标准，通过修正预估的飞机交付技术状态与交付时实际飞机技术状态的偏差，对飞机的出售价格进行修正，双方将在约定的交易日期前根据飞机停场后确认的技术状态，按照约定的计算公式和参数以及调整标准计算飞机的维修调整金，从而得出飞机的实际成交价格。调整后的飞机实际成交价格，等于飞机基本价格（飞机处于全寿或者半寿时的价格）与各项维修调整金的调整值之和。每个维修调整项的调整标准（见表4-1）应在合同中提前约定。

表4-1 飞机维修调整金标准举例

维修调整项目	间　隔	测量单位	调整标准
机身8年结构和系统检查	96	月	$8 000
机身10年结构和系统检查	120	月	$6 000
机身12年结构和系统检查	144	月	$8 000
发动机性能恢复	18 000	飞行小时	$200
更换发动机LLP	寿命限制	循环	目录价格
前起落架大修	120	月	$1 100
主起落架右侧大修	120	月	$1 300
主起落架左侧大修	120	月	$1 300
APU性能恢复	8 000	APU小时	$50
发动机LLP换件	寿命限制	循环	目录价格

18.维修调整金的计算

下面以表4-1为例，演示如何以飞机半寿基本价格为基础进行维修调整金的计算。

维修调整金应为表4-1中各项维修状态调整金的总和。由于预估的飞机交付技术状态与交付时的实际飞机技术状态往往存在偏差：如果飞机实际交付技术状态好于预估的飞机交付技术状态，维修状态调整金是正数；如果预估的飞机交付技术状态好于飞机实际交付技术状态，维修状态调整金是负数。

（1）机身结构和系统8年检的维修状态调整金计算。机身结构和系统8年检的维修状况调整金以公式$(48-M)\times R$进行计算，其中48是机身结构和系统8年检96个月间隔的一半（半寿），M是自上次机身结构和系统8年检完成以来机身经历的累计月份数，R是机身结构和系统8年检调整项的调整标准，为8 000美元/月。

（2）机身结构和系统10年检的维修状态调整金计算。机身结构和系统10年检的维修状况调整金以公式$(60-M)\times R$进行计算，其中60是机身结构和系统10年检120个月间隔的一半，M是自上次机身结构和系统10年检完成以来机身经历的累计月份数，R是机身结构和系统10年检调整项的调整标准，为6 000美元/月。

（3）机身结构和系统12年检的维修状态调整金计算。机身结构和系统12年检的维修状态调整金以公式$(72-M)\times R$进行计算，其中72是机身结构和系统12年检144个月间隔的一半，M是自上次机身结构和系统12年检完成以来机身经历的累计月份数，R是机身结构和系统12年检调整项的调整标准，为8 000美元/月。

（4）发动机性能恢复维修状态调整金计算。发动机的性能恢复维修状态调整金以公式$(9\,000-H)\times R$来进行计算，其中9 000为发动机性能恢复周期18 000飞行小时的一半，H是自上一次对该发动机进行性能恢复以来累计的飞行小时数，R是发动机性能恢复调整项的调整标准，为200美元/飞行小时。

（5）发动机LLP维修状态调整金的计算。LLP的维修状态调整金以$[(L/2)-K]\times(P/L)$这个公式进行计算，其中P为交易时适用的制造商目录价格或新的LLP零件的采购价格，L是LLP零件的使用寿命，是由制造商公布的，K是LLP零件到交易时的已用寿命。

（6）起落架大修维修状态调整金的计算。起落架各主要组件大修的维修状态调整金以$(60-M)\times R$这个公式进行计算，其中60是起落架120个月大修周期的一半，M是自起落架主要组件进行最后一次大修以来，在交易时该起落架主要组件的累计经历月份数，R为起落架大修调整项的调整标准，前起落架为1 100美元/月，主起落架为1 300美元/月。

（7）APU性能恢复维修状态调整金的计算。APU性能恢复维修状态调整金以$(4\,000-H)\times R$这个公式进行计算，其中4 000为APU性能恢复8 000使用小时执行周期的一半，H是该APU自上一次完成APU性能恢复工作以来至交易时累计的使用小时数，R是APU性能恢复调整项的调整标准，为50美元/使用小时。

第5章 二手飞机的维修管理要求

持续适航管理是在飞机满足初始适航标准和规范、型号设计要求并通过型号合格审定的基础上获得适航证之后的适航管理。持续适航管理是在飞机投入运行后，为保持其在设计制造时的基本质量和安全水平，为保证飞机能始终处于安全运行状态而进行的管理。不管新飞机还是二手飞机，都需要落实持续适航管理的要求，这是飞机运营的前提条件。由于二手飞机多数具有老龄化的特性，运营人对二手飞机的维修管理工作更加具有挑战性，要满足适航规章的要求，尤其是要满足CAAC针对老龄飞机的适航管理要求，租赁飞机的维修管理还要满足租赁合同的要求。租赁公司基于对资产保值性的考虑，在租赁合同中会对飞机租赁期内的使用和维修提出限制条件。运营人的维修部门需要在飞机租赁期内按照租赁合同中约定的使用和维修限制条件以及退租条款安排对租赁飞机的维修规划，做到既满足适航规章的要求，又满足租赁合同的约定条件，同时合理降低飞机的维修成本。下面就CAAC对老龄飞机的维修管理要求和租赁项下对租赁飞机的维修管理的要求分别进行阐述。

5.1 民航管理部门对老龄飞机维修管理的要求

5.1.1 老龄飞机维修管理的发展历程

老龄飞机最显著的特征是产生结构腐蚀和疲劳裂纹。因此，飞机的结构状态对飞机的服役期有着决定性的影响。飞机的设计和制造方始终没有停下提升飞机设计制造水平的脚步。随着科学技术的发展和进步，飞机结构的设计理念也在不断优化，先后经历了安全寿命设计理念、破损安全设计理念、损伤容限设计理念和广布疲劳设计理念等发展阶段。

在安全寿命设计理念应用阶段，按照安全寿命设计理念进行设计的典型机型是英国德哈维兰公司设计的彗星号飞机，它也是全球第一种高空喷气式民航客机。彗星号飞机于1949年7月首飞后出现过26次重大事故，其中包括13起坠机事故。英国民航局将英国海外航空公司捐赠的一架已经累计飞行了3 057循环的彗星1号机身放在特制的水槽内，通过灌水的方式模拟增压，同时将机翼置于水槽外以液压方式模拟气动载荷，如图5-1所示。机体在经过1 826次的增压测试后，在舱窗角部位发现疲劳裂纹，以此证明彗星号事故是疲劳裂纹导致。安全寿命设计理念最大的问题是没有考虑飞机结构金属材料存在的缺陷，这个问题的存在通过上述彗星1号机身的实验得到验证。为此，FAA在1956年发布规章要求在按照安全寿命设计理念设计飞机机体时应该考虑破损安全设计理念的应用。

图 5-1 彗星1号飞机进行疲劳实验测试

破损安全设计理念的精髓是，飞机的主结构出现失效后，其承担的载荷将会分担给周边的结构，在一定时段内防止因结构失效导致飞机发生重大事故。但如果主结构失效发生后，飞机的特性未发生明显改变，简单的目视检查无法发现主结构的失效，必将导致飞机的事故出现。正当业内专家在讨论破损安全设计的安全性时，1977年卢萨卡空难发生。

1977年5月14日，英国丹航一架B707-321C货机，由伦敦飞往赞比亚。当时天气良好，在降落卢萨卡机场时该机右侧水平尾翼突然脱落，飞机直接坠毁，机上5名机组和1名乘客丧生。失事飞机于1963年交付，当时飞行了47 621小时、16 732个飞行循环。

事故调查发现，虽然设计师认为按照破损安全理念设计的B707飞机水平安定面后梁具备多重传力的特性，但实际与单一传递方式一致，而破损安全设计又没有设定定期检查要求，且出现裂纹后飞机的飞行特性并未发现突变，导致水平尾翼后梁存在的裂纹无法被及时发现。事故发生后，FAA于1978年发布FAR25关于运输类飞机适航标准的第45号修订案，明确提出应用损伤容限设计原则的要求。FAR25的第45号修正案是FAR25历史上最具有划时代意义的一个修正案，除某些损伤容限的设计理念不适用的领域外，FAR25的第45号修正案颁布之后取证的飞机均按照损伤容限的设计理念进行设计。

损伤容限的概念是在飞机结构存在缺陷的情况下，在检测出缺陷之前能够承载规定载荷的能力。损伤容限设计理念是假定结构在使用前就存在缺陷，通过设计方法将缺陷在使用周期内控制在一定范围内，在此期间飞机结构的剩余强度满足规章的剩余强度要求以保证飞行安全。

对影响飞行安全的结构部件，如果可以按照损伤容限设计原则进行设计，通过定期检查的方法可以保证损伤结构的剩余强度在使用周期内的剩余强度可以承受使用载荷要求，对于不能实施定期检查的部件则仍使用安全寿命的设计理念确定其使用寿命。

在世界民用航空运输业的发展过程中，各国的民航管理部门充分发挥了行业管理作用，在民用航空运输业的发展遇到问题和困难的重要节点积极发挥作用，发布相关的管理规章来规范和约束与民用航空运输相关各环节的活动，维护了公众生命财产安全。1988年阿罗哈航空243号B737-200型飞机在夏威夷飞往檀香山时发生空难，飞机在爬升到约7 300 m时，机体前段左边一小段天花板爆裂，机舱瞬间失压，导致驾驶舱后方到大翼附近的一大块蒙皮撕裂脱离机体，如图5-2所示。美国国家运输安全委员会（NTSB）的结论为该事故由裂纹氧化导致金属疲劳引起，根本原因是粘接铝板的黏结剂失去效用。黏结剂失去效用后，水分就会进入到机身缝隙中，进而使机身结构开始氧化，当两片粘接的铝板因氧化而开始分离时，会使分离处的铆钉承受额外的压力。同时，该飞机发生事故时机龄已经超过19年，总飞行次数达到89 090飞行循环，超过75 000飞行循环的LOV门槛值。

阿罗哈航空事故发生后，美国各大运营人都决定淘汰老旧客机，并规定飞机在特定机龄必须接受额外的维修检查以防止事故再次发生。美国众议院通过飞行安全研究法案，要求FAA研究老龄飞机相关问题，避免类似事件重演。

美国交通安全委员会（NTSB）认为广布疲劳（widespread fatigue）是导致阿罗哈空难事故的原因。广布疲劳是指在多结构处同时存在裂纹，这些裂纹的尺寸以及密度足够大，以至于不能满足结构的损伤容限要求，并可能导致灾难性的后果，均匀的载荷也可能导致相邻的紧固件或者相邻的结构上发生裂纹，这些裂纹相互作用，使得结构产生不易检查发现但又影响结构损伤容限结果的裂纹。广布疲劳裂纹通常表现为同一结构元件多处存在疲劳裂纹的多处损伤和相邻的结构中多结构元件存在裂纹的多元件损伤，如图5-3所示。

图5-2 阿罗哈航空空难后的情况

图5-3 广布疲劳损伤图例

民航管理部门和业界专家均认为，运输类飞机随着机龄增加，广布疲劳裂纹的存在是不可避免的，仅依靠现有的维修方案，即便维修方案合并了民航管理部门最新的强制维修检查要求，也会发生和机龄相关的不可接受的事故。因此FAA决定确定一个不会影响飞机持续适航的时间节点。

阿罗哈空难后，FAA在其他大型运输类飞机也发现了广布疲劳裂纹：

（1）DC-9飞机后压力隔框裂纹；

（2）L-1011后压力隔框长桁连接接头失效；

（3）波音727和波音737飞机搭接处裂纹；

（4）波音747飞机隔框裂纹。

1993年，美国航空规则制定咨询委员会（Aviation Rulemaking Advisory Committee）建议FAA关注运输类飞机的广布疲劳问题，并向FAA提出一些建议。1998年，FAR25的第96号修正案要求设计飞机时应考虑广布疲劳问题，对于在FAR25第96号修正案之前取证的飞机应做全尺寸疲劳实验，在有些情况下需要执行额外的疲劳测试、拆解和分析，最终确定飞机结构的有效性限制时间，确保飞机按照现有的维修方案进行检查不会出现广布疲劳损伤。FAR25.571修正案和失效安全以及损伤容限相关的要求见表5-1。

表5-1　FAR25.571修正案和失效安全以及损伤容限相关的要求

修正案号以及日期	标　题	对FAR 25.571（b）或（c）的修订
25-0 （1964-12-24）	飞行结构的疲劳评估	（c）失效安全强度 它必须通过分析、测试或者两者证明，单个PSE元件的疲劳或者明显的部分失效后，不会导致影响飞机特性的灾难性失效或者过量的变型
25-45 （1978-12-01）	结构的损伤容限和疲劳评估	（b）损伤容限（失效安全）评定 评估必须包括因疲劳、腐蚀、或者意外损伤导致的可能损伤位置和模式。剩余强度评估必须证明剩余结构可以承受……
25-96 （1998-04-30）	结构的损伤容限和疲劳评估	（b）损伤容限评定 用最大的初始缺陷或者使用中产生的损伤来确定检查门槛值，足够的全尺寸疲劳实验证明不会发生广布疲劳损伤……

2005年2月2日，FAA颁布老龄飞机最终安全法案（Aging Airplane Safety Final Rule），要求对服役超过14年的飞机进行检查和结构维修记录审查，并对飞机进行补充检查。

2008年，FAA颁发FAR26要求TC和STC持有人对正在申请及已经获批的型号进行分析，向运营人提供支援以便满足规章对老龄飞机的管理要求。

FAA老龄飞机法规发布时间见表5-2。

表5-2　FAA老龄飞机法规发布时间表

时　间	法规名称	备　注
1991年4月	老龄飞机安全法案	
2000年4月	增压边界修理评估规则	
2002年12月	老龄飞机安全中期法案	
2005年2月	老龄飞机安全最终法案（AASFR）	
2007年12月	针对修理和改装的损伤容限分析规则	
2010年11月	广布疲劳规则	
2007年	121.1105 飞机检查与记录审查	
2008年	121.1107 机身增压边界修理评估	2000年以121.370发布
2008年	121.1109 补充检查	

FAA于1981年颁发AC91-56，要求在45号修正案之前取证的飞机建立一份结构完整性大纲SSID/SIP。欧美的飞机制造商很快便满足了规章的要求，如波音公司对B737CL飞机开发了SSID手册，同时对结构修理提供满足损伤容限要求的三阶段批准，也在手册中规定了满足广布疲劳要求的飞机结构有效性限制（LOV）。波音部分机型老龄飞机支持文件体系见表5-3。

表5-3　波音部分机型老龄飞机支持文件体系

	波音757	波音767	波音777
老龄飞机安全法案			
疲劳关键基础结构文件（Fatigue Critical Baseline Structure）	D926N120-01	D926T120-01	D926W120-01
疲劳关键改装结构（Fatigue Critical Altered Structure）	D190N001 D500-13494-11	D624T050-02 D500-13494-12	D624W050-01 D500-13494-13
机队支持服务通告（Fleet Support Service Bulletin）	757-00-0003	767-00-0048	777-00-0002
主更改服务通告（Master Change Service Bulletin）	757-00-0004	767-00-0049	777-00-0003
符合性文件/修理评估指导文件（Compliance Document/Repair Evaluation Guidelines）	D042N521 D6-84340	D926T242-01 D6-84340	D926W221-01 D6-84340
腐蚀预防与控制大纲			
波音文件	D622N001 Section 2	D622T001 Section 2	D622W001 Section 2
修理评估方案			
规章：14 CFR 91.1505，121.1107，125.505，129.107			
补充结构检查方案			
适航指令	2006-11-11	2003-08-10	2012-07-06
波音文件	D622N001-9	D622T001-9	D622W001-9

随着中国民航机队的快速扩大和运行总量的不断增加，机队的平均机龄也在逐步增长，进入飞机生命周期后期的飞机数量将不断增多，机队的老龄化带来的问题愈来愈显著，譬如结构腐蚀、疲劳裂纹、系统和设备老化等诸多问题。飞机老龄化带来问题的部分原因来自飞机设计存在的缺陷，部分原因来自飞机运营期间维修工程技术管理和维修质量方面存在的不足。因此，CAAC从初始适航和持续适航两个方面颁发了相关规章，对飞机的持续运行安全进行管理。CAAC通过CCAR25的修订，要求飞机制造商按照新的法规要求对新机型进行设计，同时对飞机的持续适航文件进行修订，以便使航空运营人可以按照新的规章要求对飞机进行维护。

为保持老龄飞机持续适航性和运行安全性，CAAC于2011年颁发了CCAR-26《运输类飞机的持续适航与安全改进》，要求飞机的设计批准持有人针对已经取证的型号产品提供预防及持续维护方案，主要内容由电气线路互联系统（EWIS）、燃油箱可燃性、结构修理以及改装损伤容限评估等几部分组成。

飞机的持续适航与安全改进要求的重点体现在对飞机结构和飞机系统提出了新的维修检查及控制要求。飞机结构的持续适航与安全改进要求的维修工作通过贯彻《飞机结构持续完整性大纲》予以落实。飞机系统的持续适航性和安全改进要求通过贯彻电气线路互联系统（EWIS）和燃油箱安全（FTS）要求，以及降低燃油箱可燃性（FTFR）措施予以落实，从而消除导致飞机出现线路短路打火及燃油箱爆炸的不安全隐患，以确保飞机运行持续安全。

飞机的持续适航与安全改进要求运营人在飞机结构的维修管理方面采用检查飞机和审查结构维修记录的方法，在日常工程技术管理工作中落实飞机持续适航与安全改进的管理要求。对于运营人尚未按照飞机持续适航与安全改进管理要求管理到位的事项需要即刻启动纠正行动，落实对飞机的检查和对维修记录的审查要求，对发现的问题进行梳理，并建立程序进行持续管理。引进新出厂的飞机时，要从一开始就按照现行有效的标准和要求进行管理。引进二手飞机时则需要对引进前的相关维修工作及其记录进行核查，评估其是否符合最新规章要求。对于核查发现的因没有维修记录或维修记录不符合要求而无法进行追溯的维修项目，应重新实施相关维修工作，对有问题的维修项目进行"归零"处理，随后纳入机队的管理进行控制。

在飞机系统维修方面，飞机的持续适航与安全改进要求对运营人飞机维修的工程管理提出具体要求，包括：工程技术人员和维修实施人员的培训；工程技术文件中相关任务和内容的完整、有效性和具体实施的管控；在维修管理程序手册中明确落实相关规章和咨询通告的要求；等等。维修管理存在的缺失项需要加以完善并形成闭环管理，有具体完成时限的整改项需要制订整改计划并落实，CAAC会在后续的持续监察中检查整改落实情况与CAAC要求的符合性。

CAAC自2010年开始成立老龄飞机工作组。工作组成立后研究分析了FAA、EASA的老龄飞机规章，以及波音公司和空客公司对老龄飞机的维修要求以及管理支持体系，以FAA对老龄飞机的要求为蓝图，依据飞机持续适航与安全改进要求，在CCAR121规章中增加了老龄飞机持续适航与安全改进部门内容，完善了老龄飞机法规的体系，见表5-4。

表5-4　CAAC老龄飞机规章以及相应咨询通告对照表

CCAR121 附录J 规章条款	对应咨询通告
1.飞机的检查与记录审查	AC-121-FS-2018-69
2.飞机机身增压边界修理评估	AC-121-FS-2018-70
3.补充检查	AC-121-FS-2018-71
4.电气线路互联系统（EWIS）维护大纲	AC-121-FS-2018-72
5.燃油箱系统维修方案	AC-121-FS-2018-73
6.降低可燃性措施	AC-121-FS-2018-74

5.1.2　CAAC对老龄飞机维修管理的要求

老龄飞机故障率高，结构疲劳腐蚀、线路老化、系统及零部件性能衰退等现象随着机龄的增长表现愈加突出。按照中国民航规章CCAR121的要求对飞机进行维修管理（见图5-4），有利于老龄飞机的持续适航性和安全运行。CAAC对老龄飞机维修管理的要求主要包括以下几个方面。

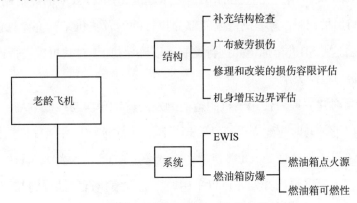

图5-4　老龄飞机维修管理工作的总体框架

1.老龄飞机维修方案的管理要求

动态修订优化飞机维修方案，要基于机队的可靠性数据和使用经验，需要精准掌握老龄飞机实际技术状态，掌握飞机结构损伤和系统故障发生的机理和变化规律。老龄飞机维修方案管理是以飞机构型管理为基础的。飞机构型管理需要建立起机队的构型管理标准模型，具体内容有：

（1）规章对飞机构型的管理要求；

（2）飞机使用相关数据；

（3）运营人对飞机构型管理的个性化要求；

（4）飞机设备选型信息和飞机出厂的初始信息；

（5）飞机持续适航阶段发生的构型变化。

飞机构型管理需要有完整清晰且可追溯性良好的维修记录体系支持，以便快速、有效识别任何与标准构型产生差异和变化的信息，并将其纳入构型管理中。要按照规定程序对与标准构型产生差异和变化的项目逐项评估，确定是否需采取纠正措施。

对老龄飞机结构实施可靠性管理，需要收集、汇总、整理和分析飞机结构损伤和缺陷数据，找出损伤和缺陷的发生规律，发现结构腐蚀与疲劳损伤的部件、位置区域及变化趋势，并分析结构腐蚀和结构疲劳对结构安全性能的影响，制定维修措施，不断调整优化维修方案，实现通过维修方案对老龄飞机结构的维修进行科学、有效的管理。

2.补充结构检查大纲的要求

运营人应对飞机结构的可靠性进行分析，能及时获得飞机结构的补充检查大纲，并将补充检查大纲的飞机结构维修要求加入维修方案中。

3.SB的再评估机制

对于涉及影响飞机结构完整性的SB，要求建立SB执行效果的评估制度，至少每两年对SB进行再评估。评估为不执行或者部分执行的涉及飞机结构完整性的SB是再评估的重点，需要对这些SB进行标记并进行控制，以确保每2年对其再次进行评估。

4.腐蚀预防与控制大纲

运营人应及时建立或者使用飞机制造商颁发的腐蚀预防与控制大纲，将腐蚀控制在一级或者一级以下，同时应建立可靠性管理机制，为腐蚀评估评级提供数据支持。

对于老龄飞机（如波音737CL飞机），FAA通过AD要求运营人执行腐蚀预防与控制大纲工作，运营人可以自己开发亦可以采用原厂的方案执行腐蚀预防与控制大纲。对于在相关AD颁发后设计的机型，飞机制造商已经将腐蚀预防与控制大纲的要求纳入了该机型的维修大纲。

5.机身增压边界修理的评估要求

运营人应建立机身增压边界修理评定程序，在规定时限内开展修理评定工作，并将评定结果纳入维修方案进行管控。该要求适用于以下11种按照破损安全设计取证的机型：

（1）空客300（空客300-600除外）；

（2）波音707；

（3）波音720/727；

（4）波音737；

（5）波音747；

（6）DC-8；

（7）DC-9/MD-80；

（8）DC-10；

（9）Fokker 28；

（10）BAC 1-11；

（11）Lockheed L1011。

该要求仅适用于指定的11种老龄飞机机型，后续机型由于取证时已经通过认证采用了新的设计理念，已经满足要求。

6.修理和改装项目的损伤容限的评估要求

运营人要在工程管理程序中建立修理和改装项目的损伤容限评估实施计划（OIP），在规定时限内对飞机疲劳关键结构上的任何修理和改装进行损伤容限评估，将对疲劳关键结构造成不利影响的修理和改装项目的损伤容限检查信息进行有效管控，比如加入维修方案，此要求适用于所有机型。管控实施计划程序可以是单独的手册，也可作为工程管理手册中的一部分。

7.广布疲劳损伤预防

运营人在引进二手飞机时，应考虑飞机机体结构维修方案的有限性限制（LOV）的要求。如引进即将达到或已超出LOV门槛值的飞机，需要确认飞机制造商是否可以对超出LOV值的飞机提供令人满意的技术支持，还要考虑飞机引进后服役期是否符合预期。波音737CL机体结构有效性限制值见表5-6。

表5-6　波音737CL机体结构有效性限制值

型号	飞行循环LOV	飞行小时LOV
波音737-300/400/500，生产线号292-2565的飞机	75 000	100 000
波音737-300/400/500，生产线号2565-3132的飞机	85 000	100 000

5.1.3　飞机结构持续适航管理的要点

1.飞机结构可靠性管理的建立

运营人在运营过程中一般对飞机系统发生的故障很关注，但对飞机结构出现的问题重视不足，缺乏针对飞机结构建立标准的可靠性数据收集、汇总、整理和分析机制，原因在于飞机结构损伤数据具有分散性，可靠性工程师很难将离散的数据关联起来发出报警并发送给相关的结构工程师进行评估。因此，运营人应加大对飞机结构维修可靠性管理工作的投入，建立和完善飞机结构维修可靠性管理机制，找出结构损伤发生的规律，从而调整维修方案，提高维修方案的科学、有效性。

2.飞机结构维修记录

在老龄飞机维修管理要求出台之前，由于没有统一的规范和要求，运营人普遍未对结构修理进行周密的管理，飞机结构修理记录分散在航线维修和定检维修记录中，飞机结构修理的记录普遍存在信息缺失的问题，数百工时的结构修理工作的维修记录可能只有一句话，没有具体的工作步骤和航材信息。老龄飞机维修管理要求出台之后，运营人要按照规章的最新标准和要求，投入足够的人力对飞机结构维修记录进行梳理和追溯。在梳理过程中发现文文不符、文实不符以及修理状态不理想的，均需要进行重新修理。在实际工作过程中，一架超过15年的飞机均会存在需要重新修理的修理项目，这些重新修理项目往往会影响飞机的正常定检工期。

3.结构损伤容限评估

结构损伤容限是表征飞机结构安全的数据，亦是飞机持续适航和维修工程管理的重要支持依据，特别是按照破损安全理念设计的飞机，其早期的结构修理均未进行损伤容限分析。运营人应按照规章中关于老龄飞机维修管理的要求对历史结构修理项目进行损伤容限分析，并将分析结果纳入维修方案进行管理。对距离维修检查门槛值比较久远的维修要求，可以加入维修方案进行控制。如果分析结果确定的维修要求需要在飞机的下一个定检前执行，要尽快制定维修检查方案，编写工程指令，在规定的时限之前进行维修检查。

对于在FAR25第45号修正案颁布之前取证的飞机，其早期的修理并未经过损伤容限分析，按照CAAC颁发的飞机持续适航与安全改进要求，考虑到国内机队的现状以及对相应安全风险的防控需要，运营人应当在规章要求的首次检查时限内或最迟不超过第一次重复检的检查时限内完成相应的损伤容限评估。

4.结构可更换件的管理

结构可更换件的管理关键在于原始数据的收集和运营过程中结构可更换件的动态管控。结构可更换件管理的难点源于其可更换的属性。在运营人的机队内会发生结构可更换件（如襟翼、缝翼以及扰流板等）相互串件，运营人的机队也会使用二手结构可更换件，因此结构可更换件的管理工作较为复杂。为便于运营人对结构可更换件的管理，可参考飞机构型管理的理念对结构可更换件进行管理，或直接将结构可更换件管理纳入飞机构型管理。在对结构可更换件进行管理时，运营人应争取得到飞机制造商的帮助，获得由飞机制造商提供的结构可更换件清单。近年来，FAA对结构更换件管理更是日趋严格，FAA要求如果结构可更换件上发生损伤，需要报飞机制造商获取修理方案，需要向飞机制造商提供结构可更换件的件号、序号以及飞行小时数和飞行循环等数据。为了保证对结构可更换件管理到位，运营人需要在飞机引进之前建立完整的结构可更换件的清单，并在运行过程中对结构可更换件的更换进行动态监控。

5.2 经营租赁二手飞机的维修管理要求

5.2.1 运营期间对飞机的改装

为了提升飞机安全运行品质和满足CAAC颁发的新的运行标准要求，运营人往往需要对运营中的飞机进行加改装。租赁公司对于运营人在运营期间对其出租的飞机执行的改装通常会提出以下几方面的要求：

（1）改装方案的合法性，一般需具有FAA的批准；

（2）改装施工维修单位的资质，一般要求具有FAA资质；

（3）不能因改装降低飞机的价值；

（4）改装需要得到改装方案批准文件持有人的书面授权；

（5）改装前应获得租赁公司的批准。

限制改装是租赁公司对自有资产的一种保护，如房东限制租客改变出租房格局一样。租赁公司在飞机改装方面拥有最终否决权，即便其同意进行的改装，在租期结束时也有可能要求拆除，恢复原始构型。因此，在对经营租赁飞机进行改装前需要从维修管理的角度对进行改装的前提条件进行核实，确认满足租赁合同中的相关约定。

5.2.2 租期内飞机的使用控制

出租方通常会在租赁合同中明确要求承租方不能区别对待其出租的飞机，租赁飞机的利用率不得远高于机队其他飞机的利用率，租赁飞机的维修政策和标准不能与机队其他飞机区别对待。因此，运营人的维修计划控制部门要合理派遣租赁飞机投入运行，不违反租赁合同中的相关约定。

5.2.3 维修费用分摊

租赁合同中一般都有对AD执行费用的分摊条款，超过其分摊门槛值的维修费用，可根据租赁合同中相关条款的约定由合同双方进行分摊。AD执行费用分摊的推荐计算方法为

$$A = \frac{T-R}{T} \times (C-60\,000)$$

式中：A为租赁公司的补偿总额；T为租期；R为AD执行日期和租约的终止日期或者合同到期的日期的差值（通常以日历日为单位）；C为执行AD发生的实际费用。

分摊执行AD的费用时需要注意准备好租赁公司需要的证据材料，比如AD执行记录文件及相关的发票等，避免AD执行完毕后，不能够满足租赁公司对相关文件的要求，无法获得租赁公司的补偿。

5.2.4 飞机维修补偿金的管理

目前，国内的运营人很少在租期内缴纳维修补偿金，一般会选择在退租时按照合同约定的补偿标准进行补偿。飞机维修补偿金需要财务部门提前进行准备。飞机维修补偿金的管理是运营人维修管理水平的一个试金石。通过在租期内合理安排租赁飞机的定检及APU和发动机的大修，可以降低飞机维修补偿金的支出，对运营人的降本增效会有很大的贡献。比如：机身定检维修补偿金的管理，由于只有在合同中约定的补偿范围内的维修工作才能得到补偿，在租期内何时安排租赁飞机的定检既满足租赁合同的约定，又能够使运营人支出的维修补偿金额最少；是以支付现金方式向租赁公司进行维修状态补偿，还是通过实施维修的方式进行维修状态补偿，运营人应将两种维修状态补偿方式下支出的成本进行测算和比较，以决定采取那种维修补偿方式。同样的道理也适用于发动机的维修状态补偿。运营人在引进租赁飞机之初，就应该把维修补偿金的管理与租赁飞机的维修计划工作结合起来。随着越来越多飞机的维修方案不再按照字母检的概念对飞机维修工作进行规划，运营人可以采用更灵活的方式对维修方案中的项目进行控制，但也更容易导致合同中约定的补偿范围内的维修工作未在租期内执行，虽然能够满足飞机的适航要求，却增加了向出租方支付维修补偿金的数额。

5.2.5 产权人铭牌

租赁合同中要求承租方在租期开始时在租赁飞机的驾驶舱及发动机区域安装产权人的铭牌。如果在租期内产权人发生转移，承租方需要配合重新制作铭牌并安装。

5.2.6 租赁公司对租赁飞机的年度检查

租赁合同中通常会约定出租方拥有在租期内对租赁飞机进行检查的权力，包括对飞机以及文件记录进行检查，用于确认其资产的状态。租赁公司进行检查时应不影响运营人对租赁飞机享有的安享权，租赁公司通常每年对租赁飞机进行一次检查。

5.2.7 信息通报

向租赁公司提供的信息通报通常包括租赁飞机的运行数据、维修信息和飞机损伤信息。通常情况下，涉及维修补偿金的维修项目在施工前需要提前通知租赁公司，并就维修工作范围达成一致意见，避免退租时计算维修补偿金产生分歧。飞机损伤信息通报则是在租期内如果产生飞机严重损伤，承租方需要通知出租方。

5.2.8 保修权益的转让

在飞机引进过程中，要确认飞机及发动机、定检维修、起落架、APU是否处于制造商或维修单位的保修期内。应与租赁公司协商，配合将飞机交付时仍处于保修期内的保修权益转移给承租方。在二手飞机引进时，飞机和发动机的制造商保修权益多已失效，但二手飞机引进时执行的退出检及装机的起落架、APU和发动机的大修保修权益大多还在有效期内，应与租赁公司进行确认。如果飞机承租方在飞机引进时取得了转移的退出检、起落架、APU和发动机的维修保修权益，应将其纳入维修管理范畴，通过对有保修权益的维修项目进行管理，可以使承租方在随后的运营中降低维修成本支出，获得相应的利益。

第6章　二手飞机的工程技术管理

在接收引进的二手飞机之前，要做好引进二手飞机的工程技术准备工作，以便将引进的二手飞机顺利纳入机队管理，保持其持续的适航性，能够按计划投入运营。为此应结合引进方运营人的运行政策、运营航线、飞机日利用率等运行特点和CAAC对运行标准的要求，在引进飞机原维修方案的基础上对维修方案进行修订，同时还要制定出从原维修方案到修订后维修方案的转换执行过渡方案。本章从如何确定飞机的维修项目着手介绍维修大纲、维修方案的制定和执行及二手飞机维修方案的持续管理。

6.1　飞机维修项目的确定

每架飞机出厂投入运行后都需要通过维修保持其持续适航性，以便能够安全运行。飞机的维修工作项目是如何确定的？对老龄飞机的维修有哪些特殊要求？下面从介绍飞机维修思想的演变入手，阐明维修思想、维修大纲、维修计划文件、维修方案和维修工作单卡的关系，阐明确定飞机维修工作项目的必要性、严谨性和法规性。

6.1.1　飞机维修思想的发展与演变

飞机维修工作项目是依据什么确定的？要回答这个问题，我们首先要了解飞机维修思想的进化演变。早期由于科学技术水平的限制，制造飞机使用的材料不理想，飞机的任何部件发生故障都有可能直接影响飞行安全。由于当时没有先进的检测手段，对飞机系统和设备的故障模式缺乏深入探索，因此认为飞机的安全性与其各系统部附件的可靠性紧密相关，而可靠性又与飞机的使用时间直接相关。根据这种观点，必须按一定的时间间隔对飞机进行预防性维修工作，即通过经常检查、定期检修和翻修来控制和保持飞机的可靠性，维修工作做得越多，飞机的可靠性越好。这种维修思想和维修方式是与当时的飞机设计水平、飞机制造技术、航空材料的研发应用水平、飞机维修能力以及对飞机维修的认知程度相适应的。这种早期维修思想所确定的维修方式有许多弊端，如会导致飞机停场时间长，对许多故障模式与时间无必然联系的设备或系统也进行了翻修或检查，造成了巨大的浪费。大量拆卸分解的离位维修还会带来次生的故障，使得一些飞机的部附件不是被用坏的，而是被拆坏的。随着航空业的迅速发展和科学技术的进步，新技术和新材料在飞机制造业得到了广泛的应用，飞机设计水平提高，飞机的安全裕度大大增加，飞机上越来越多地采用双重或多重配置的设备或系统来增大安全裕度和抗故障能力。随着飞机的进化，通过长期的维修工作会发现很多设备并不是翻修了就好，也不能确定什么时间翻修好。当一些机件的设计存在缺陷时，其发生的故障并不因缩短检修周期而减少。

在飞机维修的早期，人们认为飞机部件的故障模式遵循浴盆曲线规律。20世纪后期，随着维修可靠性管理的深入，通过对大量飞机故障数据的统计和分析，人们发现飞机部件的典型故障率曲线有多种。例如通过对某型飞机故障数据的统计和分析发现该型飞机部件的故障可大致划分为6种模式，如图6-1所示。后来的研究表明只有一些金属构件的故障模式遵循"浴盆曲线"规律，"浴盆曲线"故障模式仅是6种飞机部件故障模式中的一种，遵循"浴盆曲线"故障模式的飞机部件只占总数的4%。不同的飞机部件，其设计制造水平不同，使用的制造材料不同，故障模式亦不同。可见，采用定时维修的方法并不能科学、全面地控制故障的出现，不能有效地保持飞机的可靠性和安全性，反而会因执行不必要的维修工作带来零件更换不正确、操作不适当、润滑不恰当和留有外来物的风险。需要提醒的是，图6-1所示某型飞机部件的6种故障模式及其占比是三四十年前统计分析的结果，它不是一成不变的。当前，飞机的设计制造水平都显著提高，飞机制造工艺、制造材料和飞机系统构成都发生了巨大的变革。因此，不同机型、不同年代的飞机的部件故障模式及其占比肯定存在很大的差异。正因为如此，坚持可靠性为中心的维修思想，持续研究飞机系统和部件的可靠性，以发展的观念完善飞机维修的规划是很必要的。

飞机维修的可靠性研究最早始于美国军方。当时美国军方遵循早期的维修思想对用于军事目的的飞机进行维修。由于早期维修思想的局限性，导致维修工作重，停场时间长，飞机利用率低，且需要庞大的军事开支，浪费很大。在这样的背景下，美国军方开始了对飞机可靠性维修的研究，取得了不凡的成效。20世纪60年代，飞机可靠性维修思想进入民用航空领域，FAA开始成立了维修审查委员会（MRB），陆续研究发布了飞机维修的指导性文件MSG-1、MSG-2和MSG-3。这些指导性文件的制定是以可靠性研究结果为依据的。以可靠性为中心的维修思想的精髓是要以可靠性为中心搞好维修设计，以最低的维修成本保持和恢复飞机可靠性和安全性为目标，确定科学有效的维修大纲，只做必要的维修工作。

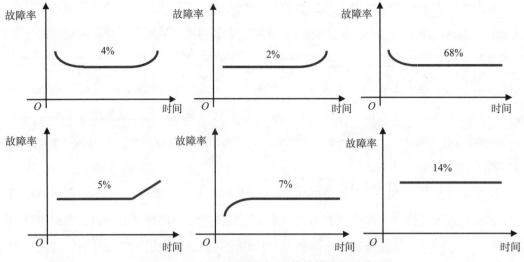

图6-1　某型飞机部件的6种故障模式及其占比

20世纪60年代，FAA和航空公司人员组成联合工作组，对预防维修存在的问题进行了调查研究，提出了飞机及其部附件的可靠性不一定与翻修周期存在必然的直接关系的论点。所谓可靠性是指产品（本书中指飞机及其部附件）在规定的条件下和规定的时间内完成规定功能的能力。随着调查研究的深入，形成了以下以可靠性为中心的飞机维修思想：

（1）飞机及其部附件的可靠性和安全性是通过设计和制造形成的固有属性，保持和恢复这种属性是飞机及其部附件维修工作的意义所在。

（2）当分析表明故障的后果与安全性相关时，必须确定需做的预防维修工作，与安全性不相关的故障维修工作只有在经济的情况下才进行。

（3）对复杂系统而言，只有少数部附件的故障率分布符合典型的"浴盆曲线"故障模式或具有明显的耗损区特征，其他大部分部附件的故障率分布不符合"浴盆曲线"故障模式。

（4）在采用冗余度技术的情况下，一个部附件故障甚至一个系统故障不一定会影响安全。

（5）飞机及其部附件的故障有不可避免性和随机性，因此不能在设计环节完全预防故障的发生，而需要在减少故障发生的可能性及确定减轻故障后果的措施方面做出努力。

（6）定时维修不是飞机维修的唯一方式，而是要根据具体情况选择有效的维修方式和维修工作类型。

（7）需要一个对飞机及其部附件的故障信息进行收集、分析、处理和反馈的系统，进行闭环管理。

以可靠性为中心的维修思想对飞机及其部附件的设计制造和使用有以下要求：

（1）为了减少定时维修项目，增加视情维修项目，应对视情维修项目尽量采用缓慢质变材料和故障发展缓慢的设计方法。比如对结构采用损伤容限设计，飞机系统及其部附件应有良好的可接近性，提供必要的视情检测设备等。

（2）对于状态监控项目，应设计提供可靠性监控大纲。其可靠性数据的收集、分析、处理和反馈应由飞机及其部附件的设计制造方和使用方合作进行，以实现可靠性信息的价值。

（3）对只能选择定时维修方式的项目，要求通过设计、研制和试验确定出适当的寿命以及寿命期内可接受的故障率。

（4）为了减少发动机故障拆换和送修次数，要求尽量采用单元体设计。

（5）在制定新机型的维修大纲时，飞机及其部附件的设计制造方和使用方应密切合作。设计制造方需提出重要维修项目表、每个项目的故障模式、原因及后果分析，以及每个项目维修方式或维修工作类别的资料。

（6）为了保证故障的飞机系统或部附件在规定的时间内，按照规定的程序和方法完成维修，以保持或恢复到规定的功能，设计制造方需向飞机使用方咨询维修的实际操作情况。

在以可靠性为中心的维修思想指导下，美国联合航空公司于1967年以书面形式发表了《应用决断图制订维修大纲的逻辑分析方法》，形成了MSG-1的雏形。1968年，美国几家航空公司和飞机制造厂的代表组成了一个维修指导小组（Maintenance Steering Group，MSG），制定了名称为《维修评审和大纲修订》的MSG-1文件。MSG-1应用逻辑分析决断法制定波音747飞机的维修大纲。MSG-1颠覆了"以预防为主"的传统维修思想的理念，成为第一个采用逻辑决断方法和程序指导制定维修大纲的文件。

1970年，为了制定一个能够适用于各型飞机制定维修大纲的逻辑分析规则，美国各航空公司和飞机制造厂的代表又组织了第二个维修指导小组，制定了《航空公司/制造厂维修大纲计划文件》，即MSG-2文件，作为20世纪70年代制定新型飞机维修大纲的指导文件。MSG-2文件确定了3种维修工作方式，即定时（HT）、视情（OC）和状态监控（CM）3种方式，后面将会进行介绍。

1979年，美国航空运输协会（ATA）对MSG-2文件进行了评审，认为该文件应在以下几方面进行改进或补充：

（1）改进逻辑决断法的严密性，明确区分安全性和经济性项目，对隐蔽功能故障要适当处理，使逻辑决断更严谨。

（2）在新型飞机研制中强调维修工作的重要性，在飞机研制中要考虑飞机的可维护性。

（3）民航管理部门颁发了新的对结构方面的损伤容限设计和老龄飞机的补充结构检查要求，这些要求应反映到MSG文件中去。

（4）由于燃油费用和航材费用的增长，要求对维修工作进行评估，确保只选择那些真正能够保持飞机固有安全性和可靠性水平的维修工作。

鉴于以上各项改进和补充的要求，在FAA、美国航空工程师协会（AEA）、美国及其他国家的飞机和发动机制造厂家和航空公司的共同努力下，在MSG-2的基础上制定出了MSG-3《航空公司/制造厂家维修大纲制定文件》。在MSG-3中首次提出MSG思想的理念，作为运营人和飞机制造厂家制定飞机维修大纲的指导性文件。MSG-2和MSG-3的相同之处是都以逻辑决断为工具来确定维修工作内容。MSG-3确定了维修工作的类型，对要做的维修工作明确得更具体，同时兼顾安全和经济，在保证安全的前提下只确定有必要做的维修工作。在我国运行的波音737CL系列飞机的维修大纲是结合MSG-2和MSG-3制定的。而波音737NG和空客320系列等新生代飞机的维修大纲则是完全遵循MSG-3的指导思想制定的。了解MSG文件的内容及指导思想有助于我们正确认识维修工作内容的必要性和重要性。MSG思想的要点如下：

（1）在民航管理部门的指导参与下，由飞机制造厂及运营人参加，使用MSG逻辑决断方法制定的维修大纲，确定能够保持飞机设计安全性和可靠性水平的维修工作或有经济效益的维修工作。应用逻辑决断的方法制定新机型初始维修大纲的过程，也是对飞机的设计进行再次评审的过程。

（2）通过采用新的设计思想和新的技术，飞机的安全性、可靠性和维护性得以提高，为MSG思想的发展提供了基础。这些新的设计思想和新的技术包括损伤容限、冗余度和备用系统设计思想，防错容错和系统安全性设计思想，电子计算机和数字技术，尽可能采用单元体或模块设计，故障检测、报告、记录和隔离技术，飞机自检功能、系统综合测试功能、中央维修计算机系统和空地通信数据链。

（3）运营人在维修大纲框架的基础上，补充运行环境、使用经验和民航管理部门的要求制定运营人的维修方案，通过完成相应的计划性维修工作和补充的非计划性维修工作，应用可靠性方法实施对飞机维修的有效监控，不断调整维修工作要求，必要时进行改装，以保持飞机的持续适航性。

（4）对于飞机使用和维修中发现的故障缺陷，除进行持续监控和可靠性分析外，还应按照民航管理部门及制造方的要求及时报告相关信息，以持续改进设计和制造的水平，进一步提高飞机的安全性和可靠性水平，争取更好的经济效益。

MSG思想成为了现代飞机维修的指导思想，是集飞机设计、制造、使用和维修最新科学的系统理论，是飞机维修不断完善发展的管理科学。MSG思想作为现代飞机维修的指导思想必然具有其应有的地位。FAA颁布的咨询通告AC 121 22中说明了MSG-3文件是FAA的工作文件之一。该咨询通告中要求在制定新型飞机或衍生型飞机的维修大纲时，必须使用最新的MSG逻辑分析程序，并要求在提交申请批准的维修大纲批准页中要载明该大纲是按照哪个版本的MSG逻辑分析程序制定的。因此，该咨询通告进一步确立了MSG最新版文件在制定飞机维修大纲中的地位和作用，进一步确立了MSG思想对维修工作的指导地位。MSG文件的制定是以可靠性研究结果为依据的，从而形成了现代的以可靠性为中心的飞机维修思想。

6.1.2　MSG-2对飞机维修方式的分类

在MSG思想形成发展的过程中，MSG-2文件作为20世纪70年代制定新型飞机维修大纲的指导文件确定了三种维修工作方式，即定时、视情和状态监控方式。按照这三种维修工作方式对飞机维修工作进行管理和监控的可操作性强，目前仍被许多运营人应用。

1.定时维修方式

定时维修方式是最早出现的维修方式。这种维修方式预先给定维修工作的检修时限，到时进行检查或翻修。这种维修方式适用于那些故障的出现与使用时间有着必然联系且发生的故障会导致严重后果的飞机系统或部附件。采取这种维修方式的关键在于如何确定一个最科学的检修周期。目前采用定时维修方式是以科学的分析为依据的，改变了过去靠经验的做法，其结果反映在检修间隔较以往有较大的延长，按定时维修方式进行维修的项目数量大大减少，从事过早期苏制飞机维修的维修人员应对此有很深刻的体会。定时维修方式的优点是可以对与时间有必然关系的故障进行预防，且工作内容明确，管理简单。在检查过程中如发现故障缺陷能及时采取措施。其缺点是按固定时限进行拆装维修导致飞机停场时间长，同时还会增加出现维修后早期故障的可能性，工作量大，效率低。典型的定时维修项目：

（1）有寿命限制的结构件或飞机结构；

（2）定时翻修的发动机；

（3）有寿命限制的发动机零件；

（4）起落架的翻修和起落架的LLP；

（5）高压容器定期翻修及寿命限制；

（6）具有磨损、腐蚀、老化特征的部附件；

（7）普通的橡胶软管和高压软管。

2.视情维修方式

视情维修方式是按照维修工作的实际技术状况来控制维修的方式。这种维修方式不事先确定维修时限，维修的内容和时机取决于对维修项目技术状况的判断，是一种以技术状况为依据，有针对性地进行更换或修理的维修控制方式。这种维修方式适用于故障率与使用时间之间无固定关系，且不存在一个故障明显增多的耗损期的设备或部件。这种维修方式不采取分解检查办法，而采用按规定的时限原位或离位测试、校验的方法来判断设备的技术状况是否满足要求，根据判断结果确定是否需要进行维修。采取视情检查维修方式应具备以下条件：

（1）维修项目具有能表征维修对象技术状况的检测参数。

（2）有客观、科学的检测参数判断标准。

（3）具备相应的检测手段，维修项目要具有可检测性。

视情维修方式虽不以维修项目的使用时间安排维修，而是以实际技术状况为依据，但应在何时进行检测也有时间间隔要求。出现检测参数超出标准的情况有一定的随机性，故应根据设备的技术状况的变化规律或变化趋势恰当地确定视情检查周期间隔。视情维修方式可预防故障发生，并可充分利用飞机设备的寿命，维修针对性强、工作量小且效率高。其不足之处是有适用的前提条件，需投资购置有关的检测设备，管理较复杂。典型的视情维修项目如下：

（1）通过监控性能参数（排气温度、转速、燃油耗量、振动值等）、滑油分析、孔探检查等方法和手段确定换发时间；

（2）刹车磨损指示杆的检查、轮胎磨损的检查；

（3）液压系统的内漏检查；

（4）部附件的测试台性能检查；

（5）操纵系统操纵索磨损、腐蚀、断丝、连接状况和规定间隙的检查和校准。

定时维修方式与视情维修方式相比较有相同之处，也有不同之处。这两种维修方式都是预防故障的发生的，且都有给定的检查或检测周期。这两种方式对维修项目可靠性的控制方式不同，定时维修方式对维修的控制以时间为依据，视情维修方式则以反映维修项目工作技术状况的参数变化作为对维修进行控制的依据。两种维修方式对部件更换的理念也不同，定时维修方式采取到时限就更换的思路，视情维修方式则视检测结果来确定是否进行更换。两种维修方式对维修项目的检查方法也不同，定时维修方式采用分解检查的方法，视情维修方式则采用借助仪器进行参数检测的方法。凡是因部件技术参数超标而采取的调整、修理、更换等措施都是视情维修方式的具体体现。

3.状态监控维修方式

状态监控维修方式在发生故障并采取事后处理的同时，积累故障发生的信息，进行故障趋势分析，制定控制标准，从总体上监控相关维修项目的可靠性水平。这种依靠收集分析相关维修项目的总体故障信息来监控其可靠性水平，待维修项目出现故障后再进行更换或修理的方式称为状态监控方式。这种维修方式适用于除会导致安全或严重后果而必须进行预防性维修的项目以外的项目。事实上，通过维修来杜绝故障的发生是不可能的。这种维修方式看似被动，实为主动。被动表现在不是预防性的维修控制方式，而是采取故障发生后修理或更换的方法。主动则表现为不是预防故障的发生，而是预防故障的严重后果。采用这种维修方式的关键在于必须利用设计和试验资料寻找故障模式，分析故障导致的影响和危害性，确保维修项目发生故障不危及飞行安全且不带来严重后果。另外还要建立可靠性信息系统，进行可靠性分析管理。这种维修方式的优点是经济。典型的状态监控维修项目如下：

（1）机载电子设备；

（2）照明系统；

（3）系统指示和仪表。

以上介绍的这三种维修方式无先进落后之分，亦无主次之分。随着对故障规律的掌握和维修手段的进化，维修方式也是可以发生转化的。随着经验的积累，新版的维修大纲制定指导性文件MSG-3已不再提及这三种维修方式，而是以更加具体的维修作业项目作为飞机系统和发动机维修的措施，但目前不少运营人还在沿用这三种维修方式对飞机维修项目进行控制。

6.1.3　MSG-3文件的应用

MSG-3文件用于指导确定飞机系统和动力装置维修检查项目、飞机结构维修检查项目和飞机区域检查项目，这三部分维修检查项目的有机结合就形成了飞机维修大纲的基本内容。

6.1.3.1　依据MSG-3确定维修大纲的逻辑方法

MSG-3文件是制定维修大纲的指导性文件。MSG-3文件的指导思想和逻辑决断过程可帮助确定新机型的初始维修工作，以保持其固有的安全性和可靠性。MSG-3文件的逻辑决断图是确定维修工作形成初始维修大纲的工具。初始维修大纲是每个运营人制定维修方案的基础。

制定维修大纲，要充分考虑在各种不同情况下系统的可靠性和可维护性。制定维修大纲实际上是一项采用逻辑决断分析方法对飞机固有可靠性水平和维修优化的综合研究分析工作。在制定维修大纲时，必须准确确定预防性维修工作项目，当飞机部附件的故障可能导致安全性后果或不易被空勤机组发现时，应对相关的部附件进行预防性维修。对于故障带来的维修费用会超过对其进行预防性维修所需费用的飞机部附件也应选择预防性维修方式。检查可以发现潜在故障而达到预防故障的目的，是进行预防维修最有效的方法。翻修工作是有针对性的，是针对设备的技术状况、故障情况和使用要求进行的，包括对设备的内部改进。

执行科学有效的飞机维修大纲可以保持飞机的固有安全性和可靠性。当飞机的安全性和可靠性发生恶化趋势时，通过执行维修大纲确定的维修工作可及时恢复飞机固有的安全性和可靠性水平。维修大纲并不能改进飞机的固有安全性和可靠性，而只能防止其恶化。当发现飞机的固有安全性和可靠性水平不令人满意时，需要修改设计或重新设计。维修大纲中包括两大类维修工作，一类是按规定的间隔完成的计划性维修工作。其目的是预防飞机的固有安全性和可靠性恶化。这类维修工作通常包括润滑/保养、使用/目视检查、检查/功能检查、恢复、报废。另一类是非计划性维修工作，通常由完成计划性维修工作、故障报告或数据分析结果等原因产生。非计划性维修工作的目的是使飞机安全性和可靠性水平恢复到可接受的状态。非计划性维修工作是根据执行计划性维修工作的结果或对飞机数据分析中发现的问题而选择确定的。维修大纲是应用逻辑判断法制定的，在逻辑决断分析流程中主要考虑故障的影响。通过逻辑决断分析确定不需做计划性维修工作的项目可纳入运营人的可靠性管理方案来监控。

MSG-3文件为飞机系统和动力装置、飞机结构和飞机区域提供了确定维修检查工作的逻辑分析方法。因此，依据MSG-3制定的维修大纲中包括飞机的系统和动力装置、飞机结构和飞机区域三个方面的维修工作。下述对应用MSG-3文件中的逻辑决断图确定飞机系统/动力装置、飞机结构以及区域维修检查要求进行介绍。

1.MSG-3飞机系统/动力装置维修工作的确定

在对飞机系统和动力装置进行的逻辑分析时采用了"自上而下"的分析法。具体方法是根据ATA系统和分系统划分标准对飞机按主要功能进行划分，直到能够确定在飞机上不可单独更换的子部件为止。从最高的可管理层次开始按照飞机的系统、子系统、单元体、部件、附件、零件依层次鉴定出可能发生的故障和故障发生时产生的后果，在充分考虑其对安全性和经济性的影响后，根据维修工作的适用性准则和有效性准则确定需要进行的维修工作，并规划出相应的执行间隔。在制定新机型初始维修大纲时，由于没有该机型的实际使用经验和数据，维修工作执行间隔的确定是一个比较主观的判断过程，通常是利用概率统计方法和根据以往经验主观判断的方法来确定维修工作的周期。因此，初始维修大纲中维修工作的周期需要在飞机投入市场运营后根据取得的故障信息进行修正。运营人的维修可靠性管理数据对初始维修大纲的修正提供支持。

在应用逻辑决断图确定飞机系统/动力装置维修工作之前，必须首先确定飞机重要维修项目的名称、功能、功能故障、故障影响、故障原因及其他有关的数据。重要维修项目的确定要以故障发生后的影响为考虑基础。重要维修项目的故障有以下特征：

（1）会影响飞机在空中或地面的安全性；

（2）具有隐蔽功能或在使用中不易被发现，对飞机的使用有重大的影响；

（3）有重大的经济性影响。

重要维修项目通常是一个系统或一个分系统。确定重要维修项目后应用逻辑决断图对每个重要维修项目的功能、功能故障、故障的影响和故障的原因进行分析鉴定，通过上述程序来确定维修大纲中所要求的维修工作和维修时间间隔，包括与经济性、安全性有关的维修工作，从而制定出飞机系统/动力装置部分的初始维修大纲。

应用MSG-3系统/动力装置逻辑决断图的流程是从图的顶端开始分析，由每一个问题"是"或"否"的回答来确定进一步分析流程的方向。正确回答逻辑决断流程图中的问题要求分析人要具备深厚的专业理论知识和丰富的维修工作经验。MSG-3系统/动力装置逻辑决断图分为上、下两层。上层包括以下4个问题：

（1）功能故障的发生对正在履行正常职责的机组来说是否是可察觉的；

（2）功能故障或由其引起的二次损伤对使用安全性是否有直接影响；

（3）一个隐蔽功能故障和另一个与系统相关的或备用功能的故障之综合作用对使用安全性是否有有害影响；

（4）功能故障对使用能力是否有直接有害影响。

通过依次解答以上4个问题，对每种功能故障进行评估，以确定其影响类别是安全性、使用性、经济性、隐蔽的安全性或隐蔽的非安全性中的哪一种。一旦以上4个问题有了答案，就确定了功能故障的影响类别。

MSG-3系统/动力装置逻辑决断图下层针对明显功能故障，通过依次判断润滑/保养、检查/功能检查、恢复、报废的维修手段是否可以消除可能导致的安全性、使用性、经济性影响来选择适合的维修作业类型。同时针对隐蔽功能故障，通过依次判断润滑/保养、使用/目视检查、检查/功能检查、恢复、报废的维修手段是否可以消除隐蔽的安全性或隐蔽的非安全性影响来选择适合的维修作业类型。在MSG-3系统/动力装置逻辑决断图的下层不论对润滑/保养维修工作是否有效的问题判断结果如何，都必须继续判断其他几种维修作业类型是否有效。在明显的功能故障和隐蔽的功能故障涉及安全性影响时，要判断所有的维修作业类型是否可以消除安全性影响，而对于不涉及安全性影响的故障，除必须判断润滑/保养维修工作的有效性外，只要判断出任一维修作业类型是有效的，分析工作就结束了。如分析认为功能故障具有明显的安全性影响类时，一定要确定预防性维修工作；如分析后认为所有维修作业类型均无法消除安全性影响，则必须对相关系统或部件重新进行设计。5种影响类别中确定的维修作业类型包括润滑/保养、使用/目视检查、检查/功能检查、恢复和报废，下面就它们的概念给予说明。

（1）润滑/保养：即任何能保持固有设计能力的润滑或保养工作。润滑/保养的适用性准则是消耗性材料的补充必须能降低功能的恶化率，润滑/保养的有效性准则是维修工作必须能降低发生故障的风险性，润滑/保养的工作性准则是维修工作必须能降低故障发生的风险到一个可接受的水平。润滑/保养的有效性准则是维修工作必须是有经济效果的。

（2）使用/目视检查：使用/目视检查是为了确定某一维修项目是否能完成其预定的工作。这项检查不需要定量的容差，也是一种用于发现故障的维修工作。使用/目视检查适用性准则是故障状况必须是能够确定的。使用/目视检查的有效性准则是维修工作必须能保证隐蔽功能达到适当的可用性以降低发生多重故障的风险。使用/目视检查的有效性准则是维修工作必须能保证隐蔽功能达到适当的可用性以避免发生有经济性影响的多重故障，并且必须是有经济效果的。

（3）检查/功能检查：检查是指详细检查、一般目视检查和特殊详细检查三种情况之一。

详细检查是对特定的结构区域、系统、安装或组件进行的仔细目视观察，以寻找损伤、故障或不正常的迹象。检查者可借助正常的照明措施，如镜子、放大镜等辅助工具。必要时，可以要求进行表面清洁处理和复杂的接近手段。

一般目视检查是对飞机内部或外部区域、安装或组件进行的目视观察，以寻找明显的损伤、故障或不正常的迹象。这种检查可以在正常光线下进行，如日光、机库内灯光、照明灯等。有时可能需拆掉或打开检查口盖或门等，有时为了更好地接近检查区域要准备工作台、梯子等。

特殊详细检查是对特定维修项目、安装或组件进行的仔细观察，以寻找损伤、故障或不正常的迹象。这种检查需使用特殊的检查技术和设备，并需要进行复杂的清洁、实物的接近，甚至分解工作等。

功能检查是一种定量的检查，以确定一个维修项目的一种或几种功能是否在规定的限度之内。

检查/功能检查的适用性准则是抗故障能力的下降必须是可检查的，并且在功能故障和功能恶化情况之间存在合理的一致性。检查/功能检查的有效性准则是维修工作必须能降低发生故障的风险性。检查/功能检查的有效性准则是维修工作必须能降低发生故障的风险到一个可接受的水平。检查/功能检查的有效性准则是维修工作必须是有经济效果的，即维修工作的费用必须低于预防故障的费用。

（4）恢复：恢复指的是把一个维修项目恢复到规定标准所需的维修工作。由于恢复工作可以从单个零件的清洗或更换直到全面的翻修，因此必须规定每项恢复工作的内容。恢复的适用性准则是维修项目必须在某个可鉴定的作用期内显示出功能恶化的特性，并且该维修项目的大部分必须能使用到该使用期，还必须能把项目恢复到抗故障能力规定的标准。恢复的有效性准则是维修工作必须能降低发生故障的风险以保证安全使用。恢复的有效性准则是维修工作必须是有经济效果的，即工作的费用低于预防故障的费用。

（5）报废：报废指的是按规定的寿命使维修项目退役。报废工作通常适用于所谓的单个零件，如夹子、滤芯、壳体、筒体、发动机盘，以及安全寿命结构件等。报废的适用性准则是维修项目必须在某个可鉴定的使用期显示功能恶化的特性，并且该维修项目的大部分必须能使用到该使用期。报废的有效性准则是安全寿命限制必须能降低发生故障的风险以保证安全使用，报废的有效性准则是维修工作必须能降低发生故障的风险到一个可接受的水平，报废的有效性准则是经济寿命限制必须是有经济效果的，即维修工作的费用必须低于预防故障的费用。

对于安全类维修项目，除确定维修工作措施外，还必须分析所有可能有效的方法。为此需要找出所有可能适用的维修工作，回答"有一种工作或综合工作是适用的和有效的吗？"这个问题，选择出最有效的维修工作。

确定了维修措施后还要确定维修措施的频次或间隔，首先要寻找是否有实际和适用的数据来建立实施维修措施的有效间隔。适用的数据资料可能来自其他飞机系统/动力装置的维修经验，它们表明所提供的计划性维修工作是有效的并在经济上是合算的。适用的数据资料还可以来自制造厂家的试验数据，表明所评估维修项目的计划性维修工作是有效的。如果没有其他飞机系统/动力装置的维修经验，或者如果先前的系统和现有系统之间缺少足够的相似性，则只能由有经验的工作组和指导委员会的人员应用良好的判断力和使用经验以及准确的运行数据和故障数据来确定初始的维修工作间隔/频次。

所有应用MSG-3的逻辑决断图确定的飞机系统/动力装置维修工作作为维修大纲建议书的一部分提交工业指导委员会批准，并作为维修大纲的一部分。

2.MSG-3飞机结构维修检查项目的确定

飞机结构维修检查项目是根据对结构设计资料的评估、疲劳和损伤容限的评估、类似结构的使用经验和相关的试验结果确定的。飞机结构维修检查项目是飞机维修大纲的一个组成部分。在确定飞机结构维修检查项目时，对结构的评估应考虑结构恶化的原因，包括偶然损伤、环境损伤、疲劳损伤，还应考虑结构对每种恶化原因的敏感性。对飞机结构的评估应考虑结构恶化对持续适航性产生的后果，如导致飞机功能丧失或剩余强度降低、多部位或多元件疲劳损伤、由于结构项目损伤及系统或动力装置项目故障的相互作用所引起的对飞机飞行特性或响应特性的影响、飞行中结构项目的丢失等。对结构的评估还应考虑结构恶化检查方法的适用性和有效性。在具备以上思路的前提下可利用MSG-3结构逻辑决断图来确定飞机结构维修检查项目。

确定飞机结构维修检查项目时，把飞机结构定义为所有承受载荷件的组成，包括机翼、机身、尾翼、发动机支架、起落架、飞行操纵面及相应的连接点。起落架、飞机操纵系统、舱门等这类项目的传动部分被看作系统部件。与机身、作动筒连接的接头被看作结构件。根据结构件失效后对飞机安全性的影响，可将结构件划分为重要结构项目（SSI）和其他结构项目两类。重要结构项目是指承受飞行、地面压力或控制载荷的任何重要的结构细部、结构元件或组件。它们的损伤或失效会影响结构的完整性和危及飞机的安全性。其他结构项目为重要结构项目以外的结构项目。重要结构项目分为损伤容限项目和安全寿命项目。损伤容限项目是指在破损后仍具有承载能力的结构项目。在破损发生后，损伤容限项目剩余的结构能够在查明损坏之前承受合理的载荷，而不会导致结构损坏或过度变形。对此类结构项目必须制定检查要求。结构安全寿命项目没有损伤容限能力，部件在预期有疲劳裂纹发生之前就要求被更换，更换要求信息包括在飞机的ALI项目内，此类项目不需要进行定期疲劳检查。

确定结构维修检查项目时要求对每一结构项目的损伤形式和检查的难易程度按照MSG-3的飞机结构逻辑分析方法进行评估，并选择有效的维修措施。要根据重要结构项目的每一种损伤来选择适用、有效的检查工作。为了保证结构损伤容限评估与结构检查大纲之间的直接对应关系，要对每项检查工作给予说明。在对结构进行评估时应考虑结构损伤的来源。结构损伤来源通常有以下几种：

（1）偶然损伤：偶然损伤是随机发生的离散的事件，它可能降低飞机结构固有剩余强度的水平。

（2）环境损伤：环境损伤是由于不良气候或环境引起的结构强度的变化，表现为腐蚀、应力腐蚀和非金属材料的强度变化。

（3）疲劳损伤：疲劳损伤表现为初始裂纹或由于交变载荷及持续扩展而造成的裂纹。

1）偶然损伤的评估和维修检查项目的确定

偶然损伤来源包括地面设备、货物运输设备、外来物、雨水的侵蚀、冰雹、雷击、跑道碎物、渗漏、冰冻/融化循环以及在飞机制造、使用、维修过程中的人为差错。像发动机分裂、鸟击或地面设备的碰撞等引起的大范围偶然损伤是容易发现的，因此不需要事先进行维修工作的评估。发生偶然损伤后，需要对偶然损伤进行评估，确定要采取的维修措施。在评估偶然损伤发生后飞机结构的剩余强度时，通常根据重要结构项目临界损伤尺寸和偶然损伤尺寸的相对值进行评估。各种检查方法、可检查损伤尺寸及检查的可接近性都是进行偶然损伤评估的重要内容。

为了及时发现偶然损伤，应对所有重要结构项目确定检查要求。根据重要结构项目的位置、边界、检查口盖和故障分析评估确定每一个重要结构项目的检查要求。重复对重要结构项目确定检查要求的过程，直到所有重要结构项目均已被评估。应评估发现偶然损伤的可能性，根据结构项目暴露的频度和一种或几种原因而造成的损伤部位进行评定：

（1）地面设备；

（2）货运设备；

（3）由于飞机制造、维修和/或使用中的人为差错所造成的那些损伤（不包括在其他损伤来源中）；

（4）雨、冰雹等；

（5）跑道上的杂物；

（6）水浸泡；

（7）闪电。

评定发现偶然损伤的及时性时，应根据重要结构项目的可见性和损伤后承受载荷时剩余结构裂纹相对扩展率的情况进行评定。同时，还应考虑环境中非化学性影响造成的损伤，包括由于冰冻/融化循环而造成的脱胶或分层等损伤。

2）环境损伤的评估和维修检查项目的确定

环境损伤评估时应考虑到飞机结构对腐蚀和应力腐蚀的敏感性和发现及时性。腐蚀的敏感性应根据所处环境的情况和防护情况来进行评估。例如：

（1）恶劣环境，如客舱的冷凝水、厨房渗漏水、厕所渗漏水、清洗液等；

（2）两种不同材料的接触部位（潜在的电化学反应）；

（3）表面防护系统的破裂，例如漆层及底层破裂和老化，胶接、封严、防腐材料变质及金属包覆层损坏，导致金属材料腐蚀或液体渗入可渗透性非金属材料等。

根据材料特性及产生持续拉伸应力的可能性，对应力腐蚀的敏感性进行评估。根据损伤尺寸、对应力腐蚀的敏感性和重要结构项目检查的可见性来确定发现及时性。运营人应通过执行确定的维修检查工作使飞机结构腐蚀控制保持在Ⅰ级水平或更好。

与环境损伤有关的维修检查工作是在飞机审定过程中确定的首次检查期实施的。这些维修工作首次检查期的确定都与飞机制造厂家和运营人使用类似飞机结构的经验有关。这些与环境损伤有关的维修工作随飞机设计的先进性不同而有所区别，例如材料的选择、装配过程、腐蚀防护系统、厨房和厕所的设计等。

腐蚀不一定仅取决于结构件的使用时间，例如表面防护层损伤的恶化很可能是由于日历时间增加而造成的，而由于厨房渗漏造成的腐蚀却是随机发生的离散事件。应力腐蚀裂纹主要发生在进行了热处理、成型加工、焊接、调整或安装出现误差而形成应力的结构件上。与金属结构的环境损伤过程相比，非金属（如复合材料）结构对环境的影响并不很敏感，但是在确定结构维修检查项目时应考虑在使用环境中长期的时效影响因素。大多数腐蚀的出现取决于飞机的服役时间或使用期，并且是随飞机服役期的增长而发生的。因此，可利用运营人和飞机制造厂家对类似结构的使用和维修经验建立检查要求以控制环境损伤的发生。

进行环境损伤评估时，与进行偶然损伤评估一样，应对所有重要结构项目确定检查要求。根据重要结构项目的位置、边界、检查口盖、故障分析等比较评估来确定每一个重要结构项目的检查要求。重复对重要结构项目确定检查要求的过程，直到所有重要结构项目均已被评估。

对于每个重要结构项目应考虑腐蚀防护和控制的要求，将环境损伤的检查要求与腐蚀防护和控制要求进行比较。如果这两种要求是相似的或等效的，对环境损伤的检查要求应包括腐蚀防护和控制的要求。如果尚不能满足腐蚀防护和控制的要求，应对环境损伤检查工作进行评审并确定附加的工作或制定独立的腐蚀防护和控制要求。

3）疲劳损伤的评估和维修检查项目的确定

疲劳损伤通常发生在飞机特定的部位或区域并需要一个积累的过程，与飞机的飞行时间或起落次数有关。起落次数多的飞机在机队中对初始疲劳裂纹最敏感，是疲劳抽样检查的最佳对象，这种抽样选择方法对大多数运输飞机的结构来说都是适用和有效的。在新机型开始服役时，疲劳损伤的检查要求可能尚不完备。因此，为了完善疲劳损伤的检查要求，在飞机投入服役之前，飞机制造厂家通常会提供一个适当的时限建议。飞机制造厂家还会制定出有关飞机主要结构上的复合材料或其他新材料的维修程序，因为这些材料的损伤特性可能不适用金属结构的损伤特性准则。与疲劳损伤检查相关的维修工作的首次检查期是在飞机型号审定过程中确定的。在到达首次检查期时，按规定进行疲劳损伤的检查工作，也可以利用抽样方法来完成有关疲劳的检查工作。运营人可根据飞机制造厂家批准的损伤容限评估方法和批准的程序对疲劳检查工作进行更改或调整。对于没有类似使用经验的结构件，应参照制造厂家的建议制定结构维修工作要求。疲劳损伤的评估应借鉴飞机制造厂家有关剩余强度和裂纹扩展方面的评估结果。疲劳损伤评估的结果是必须制定一个检查要求，以保证在某疲劳损伤造成飞机结构的剩余强度低于允许水平之前，提供检查疲劳损伤的最大可能性。为了获得这样的评估效果，应考虑以下几点：

（1）适用的剩余强度，包括多部位疲劳损伤的影响。

（2）适用的裂纹扩展率，包括多部位或多元件疲劳损伤的影响。

（3）与疲劳损伤扩展间隔相关的损伤检查期。疲劳损伤扩展间隔是从首次检查时间门槛值到所规定极限临界尺寸之间的间隔，损伤检查期随着所应用的检查方法而变化，并受结构部件或工艺的影响。

（4）检查方法适用的检查标准。检查标准作为飞机型号审定的一部分，要求应用估计检查裂纹长度方法对疲劳损伤的检查进行评估。

（5）适用的检查等级和方法，如目视检查、无损检测、外部检查、内部检查、重复检查间隔。

飞机制造厂家根据损伤容限或安全寿命理念，划分每一个重要的结构项目。对于划分为安全寿命属性的每一个结构项目，飞机制造厂家所确定的安全寿命极限应包含在飞机ALI的重要结构项目说明中。对于损伤容限结构项目，飞机制造厂家所确定的检查要求能否及时地发现疲劳损伤将取决于设定的检查工作，当重要结构项目承受规定载荷时的损伤能够在飞机日常使用过程中检查到或有故障指示时，则不需要在维修大纲中规定疲劳检查工作。

所有损伤容限重要结构项目都可使用疲劳损伤的分析程序进行分析评估。疲劳损伤检查一般采用目视检查的方法。当目视检查不适用时，可应用无损检测方法进行检查。如目视检查和无损检测方法都不能达到检查的目的，则应改进检查口盖或重新设计该重要结构项目。如果改进或重新设计不可行时，可考虑将该重要结构项目纳入安全寿命类结构项目。

在结构维修检查要求中确定的重复检查间隔通常由一个或多个计划性检查的间隔来表示。有重复检查要求的项目，要合理确定其首次检查期。偶然损伤项目的首次检查，通常与确定的重复检查间隔的时间相同。对于环境损伤项目的首次检查期应根据运营人和制造厂家对类似结构的使用经验来确定，首次检查可以与确定的重复检查间隔的时间相同。疲劳损伤项目的首次检查期通常为损伤容限审定要求的一部分，这些要求可以根据使用经验、附加试验或分析工作来进行修改。

结构维修检查项目是以保证能及时地发现偶然性损伤、环境损伤和疲劳损伤为目标制定的。偶然损伤和环境损伤的评估方法应当适合于对重要结构项目进行比较性评估。在同一检查区域内涉及其他重要结构项目时，应强调对每一个重要结构项目进行评估的重要性，并对最关键的重要结构项目增加检查要求。飞机制造厂家和运营人的经验是评估过程中不可或缺的。

结构维修检查项目的确定为保证飞机的持续适航性提供了明确的方法，避免飞机在使用中出现由于结构疲劳、结构腐蚀或结构偶然性损伤而造成的结构恶化。结构检查要求是维修大纲的一部分，是飞机型号审定工作必须要求的支持文件。所有重要结构项目的检查要求及其他结构项目的维修工作作为维修大纲建议书的一部分提交工业指导委员会批准，并作为维修大纲的一部分。

4）区域检查项目的确定

除了飞机系统/动力装置维修检查项目和飞机结构检查项目外，MSG-3文件中还包括确定区域检查项目的程序。区域检查项目的确定通常是在完成了飞机结构、飞机系统和动力装置的维修检查逻辑分析的基础上进行的，是对飞机系统/动力装置逻辑分析方法和飞机结构逻辑分析方法的补充。在MSG-3文件对维修工作的分析中需要评估许多辅助项目，如系统管路、导管、其他结构、导线等在功能故障中可能起作用的项目。随着MSG-3文件的进化，在21世纪初增加了增强区域分析的内容。从以下方面可看出区域检查的必要性：

（1）系统分析只是针对重要维修工作（MSI），可能会忽略对一些相邻部位和连接管路、线路等的分析。

（2）结构分析只是针对重要结构项目（SSI），对非SSI项目缺少维护要求。

（3）区域检查的目的是通过目视检查确保每一区域中安装的系统、设备、组件、零部件和结构、线路、管路状态正常且安装可靠。

（4）通过增强区域分析解决因导线老化或故障引发点火源的问题，进一步加强对重要导线的检查深度。

（5）通过增强区域分析检查重要导线的状态，并通过维护减少其周围可燃物的积聚，从而尽可能减少其引发点火源的可能性。

（6）增加了对闪电和高能辐射场防护部件的检查。

对于需要一般目视检查来评估故障缺陷的场合，区域检查是一种合适、有效的方法。通过对飞机每个区域的重要性及环境的影响进行分析，制定出该区域的预防性检查项目和周期，即区域检查要求。区域是为了标明任何项目在飞机上的位置而把飞机划分成单独的空间，通常以地板、隔板、外蒙皮或不同功能部件区等自然分界划分。区域检查是对每个结构区域内所安装的项目进行的计划性检查，包括检查该区域内所有系统组件和连接管路的牢固性、明显的损伤、明显的渗漏以及由其他维修工作导致的磨损或擦伤。区域检查不是针对某一具体的故障模式进行的检查。通过区域检查确认各区域中部件的安装状况，发现故障发生的早期潜在迹象并采取措施，能避免故障的发生。区域检查工作的实施通常尽可能结合该区域内重要维修工作和重要结构项目的检查来进行。因此在区域检查工作中包括了重要维修工作和重要结构项目的检查工作。所有应用MSG-3的逻辑决断图确定的区域检查项目作为维修大纲建议书的一部分提交工业指导委员会批准。

区域检查方法主要有巡视检查和一般目视检查。巡视检查是维修人员在地面探查飞机外部明显损伤的目视检查。这里讲的飞机外部明显损伤通常指由于和别的飞机、地面设备、建筑物、跑道上的异物相碰引起的偶然损伤及接头松动或管路渗漏等潜在故障的征兆。一般目视检查又分为外部目视检查和内部目视检查。外部目视检查用于发现外部可见的结构、系统部件和动力装置明显的损伤，检查从外部迹象反映出内部结构的损伤区域以及打开快卸口盖和舱门检查可能接近的内部结构、系统和部件。外部目视检查一般以不超过一臂长的距离接近被检查的结构或部件进行检查。内部目视检查用于发现内部结构、系统部件和动力装置明显的损伤，这种检查比较复杂和困难，往往需要拆卸整流罩、管路、绝缘层、口盖或其他结构或系统的部分部附件，以取得不超过一臂长的距离接近被检查的结构或部件。由于区域检查是发现飞机结构、系统部件和动力装置明显损伤的有效办法且成本很低，目前区域检查成为维修大纲中的一个重要组成部分。

区域检查大纲的制定程序是按ATA100规范的定义把飞机外部和内部划分成若干区

域，拟定每个区域的工作单，内容包括位置、说明、接近、注释等。在系统、动力装置和结构的维修检查逻辑分析过程中，列出需要进行一般目视检查的项目，并作为区域检查要求的一部分。在区域检查工作单中应包括分析确定的检查间隔。在完成一个区域内所包括的项目分析工作后，应对这个区域进行评估，以便综合确定检查要求并确定实施检查的间隔。系统/动力装置或结构维修检查工作中的一般性目视检查工作，可由区域检查工作所代替。区域检查间隔是根据机件对损伤的敏感性、区域中的维修工作量以及运营人和制造厂家在飞机系统、动力装置和结构方面的维修经验来确定的。可能的话，检查间隔应与那些计划性定期维修检查的间隔相一致。

区域检查大纲要求对区域内的金属结构和部附件（如各系统和仪表、电气和电子设备的本体和外壳、金属管子、导管、拉杆和摇臂等）进行检查以确认：

（1）部附件、紧固件和可见连接件的锁紧和连接应牢固、可靠，保险和接地良好。

（2）没有裂纹、凹陷、压坑、弯曲变形，没有明显的磨损、紧固件（铆钉、螺栓、螺钉等）松动脱落或拉长丢失，没有金属粘接处分层，没有焊接或点焊损伤，保护处理层没有损坏，锈蚀、渗漏、液体侵入。

（3）外部干净、清洁，通气口、溢流管口、余油口、放油口等没有阻塞，整流罩位置正确，固定锁扣功能正常。

区域检查大纲要求对区域内的操纵系统部件、拉杆和钢索进行检查以确认：

（1）校装正确，运动自如、无卡滞，附件和连接件及紧固件牢固、可靠，钢索连接及铺设位置正确无损伤。操纵系统应在其整个运动行程内进行操纵以检查钢索、拉杆和运动机构。

（2）没有变形、裂纹、划痕、碰擦、钢丝折断、擦伤、磨损、扭曲、弯曲、铆钉松动、表面保护层被破坏或损伤。

（3）电气搭铁带位置正确，安装牢固没有损坏。

区域检查大纲要求对区域内所有非金属结构（橡胶、织品、玻璃纤维、塑料制成的导管、软管、减震架、电缆绝缘层、玻璃窗等）进行检查以确认：

（1）没有裂纹、割伤、擦伤、扭曲、扭结、断裂、压坑、收缩、变质、微裂纹、弹性丧失、过热、液体浸入等。

（2）附件、连接件和紧固件牢固、可靠，支撑包扎正确，保险和接地良好。

区域检查大纲要求对区域内电气马达、电机进行检查以确认：

（1）外表清洁，没有锈蚀、过热现象。

（2）如打开护罩，应没有划痕、坑点。碳刷在槽内灵活，无过量的磨损，位置正确，弹簧张力适度，无过热、液体浸入等。

区域检查大纲要求对区域内继电器、电磁线圈、接触器进行检查以确认：

（1）外表清洁，没有锈蚀、过热现象。

（2）如需打开护罩，检查内部清洁，触点无严重烧蚀和压坑，露出的触点牢固。

除以上进行区域检查的要求外，区域检查还要求检查外来物，如遗落的螺钉、铆钉、工具、抹布等。

区域检查的周期是基于对每个区域出现故障或损伤的难易性和故障或损伤后果的综合考虑及已对取得的故障或损伤数据信息进行分析评估来确定的。区域现故障或损伤的难易性是指区域内各部附件的易损性，在评估时要考虑：

（1）区域内安装项目的数量、密度及其复杂性；

（2）环境条件（如腐蚀、热、振动等）的影响；

（3）偶然损伤的敏感性，如外来物损伤的概率、进入该区域维修排故或正常工作的频度等因素。

综上所述，区域检查是一种综合性检查工作。由于区域检查要求对每一区域的检查要求描述不具体，且项目繁多，要求执行区域检查的维修人员具备一定的检查知识和经验。区域检查要求对区域内包含的所有系统、设备和结构的状态都进行检查，特别要注意检查操纵系统、管路、设备的安装紧固性和安装相对位置，检查结构项目的腐蚀损坏，检查粘接结构的分层等不正常情况。每一个区域内既可能有重要维修项目，又有非重要维修项目，既可能有重要结构项目，又有非重要结构项目。由于区域检查项目包含有重要维修项目和重要结构项目，必须按要求进行检查，不能因为属于区域检查就认为其不重要，不能因为专业不同而只检查本专业范围内的项目。要正确认识区域检查工作的重要性，遵照上面关于各类区域检查项目的检查要求进行检查工作。

6.1.3.2　维修大纲的制定

每个新机型在投放市场前都要制定一个维修大纲，经飞机制造厂家所在国的民航管理部门批准后提供给飞机的运营人，供运营人制定其维修方案使用。制定维修大纲的目的是为了保证飞机的固有安全性和可靠性，确定该机型最基本的维修工作项目，以最低的维修成本使飞机的安全性和可靠性得到保持。维修大纲是由飞机制造国民航管理部门批准的对新型号飞机的初始最低维修工作要求。

维修大纲是在飞机制造厂家所在国的民航管理部门指导参与下，由制造厂家和运营人组成的维修指导委员会（Maintenance Steering Committee，MSG-3在1988年修订时改为工业指导委员会，即Industry Steering Committee）组织编写，经民航管理部门指定的维修审查委员会（Maintenance Review Board）审查通过，向民航管理部门提交飞机的维修审查报告，即Maintenance Review Board Report，简称MRBR，也就是新机型的初始维修大纲，最后由民航管理部门正式批准生效，由制造厂家提供给运营人。在新机型投入使用前发布的维修大纲称为初始维修大纲。维修大纲的内容至少包括以下几个方面：

（1）引言，说明维修大纲的目的和制定依据。

（2）一般规定，说明大纲的适用范围、重要维修工作失效后果分类、维修工作类型、更改已规定的维修工作的批准权限、维修间隔使用的单位、维修工作组合时工作周期的规定、抽样检查程序的规定、可靠性监控标准及规范等。

（3）维修检查要求，包括维修检查工作的内容、范围和深度，以及检查间隔等。

（4）区域检查要求，说明区域的划分、检查内容、检查范围、检查周期及检查接近方法。

（5）系统/动力装置检查大纲，按照选定的逻辑决断的方法确定系统/动力装置的重要维修工作及其维修工作和维修间隔等。

（6）结构检查大纲，考虑结构的设计特点和使用条件，确定重要结构项目与非重要结构项目，评估重要结构项目对腐蚀及偶然损伤的敏感性、疲劳寿命和裂纹扩展率等，确定重要结构项目的维修检查工作与间隔。

（7）名词术语，给出编制初始维修大纲涉及的名词和术语的定义。

（8）附录，给出认为有必要的补充、解释和说明。

初始维修大纲通常由飞机/发动机制造厂家、运营人的技术专家及维修专家和民航管理部门的人员组成的维修ISC共同制定。ISC的成员要有管理和分析方面的经验，因此往往由可靠性管理、工程技术和质量管理部门的人员组成。ISC的职责如下：

（1）全面负责维修大纲的制定工作，选定制定维修大纲的指导文件，负责与制造厂家、运营人及民航管理部门的沟通联系。

（2）组织建立若干工作组，确定工作组的基本任务，指定工作组负责人。

（3）安排培训，使委员会和工作组的成员对制定维修大纲时要分析的对象有更详细的了解，掌握MSG文件的精神和逻辑分析方法，熟悉初始维修大纲的制定程序与方法。

（4）派人参加工作组的会议，指导审核工作组的工作和解决提出的问题。

（5）评审和修改工作组提出的初始维修大纲的建议书，提交MRB，并解答MRB提出的问题。

根据工作任务的不同，工作组分为系统/设备工作组、结构工作组、动力装置工作组、区域检查工作组等，工作组的成员按专业由制造厂家和运营人的专业技术人员组成。工作组的职责如下：

（1）掌握维修大纲的制定程序和方法，各组成员熟悉所负责项目的设计性能和特点。

（2）从制造厂家和用户取得有关资料数据和类似产品的以往使用经验，并进行分析研究。

（3）负责鉴定并列出重要维修工作、隐蔽功能项目、重要结构项目，评估和建议适用的和有效的计划性维修工作。

（4）选定适当的维修工作周期，以及必要的抽样检查和工龄探索的规定。

（5）编制出区域检查大纲的建议。

（6）向维修ISC提出初始维修大纲建议的审查稿。

由ISC审查通过的初始维修大纲建议稿提交MRB审查批准。MRB由民航管理部门指派一人为主任，MRB成员由该主任挑选，通常由民航管理部门成员、维修专家以及制造厂家和运营人的人员组成。MRB的成员数量视飞机大小和工作量而定。MRB的职责如下：

（1）派出观察员参加维修工业指导委员会的有关活动，尽早了解情况，发现和解决问题，以利于初始维修大纲的审批。

（2）负责审查维修工业指导委员会建议的初始维修大纲，做必要的修改和补充后形成维修大纲，报民航管理部门批准。

MRB成员在审查新飞机的维修大纲时着重对以下各条的内容进行审查：

（1）评审制造厂家提供的静力试验大纲的试验结果，研究试验表明的结构在限制载荷下的变化情况和部附件的剩余强度和缺陷位置。在推荐的维修检查中对这些有缺陷的结构和区域要特别认真地进行检查。

（2）评估所有的维修说明，特别要注意那些具有非明显使用功能设计特征的部附件，以及注意新的制造方法和有特殊功能要求的区域。

（3）评审制造厂家推荐的结构抽样检查要求和初始检查时限。

（4）分析验证试飞、性能试飞和可靠性试飞大纲中包含的维修检查要求和执行结果。

（5）尽可能将审查飞机的系统、区域、部附件与类似的、已经使用的飞机进行对比分析。

（6）将推荐的维修检查要求与结构试验结果相比较，评估其可行性及合理性，并符合民航管理部门的有关要求。

（7）对新产品提出的检查频次、结构抽样范围和检查要求进行评审，确认其是否科学、合理。为此要确定新产品的所有重要部附件和区域，确定这些产品的损坏概率及其影响和在开始损伤时有无明显的外部迹象，以评估维修大纲的适用性和有效性。

（8）对以循环次数为寿命的部附件，疲劳试验提供了评审疲劳试验大纲和试验结果的手段。将试验的资料数据与MRB成员的知识和经验结合起来对推荐的维修检查要求进行评估。

（9）在将试验结果应用于维修大纲的同时，充分运用判断技术和使用经验，帮助缺少使用经验的用户修订抽样检查的范围和频次。根据试验结果，对所有的重要维修工作和结构项目进行审查，并确定需要改装的项目。

6.1.3.3 维修大纲的属性

各种型号飞机的维修大纲中所包含的维修检查工作应按照制造厂家提供的技术文件或经民航管理部门批准的运营人维修手册进行。在完成任何计划性维修工作后，应确认受该工作影响的区域的结构和系统的部附件没有出现偶然损伤。维修大纲中的维修检查间隔如要延长，应有维修大纲的修订程序，并遵循以下规则：

（1）对所给出的每个检查间隔的延长，应完成一系列要求的检查，检查结果经审查令人满意且经民航管理部门批准，或按照经民航管理部门批准的航空运营人可靠性方案授权批准。

（2）对所给出的单个任务间隔进行延长，应经航空运营人认可并经民航管理部门审查批准，或按照经民航管理部门批准的航空运营人可靠性方案授权批准。

（3）维修大纲中给出的维修工作间隔参数可转化为航空运营人需要的统计单位，但这个转换不应使航空运营人的维修方案低于维修大纲中的初始最低预定维修检查要求。

（4）由制造厂家批准的无损检测方法可替代维修大纲中规定的维修检查方法，但航空运营人应将其使用的替代方法报告民航管理部门。

（5）维修大纲中所用到的"检验""检查"并不确指完成这些工作所需技能的水平。

（6）关系到运行安全的LLP到时限必须更换。LLP的时限在飞机、发动机的型号合格审定数据单（TCDS）中给定，或由飞机、发动机制造厂家的持续适航文件中的"ALI"部分给出。

（7）随着使用经验的积累，ISC主席或MRB主席可提出对维修大纲进行修订的要求或建议，并按程序批准。

6.1.3.4 维修大纲的特点及其应用

（1）维修大纲中明确其给出的维修项目及维修间隔是根据MSG-3或MSG-2制定的。

（2）维修大纲是由ISC组织制定，由MRB审定，民航管理部门批准，制造厂家分发。

（3）维修大纲给出了特定型号飞机及其动力装置的系统、结构和区域的维修检查要求以及周期，是民航管理部门、运营人、制造厂家均接受的机型主要持续适航性文件。

（4）维修大纲给出的是最基本的、初始的计划维修工作。

（5）飞机制造国民航管理部门批准的维修大纲仅适用于该国审定的航空运营人，其他国家的航空运营人使用该型飞机时，应由所在国的民航管理部门批准或认可。

（6）维修大纲可供被批准或认可国家的航空运营人用来制定或修订其维修方案。

（7）应根据航空运营人的资格和维修经验，由相关的民航管理部门批准或认可的航空运营人对初始维修大纲中维修工作项目或维修工作间隔进行适当的变更。

维修大纲中给出的维修项目只有"做什么"和"什么时间做"，怎么做这些维修工作在该飞机的持续适航文件（如AMM、SRM、IPC、CMM等）中给出。维修大纲中给出的维修项目应完全在维修方案和工作单等法规性文件中体现出来。

6.1.3.5　CMR项目

维修大纲中会包括一些附录，通常这些附录中除了涉及飞机区域和口盖编号、民航管理部门颁发的对维修大纲的特殊要求、缩略语、定义、MRB和ISC成员名单、低利用率飞机的检查要求、可靠性监控要求及抽样检查要求等内容外，还有关于该型飞机的CMR项目和ALI项目的附录。

CMR项目和ALI项目是影响飞行安全的计划性维修工作，它们不是由MRB审查通过的，其中一部分是在飞机型号合格审定过程中确定的，体现了飞机型号合格审定对持续适航的维修要求，其余部分是在不同运行环境下必须满足的安全性要求。因此，CMR要求和ALI项目均属于指令性维修工作项目，这些维修工作项目与维修大纲中的安全性项目相结合，形成了预防性维修工作的安全性项目，它们都是航空运营人制定飞机维修方案的基本依据，并要求对其进行严密的控制管理。

随着新技术、新材料在飞机制造中的广泛应用，飞机的系统和结构的复杂性增加，导致飞机系统安全功能增多。因此必须考虑飞机系统的一个或多个功能失效以及该故障可能导致其他系统损坏的情况带来的后果及其应对措施。在适航规章中规定了可接受的系统故障发生概率与危险程度之间关系的标准，型号合格证申请人为验证飞机系统满足规章的要求，必须对飞机系统进行安全性分析。若分析结果表明系统故障的概率高于规定的标准，且改进设计又不可行或不经济，就必须增加故障探查工作，以便及时发现和消除潜在的失效，避免产生危险性后果。这种为发现重大潜在失效所做的检查工作就是维修审定要求，简称CMR（Certification Maintenance Requirements）。

CMR是在飞机型号审定过程中确定的用来探查重大潜在失效的定期维修工作项目，以防止危险性和灾难性故障发生。CMR只是探查失效的工作，用来证实某一失效是否已经发生，但并不提供任何预防性维修工作的功能。因此，CMR项目的产生方法与通过

MSG-3分析形成维修要求的方法完全不同。CMR是在飞机型号合格审定过程中，对飞机系统进行安全性分析和评估时确定的。维修审定要求是飞机制造厂家用定量分析的方法来表明飞机的设计制造符合规章的审定要求而规定的维修检查要求，用来探查对安全有重要影响的潜在失效。该种失效与一个或多个其他的特定失效或事件结合起来会形成危险性或灾难性后果。CAAC的AC-25.1529-1对应于FAA的AC-25-19，为选择、确定、控制和修改CMR项目提供了指导。CMR项目的制定程序如下。

1.确定CMR的候选项目

列出所有潜在的危险性或灾难性失效状态及采取的措施，按照AC-25.1309-1给出的指导原则确定CMR的候选项目，此时要考虑以下几方面：

（1）失效的后果；

（2）对使用的失效状态数据及其可信度进行概率分析，对达不到要求的项目提出检查要求建议；

（3）确定采取的措施是否需要飞行机组操纵完成，如需飞行机组操纵完成则应纳入飞行操纵程序中；

（4）最大理论失效周期与飞机寿命和维修大纲中的维修周期的接近程度；

（5）采取的措施是否定期在所有飞机上完成。

2.CMR检查要求建议的评审

由型号合格证申请人召集由制造厂家、运营人代表、审定机构代表和MRB主席参加的评审会，对CMR检查要求建议项目进行评审以确定最优维修检查要求。

由型号合格证申请人将评审后的CMR项目交ISC审定，将部分项目并入维修大纲，不能或不适宜并入维修大纲的项目则列为CMR项目。

将CMR项目提交负责型号合格审定的审查办公室进行最终评审，经民航管理部门批准。批准后的CMR项目列入型号合格审定数据单或以单独的批准文件颁发，同时应列入MRB文件或MPD中。

CMR项目又分为两类，即CMR*项目和CMR**项目。其中CMR*项目规定的维修工作和时间间隔是强制性的，这些维修工作是用来防止灾难性失效而采取的预防措施，未经制造厂家和负责型号合格审定的飞机审定办公室的同意不得更改、延长或取消。CMR**项目是用来预防危险性失效而采取的措施，运营人可以按照批准的延长方法或批准的可靠性方案对检查工作间隔进行延长，但在未经飞机审定办公室批准前不得更改或取消。在CAAC的AC-121-53中明确规定维修工作的修改或删减不得涉及CMR项目。在维修大纲和MPD中均将CMR项目列入，并标注明了以便于对CMR项目的控制管理。某些飞机个别系统的CMR要求与维修大纲中的检查规定所要求的时限不同，除有特殊规定外，CMR时限少于维修大纲时限时，应按CMR时限执行；CMR时限大于维修大纲时限时，可先按维修大纲时限执行，并逐步延长至CMR时限进行控制管理。在型号合格证申请人取得型号合格证后，制造厂家对CMR项目的更改必须经审定维修协调委员会评审，经审定办公室批准后通过颁发AD和CMR改版通知运营人，要求强制执行。

6.1.3.6　ALI项目

前面提到在维修大纲中会包含一个关于飞机ALI项目的附录。在FAR21.50中要求凡1981年1月28日以后申请型号合格审定的飞机、发动机、螺旋桨，必须按照相应的适航要求制定完整的持续适航文件。持续适航文件包括两部分，一部分是必须经民航管理部门批准的ALI项目，另一部分是由制造厂家推荐不需经民航管理部门批准的各种使用数据、技术说明、维修手册、使用手册、地面服务、工具设备手册等。ALI项目是飞机型号合格审定所要求的每项强制执行的更换时间、结构检查间隔及相关结构检查程序，英文为Airworthiness Limitation，简称AWL或ALI。在MSG-3R2的结构逻辑决断图中给出了确定ALI项目的一般程序，具体的ALI项目应由型号合格证申请人按照适航规章的要求根据试验计算分析确定。ALI项目涉及结构检查维修要求、油箱安全周期性维修工作、CDCCL，以及EWIS部件的强制性更换要求，这些项目都是在飞机型号合格审定过程中确定的。结构ALI主要包括安全寿命结构件的更换要求和损伤容限结构件的检查要求。其中，安全寿命结构件的更换要求是通过疲劳试验分析产生的，损伤容限结构件的检查要求是通过损伤容限分析产生的。油箱安全的周期性维修工作是通过安全性分析产生的。CDCCL是燃油系统的关键设计构型控制限制，它是燃油系统的设计特性，在飞机改装、修理或维修的过程中这些特性必须保持以确保不会出现不安全状况。CDCCL和其他ALI项目不同，它并不是检查任务或是寿命件，通常是一些需要在维修和使用中严格控制的设计特性。ALI项目主要包括以下几方面内容：

（1）为保证飞机安全使用而规定的寿命限制，这是飞机使用过程中必须按规定时限更换的项目。

（2）重要结构项目中归入安全寿命类的项目。

（3）经过损伤容限分析需要进行裂纹扩展监控的关键项目，包括和疲劳相关的检查门槛值和间隔时限以及检查程序。

适航规章对执行ALI项目有相关的要求，在维修过程中要按照ALI规定进行检查或维修。如果ALI规定的必须遵循的更换时限、检查周期及有关程序未得到执行，则该飞机不得运行。运营人的维修方案中必须包括全部的ALI项目，并对这些项目进行特殊标注，不允许未按程序批准而擅自更改。

ALI项目是由飞机审定部门批准的，通常在机体、发动机、螺旋桨和独立取证的机载设备的相应文件和维修手册中列出，要进行统一管理，防止在执行中遗漏。有的机型的ALI项目包含在维修大纲中，有的机型的ALI项目是单独给出的，没有包含在维修大纲或MPD检查项目中，还有的在其他单独的审定文件或手册中给出。因此要注意区别，防止执行过程中出现漏项，导致飞机处于不适航状态。ALI项目可以根据使用经验、试验数据或新的分析方法进行修订，但需由型号合格证持有人提出，适航审定部门批准，以颁发AD的形式对ALI项目进行更改。在执行了涉及ALI项目更改的AD后，必须对相关维修资料的修订进行跟踪控制。在一些机型的资料中将CMR和ALI项目编辑在一起，因为它们都是在飞机的型号合格审定过程中确定的强制性维修工作，不同的是CMR是针对系统提出的，而ALI项目是针对结构项目提出的。

6.1.3.7　老龄飞机的补充维修检查要求

航空业不断更新着对运输类飞机结构完整性的认识，特别是对进入老龄期的飞机结构完整性的认识。因疲劳、腐蚀、线路老化等因素都是与飞机运营时间有关的，因此更新对飞机结构完整性的认识更显得尤为重要，解决飞机老龄化的问题主要是研究解决如何保持老龄飞机结构完整性的问题。航空运营人应当充分地认识到，虽然飞机进入老龄后结构持续完整性的问题更为突出，但结构持续完整性的评估和检查工作将涉及到飞机进入老龄前的工作，尤其是发生结构修理和改装的情况。因此在每次进行结构修理和改装时都要考虑保持结构持续完整性的因素。美国为了研究老龄飞机的问题，成立了由飞机制造厂家、运营人、研究机构、行业协会和民航管理部门专家组成的专题工作组，后称为适航性评估工作组，对老龄飞机进行研究，提出了老龄飞机结构完整性要求，补充完善了飞机结构检查要求，突出强调了飞机结构安全性要求。适航性评估工作组通过对老龄飞机进行研究提出了以下建议：

（1）制定各型飞机的腐蚀预防与控制大纲（CPCP）并执行。

（2）评审对各型飞机颁发过的SB，选择出对安全有影响的SB，按照检查和改装分类并执行。

（3）评审飞机原有补充结构检查文件，提出改进意见。

（4）评审广布疲劳损伤，补充结构检查要求并执行。

（5）进行修理评估，对修理过的结构或STC改装结构项目进行检查评审。

（6）评审结构维修大纲，制定飞机结构维修大纲指南。

以上6项建议中的前4项由民航管理部门以AD的形式批准发布，第5项通过修改条例来实施，第6项由制造厂家提供给运营人。通过对老龄飞机的研究，确认对于接近或超过设计使用目标的飞机，只要其型号合格证持有人和运营人都能按照飞机的结构完整性要求维修检查飞机，并完成必须执行的检查和改装工作，这些老龄飞机的运行是安全的。相反，如果考虑老龄飞机不安全而人为地给其规定一个寿命，结果往往会在飞机接近寿命年限时由于经济上的考虑而减少对飞机的维修投入，这恰恰会导致运行不安全事件的发生。

保持飞机结构完整性的重要性就好比保持人体骨架完整对人的重要性。为了使飞机保持结构完整性，在飞机的设计阶段，要对飞机结构的损伤容限、疲劳特性、静强度、刚度、适坠性及腐蚀防护等因素进行考虑。CAAC对大型飞机结构完整性要求在CCAR21和CCAR25中给出，对型号合格证持有人和运营人的要求在CCAR21、CCAR25、CCAR91和CCAR121中给出。这些规章要求型号合格证持有人要进行安全性设计，选择合适的材料，设计满足静强度、刚度、破损安全要求的结构，进行疲劳、剩余强度、适坠性分析和试验，按照标准进行腐蚀预防，使飞机结构符合或高于规章的标准。鉴于以往的经验和教训，世界上各国民航管理部门对老龄飞机的结构完整性问题都非常重视，也以不同的文件形式对此做出规定。1981年，FAA颁发了咨询通告AC91-56，为保持飞机结构完整性，要求制定大型运输类飞机的补充结构检查大纲。我国面临着越来越多的老龄飞机结构完整性的问题，CAAC的适航审定司针对此问题于2000年3月27日颁发了咨询通告AC-21.25《运输类飞机持续结构完整性大纲》，对制定老龄飞机的补充结构检查大纲（即SSID）提供指导。

AC-121-65中规定对于没有按照CCAR-25.571要求的损伤容限原则取得型号合格证的飞机，在没有分析、试验和使用经验能表明通过必要的检查和/或改装可以明显改善飞机保持结构完整性之前，航空运营人应当获得并执行经过型号合格审定当局批准的补充结构检查大纲（SSID）。航空运营人应当在机队中使用时间最长或者飞行循环次数最多的飞机达到设计使用目标一半以前获得飞机型号合格证持有人提供的补充结构检查大纲。航空运营人在获得补充结构检查大纲及其修订后，应当及时将其结合进飞机维修方案或者作为维修方案的单独附件，并随同维修方案及其修订一同获得批准。对于因基本结构经过较大的修理或者改装影响而不能完全执行上述检查时，应当向型号合格证持有人咨询，寻求可替代的检查方案。在执行补充结构检查大纲过程中，当发现任何重要结构项目（SSI）或其相邻结构的裂纹时，应当报告地区管理局和飞机型号合格证持有人。

SSID是对早期未按照损伤容限设计要求生产制造的飞机提出的补充结构检查要求。损伤容限是指一种用于保证安全的结构设计特征，它允许结构在受到疲劳、腐蚀、偶然或离散源损伤后仍然能在一定时期内保持必要的剩余强度。损伤容限基于的原则是结构疲劳损伤的产生和发展可以在足够精确预测的前提下，在达到临界尺寸之前有机会通过检查被发现。损伤容限的评估必须包括以下几项：

（1）预测飞机结构中最易于产生疲劳裂纹的部位。

（2）预测在飞机结构载荷的重复作用下裂纹增长速度。

（3）预定超出结构强度限制的损伤尺寸或临界尺寸。

（4）分析损伤发展情况检查的潜在机会。

SSID是用损伤容限方法对飞机结构的原设计进行分析、试验后提出的结构补充检查要求，目的是保持飞机的结构完整性和持续适航性。CAAC的AC-21.25和FAA的AC91-56A都对SSID的制定提出了要求：AC-21.25咨询通告用于5 700 kg以上按照CCAR25部审定的运输类飞机，FAA的咨询通告AC91-56A适用于大型运输类飞机，而这些飞机又是按照FAR91部D分部、FAR121部或FAR125部进行运营的。这些飞机中未按照损伤容限设计的机型均应制定补充结构检查大纲。咨询通告为型号合格证持有人及时做出持续结构完整性评估提供了指导，也为航空运营人及时将评估结果补充到维修方案中提出了要求。

咨询通告要求型号合格证持有人会同飞机用户及时修订各型飞机的SSID，以确保飞机结构的完整性。对未按照新的FAR25.571进行审定（未按损伤容限设计）的飞机，应按照损伤容限要求，对结构的疲劳、腐蚀、制造缺陷等损伤进行分析、试验，提出检查或改装要求。SSID应包括出现的损伤类型及可能的部位、检查入口、检查方法、检查门槛值、检查间隔和程序、适用的改装和寿命限制等。另外还应根据实验数据、使用经验和新的分析方法及时修订SSID。结构补充检查文件的制定要求，可参见AC-21.25咨询通告附录。如果某些破损安全结构不能用检查方法保证其结构的完整性，则必须在使用到给定的寿命时对零件或部件进行强制性改装或更换。民航管理部门对制造方提供的SSID及其修改意见要进行评估审批，对影响结构完整性的要求，将以AD的形式颁发，强制执行。

航空运营人应根据颁发的SSID及其修订，补充更改自己的结构检查方案，由于各运营人的维修方案不同，运营环境不同，机队的改装状态不同，因而执行SSID的方案也不同。运营人在执行结构检查时，发现结构损伤，必须及时报告型号合格证持有人和民航管理部门，这是保持结构完整性的重要措施。

SSID项目的选择通常有两种方法：①将飞机结构分为四类，选择其中第三类结构项目进行损伤容限分析；②从飞机上选择主要结构元件（PSE）进行损伤容限分析。确定的SSID项目应具有裂纹扩展和剩余强度特征，在裂纹发展到临界裂纹长度之前有高的检测概率。

按照对安全性分析要求的不同将结构划分为四种类型。第一类结构为次要结构，这类结构件从飞机上脱离或丧失后，并不影响飞行安全。这类结构维修仅取决于经济性考虑。第二类结构是损伤或故障相当明显时尚能承受破损安全载荷的主要结构。明显损伤是指在地面进行巡视检查或功能检查时，对飞机维修人员来说是明显可见的，而这些维修人员的主要职责不一定是进行结构检查。这类结构的安全性由明显损伤后的剩余强度来保证。人们希望及早发现损伤，所以经济性是制定该类结构检查的主要考虑因素。第三类结构是用计划性例行检查来保持结构完整性的主要结构，大多数主要结构都属于这一类。第三类结构在SSID中要反映剩余强度、裂纹扩展和损伤检出能力等结构特性。第四类结构是实际上不能实施或基本上不能实施裂纹检查的主要结构。其安全性是以取得试验支持的保守的疲劳设计为基础，通常称为安全寿命结构。疲劳验证试验应表明，在规定的使用期限内，这类结构产生疲劳裂纹的概率是很小的。以上四种结构类型中，所有第三类结构均应进行损伤容限分析，并制定相应的检查要求。

主要结构元件是指承受飞行、地面和增压载荷的结构元件，这些元件如果损坏会导致飞机发生灾难性损坏。在主要结构元件中，选择对疲劳、腐蚀、应力腐蚀或偶然损伤影响敏感的项目进行损伤容限分析，主要结构元件基本上属于第三类结构。

SSID有不同的形式。SSID可以给出的明确的检查要求，给出飞机特定部位可能产生的疲劳裂纹的检查要求、检查方法、检查标准和检查周期，或者给出抽样检查要求。SSID的另一种形式是按损伤容限等级确定检查周期和方法，由型号合格证持有人给出每一项目的损伤容限等级，由运营人根据其维修计划选择检查方法和检查周期，确定的检查周期和方法应有相应的分析报告，并报民航管理部门批准。SSID的第三种形式是将补充结构检查要求作为维修大纲的补充维修工作统一列入维修大纲中的飞机结构检查大纲。

经老龄飞机结构工作组评审后，补充修订了各型飞机的SSID，要求所有达到和超过相应门槛值的同类飞机都要按照要求完成首次检查，而这些项目的重复检查要求应按照损伤容限等级检查表确定。根据民航管理部门的管理规定，运营人要根据制造厂家颁发的SSID文件修订其维修方案，经批准后执行。对修理过的SSI项目和STC涉及更改和改装过的项目要增加损伤容限和可检性评审，并进行裂纹检查；在对飞机进行改装或修理后的12个月内应完成损伤容限评估，并制定相应的检查要求。

航空运营人应当根据飞机型号合格证或补充型号合格证持有人提供的持续适航文件（如维护手册、防腐手册、活物运输手册、维修计划文件、腐蚀预防与控制基本大纲等）制定自己的腐蚀预防与控制大纲（CPCP）。CPCP中应当至少包括航线腐蚀预防与维护、腐蚀检查任务与区域、腐蚀等级的确定、确定腐蚀等级后的典型工作、涉及AD的腐蚀、CPCP的执行、CPCP的改善、腐蚀损伤的记录与报告等内容。其中腐蚀检查任务与区域可结合在飞机维修方案中。航空运营人对没有根据MSG-3逻辑决断方法制定维修计划文件的飞机，应当根据飞机型号合格证或补充型号合格证持有人提供的腐蚀预防与控制基本大纲制定自己的腐蚀检查任务与区域。

腐蚀是一种与日历时间有关的对飞机运行环境敏感的化学现象，它会影响飞机结构的完整性，降低飞机结构的承载能力。导致飞机结构出现腐蚀的因素有飞机运行环境、飞机制造选择的材料和制造标准、货运类型和包装、已完成的维修和修理质量。经过老龄飞机结构工作组多年的分析研究和民航管理部门的管理推动，各型飞机的型号合格证持有人均制定或修订了所设计飞机的CPCP。民航管理部门将CPCP以AD的形式颁发，成为强制性执行措施。目前，有的机型的CPCP被列入制造厂家推荐的MPD中，有的则包含在维修大纲的结构维修大纲中。通过执行CPCP，使机队的腐蚀得到有效控制，降低了机队的腐蚀等级，保证了老龄飞机的运行安全。

腐蚀按照飞机结构腐蚀的严重性和对飞机持续适航性的潜在影响分为Ⅰ、Ⅱ、Ⅲ级。

（1）Ⅰ级腐蚀：指发生在相继两次腐蚀检查任务之间的腐蚀，是局部腐蚀，并可以在容许极限内清除；或超出了容许极限的局部腐蚀，但不是运营人同一机队其他飞机可能发生的典型腐蚀情况（例如水银溢出引起的腐蚀）；或以往相继腐蚀检查之间都只有轻微腐蚀，最近一次腐蚀检查任务发现腐蚀，清除腐蚀后超出容许极限。这类腐蚀损伤可以按照结构修理手册、SB等进行修复或去除。

（2）Ⅱ级腐蚀：指在任何两次相继的腐蚀检查任务之间超出容许极限的腐蚀。这类腐蚀超出了制造厂家允许的修复或去除腐蚀的限度，需要进行特殊修理、加强、全部或部分替换相应结构。

（3）Ⅲ级腐蚀：指在第一次或以后各次腐蚀检查任务中，运营人发现的大范围损伤，认为是严重危及适航性的腐蚀情况，通常制造厂家要参与Ⅲ级腐蚀的判定，因其与结构的设计有关。

根据腐蚀现象的特点，腐蚀可分为以下三种类型：

（1）局部腐蚀：不超过一个隔框、桁条或加强杆的蒙皮或腹板格子（机翼、机身、尾翼或吊架）内的腐蚀。一般局限在单个隔框、桁条或加强杆，或者是一个以上的隔框、桁条或加强杆，但腐蚀构件每边的相邻件上不存在腐蚀。

（2）漫延腐蚀：两个或者两个以上相邻蒙皮或腹板格子上的腐蚀，或者说是指一个隔框、翼肋、桁条或加强杆与相邻蒙皮或腹板格子上同时发生的腐蚀。

（3）广布疲劳损伤：在同一个结构元件上或在类似的相邻结构元件中的多个结构细节处同时存在裂纹，它们的尺寸和密度足以使其结构不再满足损伤容限的要求。

若发生Ⅰ级结构腐蚀，说明CPCP是有效的；若发生Ⅱ级结构腐蚀，就要调整运营人的CPCP；若发现Ⅲ级结构腐蚀，就要对该机型采取紧急措施。在发现Ⅱ级结构腐蚀和Ⅲ级结构腐蚀时必须报告制造厂家，取得技术支持并考虑调整CPCP。在发现Ⅲ级结构腐蚀时必须报告民航管理部门，随后还应向民航管理部门报告因Ⅲ级结构腐蚀影响的机队的检查及修复情况。

当前，飞机的制造厂家为每种机型制定了一个基本的CPCP，民航管理部门随即颁布AD或指令性文件，要求强制执行。运营人在基本CPCP的基础上，根据自己的运行环境特点和维修经验编制适合执管机队的CPCP。运营人可以按照基本CPCP的要求逐项完成腐蚀检查和预防工作，也可以将基本CPCP的项目列入维修方案对CPCP项目进行检查和控制，但要保证有关CPCP项目的检查要单独记录并报告检查结果，将腐蚀控制在Ⅰ级及以下，确认基本CPCP的所有项目都已包括且制定了调整CPCP的程序。由于运行环境、装载货物种类及机上污水排放对飞机结构腐蚀的影响很大，所以腐蚀的预防不只是机务部门的责任，飞行机组和地面保障专业的人员都有责任。因此，应对相关专业人员进行腐蚀预防和控制的培训教育，制定相应的管理要求，将腐蚀控制的关口前移到货运合同、货物包装和货物装卸等环节。

有效的CPCP应持续将飞机的腐蚀控制在Ⅰ级以内。如果运营人的CPCP是有效的，可允许延长规定的检查间隔。根据有关CPCP的AD规定，允许运营人将检查间隔延长10%或6个月（以先到为准），以便将CPCP项目与其他维修工作相协调。因此，CPCP项目虽为AD的内容，但有与非CPCP项目AD不同的管理要求。在运营人的CPCP中还应包括对CPCP进行调整的授权限度、调整程序及相应维修检查记录的要求。执行基本CPCP要注意以下事项：

（1）必须建立CPCP报告系统，为了监控基本CPCP的有效性，运营人应按照运行条例要求向民航管理部门报告机队的腐蚀控制情况，将发现的Ⅱ级和Ⅲ级腐蚀报告制造厂家，由制造厂家对基本CPCP进行评审和修订。

（2）起始检查年限是机队开始进行检查的时限，不是每架飞机开始检查的时限。

（3）在起始检查年限和重复检查年限之间，完成机队每架飞机的全部的首次检查工作。

（4）在基本CPCP中，有些检查项目与MPD项目重复，在编写运营人的CPCP时，应注意统一调整，避免重复和遗漏。

（5）起始检查年限可根据飞机检查结果在方案的控制下延长，前提是飞机的腐蚀要控制在Ⅰ级以下，且每年必须检查一架飞机。通常应安排一个机队的CPCP检查计划来落实腐蚀预防和控制要求。

（6）在检查腐蚀时，应特别注意对结构隐蔽部位或金属表面下的检查，在腐蚀修理和防护时，要特别强调严格执行工艺规范。

（7）当飞机遇到可能发生腐蚀的运行环境和腐蚀性货物运输的情况时，航空运营人应当有明确规定的渠道获得相关信息和通知相关的维修控制部门，并且在完成CPCP规定的任务后才能继续投入运行。

（8）对于CPCP生效时超过首次检查门槛值的飞机，航空运营人应当在生效日期起一个月内制订一个执行检查任务的计划，在经主管民航地区管理局批准后按照计划完成检查任务。

（9）对于CPCP生效时正在基地维修或存储状态的飞机，如超过首次检查的门槛值，应当在投入运行之前完成所有累积的腐蚀检查任务。

（10）由于意外而造成不能在检查间隔内执行重复检查任务时，重复检查的间隔不能超过原间隔的10%。

（11）新引进的二手飞机，除非原飞机的维修方案符合CPCP文件的要求并有记录表明已执行了其中规定的腐蚀检查任务，否则在投入运行前应当完成所有已到期的腐蚀检查任务。

下述情况下需要对腐蚀检查任务进行改善：

（1）如果对一个腐蚀检查任务区域进行首次门槛值检查过程中发现腐蚀超过了允许的极限，则有必要调整相应的首次检查门槛值。

（2）如果重复检查在一个特定检查区域多次出现Ⅰ级、Ⅱ级、Ⅲ级腐蚀，则应当对重复检查的间隔进行相应的调整，并且不能推迟对Ⅱ级、Ⅲ级腐蚀的处理。

（3）在执行非CPCP的维修工作时发现腐蚀，意味着CPCP的失效，应当进行必要的调整。

（4）在运行环境的改变和执行改装涉及到CPCP规定的检查任务和区域时，航空运营人应当对CPCP进行相应的评估并进行必要的改善。

腐蚀检查任务的优化包括但不限于缩短检查间隔、多次进行防腐处理和附加排水装置。除在工作单卡中记录每项腐蚀检查任务的检查结果和处理措施外，航空运营人还应当建立每架飞机专门的腐蚀损伤记录单。腐蚀损伤记录单中应当至少记录任何发现的腐蚀损伤的检查日期、任务号、腐蚀损伤的级别、原因分析、修理情况和为完善CPCP所作的必要的修订。腐蚀损伤记录单应当与飞机单机档案一同保存。

在下列情况下，国内航空运营人应当在72 h内向相应的民航地区管理局报告：

（1）在首次检查门槛值检查时发现任何Ⅱ级、Ⅲ级腐蚀；

（2）在任何重复检查时发现Ⅱ级、Ⅲ级腐蚀；

（3）在任何检查时发现蔓延腐蚀；

（4）在执行非CPCP规定的维修工作时发现腐蚀。

航空运营人向相应的民航地区管理局的报告应当至少包括下述内容：

（1）机型、国籍登记号、使用时间（包括日历时间、飞行小时数和飞行循环数）和检查日期；

（2）任务号和检查方法；

（3）腐蚀损伤的级别/类别；

（4）腐蚀损伤的具体部位；

（5）腐蚀损伤的原因分析；

（6）腐蚀损伤的修理情况描述。

综上所述，飞机结构的腐蚀预防和控制是制造厂家、运营人及民航管理部门共同的责任。在日常的运行中要重视运输货物的包装，防止包装损坏液体泄漏导致飞机内部结构发生腐蚀。在日常维修中，要严格按照批准的CPCP和防腐工艺规程完成腐蚀预防的检查和腐蚀的控制处置，杜绝造成腐蚀的外界环境，严格执行腐蚀预防控制要求并不断完善。

6.2 维修方案

维修方案是维修大纲的具体体现和补充，又称持续适航维修方案，即为了使飞机持续保持在适航状态而需执行的维修方案。所谓飞机的持续适航状态是指飞机按照AD、CMR、ALI完成了指令性维修工作，并按照维修大纲完成了计划性维修工作，同时按照CPCP、SSID、SB和SL的要求完成了补充维修工作，排除了使用和维修中发现的故障，飞机构型符合最低设备放行清单要求的状态。维修方案是运营人根据适航规章和运行规章、飞机制造厂家提供的经民航管理部门批准使用的维修大纲及技术文件资料，结合执管飞机的具体构型、运行环境和维修部门的技术力量及航材储备情况制定的计划性维修检查要求和处理非计划性维修工作的原则和程序。制定和执行维修方案是为了以最低的维修费用和最短的停场时间保证飞机的安全可靠性，使飞机处于持续适航状态。可见，要使维修放行的飞机处于持续适航状态，则必须使飞机满足以上各项要求，而所有这些要求的满足是通过制定和执行维修方案来实现的。

飞机的维修方案是对飞机进行维修的依据文件，也是保证飞机持续适航性必须具备的文件。运营人应根据民航管理部门批准或认可的飞机维修大纲或维修技术规程及飞机制造厂推荐的维修计划文件，结合运营人的具体运行特点，如航线结构、飞机运行环境、主基地地理和气候特点、维修管理水平、维修设备配置、航材储备量等因素制定飞机维修方案。维修方案中应包括一般性检查、定期检修、非定期检修、翻修及结构检查要求。其中一般性检查包括航线检查、地面服务和特定的间隔测试校验。定期检修指按规定的时间间隔进行的维修工作，包括需要定期维修检查的项目和时控件以及需进行特殊检查的项目。非定期检修指飞行和地面报告或数据分析中发现和提出的故障或意外损伤及AD、SB要求的维修工作。飞机的定期和非定期维修工作描述应说明检查或修理的等级和内容。根据维修工作对飞机适航性的影响程度确定必须检查项目，对有关工程指令，通用和特种工艺规范、制造厂技术手册等工程技术标准文件应有明确的规定和说明。维修方案中应给出各类维修工作项目的具体维修工作、维修方式、维修周期、维修标准、维修施工方法及相应的工作表格和工作单卡。维修方案应在以可靠性为中心的维修思想指导下制定，并通过贯彻可靠性方案来进行动态管理。运营人在向民航管理部门申报维修方案的同时应提交可靠性方案。

运营人根据批准的维修方案及收到的AD、SB和信函等制订维修工作计划，并保证按时完成。同时实施零部件时限监控管理和可靠性管理。运营人应依据维修方案在维修许可批准的范围对执管飞机实施维修、检查、修理和改装，并根据维修可靠性管理的结果修改和调整优化维修方案，以保证执管飞机处于持续适航状态。运营人应保持维修方案的有效性并负责通知维修方案的贯彻实施单位。

6.2.1　飞机维修工作类型

飞机维修工作类型分为预防性维修和恢复性维修。预防性维修是为了预防故障和杜绝严重后果和保持飞机可靠性而采取的各种维修措施的总称，表现形式为航前检、航后检、定检、换季检、特殊检，以及飞机、发动机、部件的翻修。恢复性维修是为恢复航空产品的可靠性而对有故障或损伤的飞机及其零部件所进行的各种维修措施的总称。其表现形式为故障隔离排除及恢复后的验证和试验。

6.2.2 飞机维修作业类型

飞机维修作业类型是指维修施工的不同方法，主要有以下几种。

6.2.2.1 保养

保养是为保持设备规定技术状况而采取的维修措施，保养作业通常有以下内容：

（1）清洁：清除飞机及其设备外部和内部的各种污染物的工作。

（2）润滑：对各种活动关节及摩擦表面涂抹润滑材料的工作。

（3）充填：各种油料、液体、气体的充填工作。

（4）防护：防腐、油封、防水、防沙尘、防辐射的工作。

6.2.2.2 检测

检测是为判断设备实际技术水平而采取的维修措施。检测作业分为以下几种：

（1）检查：指以目视或借助简单工具鉴别设备技术状态的方法。

（2）测试：指使用仪器设备进行的检查、测量和试验，一般包括定量的和定性的测试。

（3）诊断：对怀疑的缺陷进行证实的过程，一般分调查、检查、分析和决断几个环节，常借助检测设备进行。

（4）监控：通过机械的或地面的仪器、仪表对设备的状况及技术参数在使用中的变化进行监测记录，并依据监测结果或数据分析判断是否偏离要求的过程。

（5）故障判断：对已出现的缺陷或故障的表征现象进行的进一步查验。

6.2.2.3 恢复

恢复是为恢复设备技术状况而采取的维修措施，恢复维修作业有以下几种：

（1）调整：根据设备的运转情况和工作环境或已发现的偏差，对可以调节的部位或装置加以调节以满足技术要求的维修措施。

（2）校正：指按规定的方法，使用规定的仪器使设备保持或恢复规定的准确度而做的工作，校正和测试同时进行时称为校验。

（3）修复：指应用各种工艺技术（车钳焊、热处理等）使各种损伤机件恢复到规定状况所进行的工作。

（4）更换：采取更换的手段恢复设备的作用和功能。

（5）拆装：为保证以上诸种作业顺利进行而采取的措施。通常指将设备、部附件从飞机上拆下和装上的工作及对飞机和已经拆卸的设备、部附件进行更详细的拆卸和重新组装。

6.2.3　维修方案的制定

运营人制定维修方案主要依据有维修大纲或技术维护规程和相关的SB、MSG逻辑分析程序、CMR及ALI、高压容器等设备的维修工作、制造厂家推荐的MPD、运营人的维修经验、运营的特殊要求、维修能力及航材储备量、维修成本评估结果。为了方便运营人更好地执行维修大纲和有关规章，飞机制造厂家往往会提供制定维修方案的参考性文件，如波音公司为用户提供的MPD就是供用户参考制定维修方案的。MPD是推荐性文件，不需经民航管理部门的批准。MPD是根据维修大纲制定的，其内容包括维修大纲及适航规章所要求的维修工作，同时具体地提供了每项计划维修工作所需的参考工时以及按照维修间隔排列的维修工作项目。另外还提供了其他一些制定维修方案和完成计划维修工作所需的参考资料。运营人可直接依据维修大纲来制定维修方案，也可参照MPD来制定维修方案。

在制定维修方案时要以维修大纲和有关SB及CMR和适航性要求为依据，参照飞机制造厂家推荐的MPD，结合飞机的具体构型和运营环境特点以及运营人的维修工程管理能力。对于维修工程管理能力较高的运营人可以采用复杂的但较经济的维修方案；对于维修工程管理能力较弱的运营人则需采用经济性不好但容易控制的维修方案。维修工程管理能力的衡量一般应当以专业工程师的配备、工程管理经验和工程管理的手段来确定。确定维修能力和航材储备情况，使维修方案既满足维修大纲等文件的要求，又符合维修单位的实际情况。在以上原则基础上，研究维修大纲和维修计划文件，明确执管飞机的使用特点，如运行的环境、结构和系统的负荷等，并在维修方案中确定相关的维修工作，明确执管飞机的构型特点和系统的维修工作。研究飞机运营环境，按照适航规章的要求提出补充维修工作要求。调查维修单位的维修能力，确定转包外委维修的项目。对于飞机的使用历史，尤其是使用困难情况和结构损伤/缺陷的状况，应当在维修方案中给予特殊控制说明。根据飞机的利用率，如飞行循次数/飞行小时数的比值、平均航段长度等，选择维修计划管理的主要参数，如MPD中推荐的飞行小时数、起落循环次数和日历时限等，选择一种或两种作为主要管理参数，将其他参数用航段飞行时间和平均日利用率折算为主要管理参数，再确定计划维修的时间间隔和组合形式以及附件管理的要求，即附件使用时限和库存的时限。在确定附件管理的要求时，首先从ALI中列出LLP项目，从维修大纲中选出附件时限管理项目，然后补充其他时限控制项目和根据维修经验增加的项目，补充附件存储的日历时限要求，从而形成附件使用时限和库存的时限。最后是具体工作项目的确定，首先根据飞机的具体构型，从维修大纲和维修计划文件中选择适用的项目纳入适合的检修级别，对不易纳入的项目或有特殊要求的项目（如CMR、AWL等）单独控制。增加飞机用户改装或自选项目的维修工作，把那些AD、SB、SL中要求重复执行的维修和检查项目列入到维修计划中。补充适航规章要求的检查项目，根据飞机使用和维修经验补充维修工作。

6.2.4 维修方案的基本内容和基本要素

维修方案的基本内容包括概述、基本要素和附录。在概述中主要叙述维修方案的目的、适用范围、编制依据、机队特点和运行要求、名词术语、表格说明、方案的管理要求等。维修方案的适用范围应明确适用的机型、机号、发动机型号、APU型号、飞机型号合格证号及型号数据单号。维修方案的编制依据应明确维修大纲的版本号、MPD的文件编号和生效时间、其他技术文件（如SSID、CPCP）的版本号、AD及SB的评估和执行情况。

维修方案包括应执行的维修和检查工作，至少包括以下基本要素。

6.2.4.1 航线维修检查要求

航线维修检查要求指在各级定期维修间隔或周期之间的日常维修检查工作，包括日检查或飞行前、过站和飞行后检查及其他短于计划维修间隔的维修检查工作。

6.2.4.2 定期维修检查要求

定期维修检查要求即计划维修或例行维修工作，它是指在规定的维修间隔或周期要求完成的一套例行维修和检查工作，以便保持飞机固有的安全性和可靠性，内容包括飞机技术状况检查、功能检查、HT和LLP件更换、特殊检查等。确定定期检查间隔时要考虑飞机的日利用率、运行类型和运行环境，通常选择日历时间、飞行循环数或飞行小时数规定维修检查间隔。对按照MSG-3制定的维修大纲，系统和附件在维修大纲中的项目分别列入了定期维修检查要求和附件时限管理要求，制定维修方案时应予以区别。

6.2.4.3 非计划维修的实施程序及标准

维修方案中的非计划维修的实施程序及标准中要明确运营人在飞机使用和维修过程中发生或发现不正常事件时确定相应维修工作的原则、政策、程序和标准。有的运营人将非计划维修的实施程序及标准在维修工程管理手册中给出。这些需确定的维修工作至少包括以下情况下要进行的维修工作：

（1）在计划维修中发生或发现了故障、失效、缺陷及隐患。

（2）机组报告的故障或缺陷。

（3）飞行中遇到不正常事件（如重着陆、超速、雷击、外来物击伤、阵风过载等）后要进行的检查。

（4）可靠性管理或失效分析提出的补充维修工作。

（5）AD和ASB要求临时增加的项目。

（6）附件时限控制补充的监控项目。

（7）排除故障保留项目需增加的维修工作。

非计划维修工作的管理难度大，容易发生差错。因此，应建立完善的工作程序，做好维修信息数据的统计和记录。

6.2.4.4 附件和动力装置的维修和库存要求

附件和动力装置的维修和库存要求即对需进车间进行检查、校验、翻修的部附件和设备以及有库存时限要求的部附件和设备的维修管理要求。

6.2.4.5 结构检查要求

结构检查要求是为检查飞机结构受偶然损伤、环境损伤和疲劳损伤而制定的检查要求。由于飞机结构对飞行安全至关重要，而飞机结构的故障缺陷在飞机使用中往往难以被发现，因此规定了飞机结构检查要求。这些检查要求包含在维修大纲中的结构检查大纲、SSID和ALI项目中。因此在制定结构检查方案时要将以上提到的几个文件综合考虑。另外，如有结构抽样检查的要求，在维修方案中应列出机队的抽样检查方案。飞机结构检查的控制管理模式与飞机系统检查的控制管理模式有所区别，飞机系统检查通常以飞行小时数进行控制，飞机结构检查则通常以飞行循环数或日历时限进行控制管理。

6.2.4.6 区域检查要求

应将维修大纲中适用的区域检查项目纳入维修方案中，还应根据机队的运营特点和环境补充必要的区域检查项目。对于按照MSG-2制定的维修大纲，其区域检查项目未单独列出，而是体现在系统/动力装置和结构检查的要求中。因此，区域检查要求往往在工作单中是按照系统划分给出的，而按区域划定维修工作便于维修检查的实施，故在编制维修方案和工作单时要统筹考虑以上问题，保证工作单的签署与维修检查工作的一致性。

6.2.4.7 其他补充检查要求

其他补充检查要求包括CPCP及SSID提出的补充结构检查要求。CPCP是对老龄飞机提出的补充维修工作。制定CPCP的目的是保持飞机结构完整性，将机队的结构腐蚀控制在Ⅰ级或Ⅰ级以内。运营人在制定维修方案时要核查结构检查大纲与CPCP的项目是否有重复。补充结构检查要求及其他对老龄飞机提出的补充检查要求大多以AD的形式颁发。对通过抽样检查进行工龄探索的部附件，如某些飞机结构、起落架、发动机热部件的检查、翻修，应制订相应的抽样检查计划。

6.2.4.8　确定维修工作项目中的必检项目

确定必检项目是适航规章对进行重要维修和重要改装的基本要求。必检项目是一些重要的维修或改装项目，如果这些项目不能被正确维修或不能正确使用备件或材料，可能导致飞机在运行中出现影响安全的失效、故障或缺陷。对必检项目的检查应满足两项要求：①验证维修，即操作符合要求，数据符合标准，位置准确无误，功能正常有效；②核验部附件的件号、序号或材料型号的符合性。从事非计划性维修工作时，应及时补充确定必检项目，对重要的修理、改装及排故工作制定工序检验要求。必检项目通常在工作单中有明确的标注。

维修方案还包括维修资料的使用说明，即实施维修工作所应依据的飞机及其部件制造厂家提供的、由民航管理部门批准的技术资料的说明及实施维修工作时遵循的运营人制定并获得批准或认可的管理手册及工作程序的说明。

维修方案还包括对飞机的载重平衡的控制，通常包括空重及重心的控制和称重计划等。鉴于飞机的结构和重量与飞机安全运行关系重大，通常将飞机的载重平衡计算控制纳入维修方案，结合计划维修工作完成。

维修方案的附录至少包括对维修方案的控制给予说明的附录和列有项目号对照表的附录。维修方案控制说明附录说明了方案的持续控制管理方案，用于规范对维修方案的补充和修订。项目号对照表中列出了维修方案中的项目与维修大纲、MPD和工作单卡号之间的对应索引关系，以便于对维修方案中的具体项目进行审查和跟踪控制。

6.2.5　维修方案与飞机适航性的关系

维修方案是保持飞机持续适航性的基本文件，也称为持续适航维修方案。因此，维修方案与飞机的适航性是密切相关的，它们的关系与联系在以下几方面体现出来：

（1）维修方案必须以维修大纲为基础和框架来制定，并需民航管理部门审查、批准。

（2）维修方案的执行计划将方案转化为施工指令，通过工作单的组合，解决计划管理中做什么、何时做、怎么做和谁来做的计划安排。生产计划部门要对方案的执行进行控制，保证维修工作在计划的时限内由有相应资质的维修单位和维修人员完成，以保证飞机的持续适航性。

（3）维修工作单的准确性、完整性和可操作性对于体现维修方案的要求至关重要，因此要加强有关维修工作单的各个环节的管理，认真完成维修工作单的培训，并落实持卡作业制度。

（4）飞机、发动机上的所有部附件都要有原始安装记录，修理件要有批准放行证书/适航批准标签（CAAC038、FAA8130、EASA FORM1等），并做好时限管理，保证部附件符合使用库存及库存时限要求，以保证飞机的持续适航性。

（5）飞机机体的任何结构修理都应按照结构修理手册进行，超出结构修理手册范围的结构修理方案应由飞机制造厂家和民航管理部门批准。飞机、发动机的任何重大修理和改装都要有民航管理部门批准的放行表格证明（CAAC-085表或FAA-337表等）。

（6）ALI项目、CMR项目和AD项目不能延期执行，必须延迟执行时应按规定报民航管理部门批准。

（7）维修方案的制定和实施过程是将维修大纲制定文件、维修大纲、维修计划文件、维修方案、维修手册和适航管理的思想、规定、标准及程序转化为载明具体维修工作项目的工作单的过程。

（8）维修方案是必须由民航管理部门批准后方可执行的。民航管理部门可以通过单独审查批准维修方案，也可以在运行审查时进行评审，评审合格后通过批准运行规范的方式予以批准。

航空运营人应当对飞机的初始维修方案进行必要的调整和优化，以持续保持飞机的维修方案符合民航管理部门的要求，并达到保证飞机运行安全性和可靠性的目的。飞机维修方案调整和优化的需求至少来源于以下几种情况：

（1）维修方案实施过程中发现问题的改正措施；

（2）民航管理部门或型号审定当局规定的要求；

（3）飞机执行改装或执行SB后造成对维修方案中涉及部分的必要修改；

（4）飞机使用特点和利用率改变后造成原维修方案的不适用性；

（5）航空运营人建立的可靠性管理体系分析的结果。

维修方案调整和优化内容包括维修间隔分类的修改（如飞行小时数、飞行循次数、日历时间等）、维修间隔的增加或减少、维修工作或维修方式的改变（如检查、功能检查、操纵检查等维修工作，定时、视情、监控等维修方式）、具体工作内容和要求的修改、维修工作项目的删减或增加和工作程序的修改。修改或删减维修工作项目时，应当遵循以下几条原则：

（1）不涉及重要维修工作/重要结构项目的区域检查项目。

（2）不影响与视情/监控维修方式相关的系统维修工作。

（3）不涉及按照MSG-2逻辑决断涉及安全或隐蔽故障的维修工作。

（4）不涉及按照MSG-3逻辑决断涉及安全类失效相关的维修工作。

（5）不涉及与ALI和CMR相关的维修工作。

当航空运营人引进二手飞机加入已获批准的飞机维修方案时，应当按照AC-121-53中给出的原则将飞机机身、所安装的动力装置、螺旋桨和部件已使用的累计时间转换到航空运营人的维修方案中。如果运营人采用时间限制转换方法，则对飞机机身、所安装的动力装置、螺旋桨和附件都必须进行时间限制转换。与飞机一起购买的备用发动机和螺旋桨或以后购买的使用过的备用件，也必须进行时间限制的转换。有寿命的部件和AD中对时间限制有强制性要求的部件可以不用进行转换。在飞机的机身、所安装的动力装置、螺旋桨和附件完成第一次翻修后，运营人所建立的基于时间限制转换的控制方案将被取消，此后翻修将按照运营人获得批准的翻修时间限制来进行。

6.2.6　维修方案的贯彻执行

维修方案中确定的维修检查要求最终是通过工作单的形式来具体实施完成的。工作单是维修检查工作的指令性文件，用于指导维修检查工作的完成。它包括完成维修检查工作的技术指令、施工标准和注意事项以及具体的施工工序和检验要求。工作单中的工作项目和工作时间限制来自于维修方案，具体的施工标准则来自该机型的技术文件和手册。工作单要求工作者和检验者签署，作为维修质量和飞机适航性的证明文件，是飞机历史记录的一部分。在维修工作单的使用环节，对于在计划维修工作中发现的问题，由检验人员在非例行工卡上确认；对于在航线维修中发现的问题则由维修人员填写在飞行记录本中，再由维修人员按规定完成相关的工作并做记录。大量的事件记录表明，维修质量和维修中发生的人为差错与维修工作单的编制水平有着密切的关联，为了编制正确、完善和可行的维修工作单，应按以下程序进行维修工作单的编制：

（1）根据维修方案和制造厂家提供的各种技术手册（AMM、CMM、SRM等）编制工作单，其内容包括维修方案、手册及本单位确定的具体项目。

（2）与生产管理部门和车间共同评审工作单及其签署要求。工作单应符合生产组织和分工情况以及检查者的技术等级要求。

（3）确定工作单或某些工序的必检项目。

（4）列出维修方案和工作单编号对应表，以便制订执行计划和跟踪管理。

（5）由于维修过程中产生的非例行工作单涉及面广，且具有一定的偶然性，应制定科学、合理的工作程序对其进行管理控制，防止出现差错。

在编制了正确、完善和可行的维修工作单之后，应随后制订维修方案的执行计划，或称维修工作执行计划，这是实施维修方案的重要环节，其主要步骤如下：

（1）确定机队的维修循环时间。通常将高级别检修时间定为维修循环时间，然后制订每次维修循环的执行计划。

（2）列出每一维修工作的维修级别或维修控制间隔。

（3）制定工作包组合表，即各级检修控制表，确定不同时限应完成的维修工作组合。

（4）制定工作单矩阵图，表明每一工作单号在哪些维修级别适用。工作单矩阵图是维修工作包组合表的具体化，即将工作包的项目明确地列出工作单号，使每一检修级别所需工作单一目了然，便于执行和控制。

（5）从工作单矩阵图提出每一检修级别的工作单目录，并配相应的工作单，形成生产任务卡和工作单组合。

（6）对每一检修级别的工作量进行工时分析，如某一检修级别的工时与实际可提供的工时差别较大时，应进行调整。

（7）审查部附件时限管理部门提供的附件更换通知单，并将附件更换列入工作计划。

（8）维修控制部门综合各种需完成的非例行维修工作，并将其列入工作计划。

（9）维修单位的生产计划控制部门根据飞机的飞行小时数、起落循环次数等维修计划管理参数的数值，根据以上各项工作的落实情况，编制每次定检时的总维修工作项目，配以相应的工卡发维修实施单位执行，同时通知质控部门、工具设备保障部门、航材保障部门做好相应的准备工作。

航空运营人在合理安排维修计划时可提前完成维修方案规定时间间隔的维修工作，但下一次完成维修工作的时间自提前完成的时间开始计算，并且对于涉及与工龄时限有关的损伤检查工作不能超过其给定时间间隔的10%的时间。航空运营人在合理的不可预见的情况下，无法按计划实施维修方案规定时间间隔的维修工作时，可在AC-121-53中给出范围内偏离维修方案规定的时间间隔。

维修实施单位在接到维修计划控制部门下达的维修工作指令和维修工作单后要按照维修工作和工作单的要求分配合格的维修人员实施维修工作，并及时填写维修记录。凡有数字要求的检查必须填写实际检查测量值及其相应的计量单位。维修人员要依据工作单及制造厂家提供的手册、通告、规范和工作流程进行施工。在施工过程中要特别注意对标准施工和通用施工要求的应用。若在执行工作单时发现故障或缺陷，应填写非例行工作单（定检时），工作单与非例行工作单之间必须有可追溯性。执行工作单及非例行维修工作过程中遇到技术疑难问题应请工程技术部门支援，如更改工作单应按照各自程序的规定办理审批。维修工作完成后，工作者必须按照规定进行签署，以表示对所完成维修工作的内容和质量负责。在对工作单进行签署前要按照程序要求完成工作审查。

在飞机放行栏签署意味着相关的维修工作已全部完成且质量符合标准，飞机处于适航状态，构成对飞机的维修放行。工作单的签署要具有完整性、准确性、真实性和可追溯性。经签署的工作单形成了维修工作的记录，是落实适航性责任的证据，也是在进行事件调查时要提供的原始证据。签署后的工作单应由维修计划控制部门及时收回，并检查工作单的数量正确，签署符合规定要求。质量管理部门对维修计划控制部门审查确认无误的工作单进行复查，确认其没有问题后归档保存，按照规定的保存时限进行控制。

6.2.7 二手飞机维修方案的制定和管理

飞机的维修方案是飞机维修活动必须遵循的依据和标准，制定飞机维修方案是运营人维修工程管理的重要内容。通常运营人的飞机维修方案不仅仅涵盖了飞机制造商提供的MPD中的维修工作，还包括运营人根据维修可靠性管理的成果增补的维修工作。不同的运营人其运行政策和运行环境不同，对维修科学、合理性的考量角度也不同。因此，对于二手飞机前运营人维修方案中包含的可靠性管理产生的维修工作项目，在制定引进二手飞机的维修方案时，需要根据引进运营人的运行政策和运行特点对这类维修工作项目进行重新评估，确定其在新的运行政策和运行环境下是否仍然科学、有效，以决定是否在新制定引进二手飞机的维修方案中予以保留。在制定引进二手飞机的维修方案时，对前运营人的维修方案进行评估应该关注以下事项：

（1）飞机执行的改装项目是否纳入了维修方案进行管理；

（2）是否对飞机执行了抽样检查；

（3）CMR/AWL项目的执行情况；

（4）CPCP项目的执行情况。

6.2.7.1 二手飞机维修方案的制定

二手飞机在经历多年的运行后，其机身结构、机载系统及零部件的性能会逐渐发生衰退，表现为零部件老化、电气线路的绝缘老化、橡胶封严的密封性变差、机械附件的磨损进一步加重，飞机系统和零部件的可靠性下降，故障率明显上升，特别是结构疲劳、结构腐蚀及飞机高温区域电路老化、电路插头可靠性降低现象比较突出。飞机技术状态下降的原因：一方面是飞机的设计阶段受当时设计理念和技术条件的限制，飞机的设计标准或规范本身存在不足或缺陷；另一方面是运营人在飞机交付投入运行后使用的飞机维修方案缺乏科学、有效性。运营人应该按照不断更新的适航规章和飞机制造商提供的技术文件，结合维修可靠性管理和维修实践中取得的经验持续对维修方案中存在的不足或缺陷进行动态修订。由于二手飞机在以往的运行过程中大多不可避免地经历过各种修理和改装，一些与飞机原构型相关的维修工作项目因此不再适用。由于飞机构型的变化，需要增加相应新的维修工作项目，并对与飞机实际构型不符的维修工作项目予以删除。因此，为了确保维修方案的有效性，需要对引进二手飞机的维修方案重新进行编制修订，以确保引进二手飞机运营的安全性和营运效能，保持或延缓飞机固有可靠性和安全性的衰减，通过维修降低飞机故障率。

如果新引进的二手飞机在运营人机队中属一个新的机型，运营人应当根据该机型的维修大纲、制造厂家提供的技术文件，并结合CAAC的有关要求制定维修方案。如果运营人引进已有同型号的二手飞机时，可按照规定的原则，针对运营人为新引进二手飞机制定的维修方案与运营人机队现有维修方案的差异项，制定维修方案的转换方案，通过执行维修方案的转换方案，补做相应的维修检查工作后，将新引进的二手飞机纳入运营人机队的维修方案进行管理。

二手飞机维修方案的制定涉及维修工作的增加或删减及维修间隔的调整转换。对于引进方运营人机队的维修方案中没有而前运营人维修方案中存在的维修工作项目，需要进行评估以决定是否纳入运营人的机队维修方案中。评估的内容包括前运营人将这些差异项目加入其维修方案的依据文件和引进方运营人机队在制定相关维修工作维修方案上的依据文件。如果这些差异维修工作项目涉及飞机的安全运行，则需要将其完整纳入引进方运营人的机队维修方案中。如果这些差异维修工作项目不影响引进方运营人机队的安全运行，并且是由于前运营人特有的运行政策或特有的运行环境需要增加的，则不必加入引进方运营人的机队维修方案中。

二手飞机维修方案的制定要依据飞机制造商的技术规范和标准，结合当前飞机构型，对飞机结构和系统的构型变化涉及的维修工作内容进行变更，加入重要改装项目的ICA文件中要求的检查维修工作项目，在维修方案中对因重要修理导致检查周期变化或维修方式变更的维修工作项目进行调整。为此，引进方运营人应首先建立一个执管机队的构型管理体系，通过汇集飞机使用和运行数据、飞机出厂时的选型信息及初始构型信息、飞机持续适航阶段的构型变化信息，识别出与飞机标准构型的差异项，并将其纳入构型管理中。对构型项目按照规定程序逐项评估是否需进行后续相应的维修工作，根据评估结果持续对维修方案进行动态优化。引进经过客改货的二手货机时，由于取消了客机构型中的客舱座椅、部分厨房、娱乐系统及客舱氧气系统，增加了货运装载系统、货舱烟雾检查及照明系统和货舱大门控制系统等，因此在制定客改货的二手货机维修方案时，要注意飞机构型发生了很大变化，对客改货的二手货机AD执行情况和维修方案中维修工作的适用性进行评估，使二手飞机维修方案与飞机进行客改货后的构型相匹配。

二手飞机维修方案的制定，需要精准掌握引进飞机的技术状态，要根据机队的可靠性数据和飞机运行使用经验，把握飞机损伤和故障的发生规律及趋势，适时对维修方案进行调整。要在二手飞机维修方案中加入老龄飞机预防维修管理要求，从被动等待老龄飞机出现问题变为主动预防和及早发现其可能出现问题的隐患。通过总结和分析故障和损伤的历史数据，寻找出基于统计数据的老龄飞机故障和损伤的发生规律。二手飞机普遍老龄化的特点导致其结构腐蚀和结构损伤时有发生。通过维修可靠性管理，收集整理和分析飞机结构腐蚀和结构疲劳损伤数据，从中找出结构疲劳损伤和结构腐蚀的发生规律和特点，掌握腐蚀与疲劳损伤多发区域、涉及的部附件及随时间的变化趋势，评估结构腐蚀和结构疲劳对结构安全性的影响，不断调整优化维修方案，从而通过对维修方案的管理保证二手飞机引进后的运行安全和持续适航性。

二手飞机维修方案的制定还要结合运营人的运营特点，例如货运飞机通常利用率较低，当低到一定水平时需要制定低利用率维修方案。飞机在运营中会经历不同的运行环境，比如跨洋运行或在干旱多沙尘区域运行等。运行环境不同，对飞机的维修工作必然会有所区别。对于经常执飞跨洋航线的飞机要注重对腐蚀的预防和检查，对于经常执飞干旱多沙尘区域航线的飞机要注重对易受沙尘影响的空速管、静压孔和机身上各种开口进行检查维修，并做好飞机的清洁工作。

在制定二手飞机维修方案时经常会遇到一些困难和挑战，最突出的是载有飞机技术构型数据的履历记录文件缺失。例如重要改装持续适航文件的缺失、疲劳关键结构修理的记录未经评估或缺失、LLP更换缺少可追溯记录、飞机构型文件记录不完整等。上述问题的存在会导致难以全面准确了解飞机构型改变和维修工作完成的实际情况。此外还会由于前运营人维修管理方面的不到位，对飞机结构数据记录的收集汇总和整理分析的方法手段不完善，导致评估引进的二手飞机维修方案有效性的依据信息数据不完整，使得飞机引进方运营人对飞机结构进行可靠性管理面临挑战。

对上述各种问题和挑战的应对需要遵循CAAC关于制定二手老龄飞机维修方案的标准和要求。按照CCAR-121.367以及相关咨询通告AC-121/135-53《民用飞机维修方案的要求》，维修方案要准确反映老龄飞机实际技术状态。维修方案的制定依据和支持文件至少包括以下内容。

1.CAAC的相关规定和强制性要求及飞机制造商的技术规范和标准

（1）维修大纲、ALI、CMR、飞机制造厂的MPD；

（2）重大补充型号合格证的MPD、持续适航文件（ICA）及构型维修程序文件（CMP）；

（3）关于LLP控制要求及附件的部件修理手册（CMM）和翻修手册（OHM）信息。

2.飞机构型及其变更信息和数据

（1）飞机使用和运行重要参数以及运营人自身运行的特殊要求，例如高高原运行、ETOPS运行及发动机推力变化等。

（2）飞机出厂的初始信息及选型项目信息，例如产品修改报告（PRR-Production Revision Report）、不合格项记录（NCR-Non Compliance Record）、重要设计变更（MC- Master Change）、买方提供设备（BFE-Buyer Furnished Equipment）、卖方提供设备（SFE-Seller Furnished Equipment）等飞机构型文件以及Detail Specification与Readiness Log 等交机文件。

（3）飞机持续适航阶段的构型变化信息，例如AD及SB完成情况、修理和改装项目的持续适航要求，以及PMA、TSO件的管控要求、软件的安装等。有的飞机由于执行过重大改装构型发生变化，在执行AD时无法完全按照AD的要求完成相关维修工作，需要制定执行AD的等效替代方法（Alternative Method of Compliance，AMOC），这些AMOC作为执行AD的替代方法也需要在制定维修方案时纳入飞机技术构型管理中。

3.可靠性数据

可靠性数据包括该机型的维修可靠性数据和使用经验信息。

6.2.7.2　引进二手飞机维修方案的过渡

在制定维修方案时，应参考咨询通告AC-121/135-53《民用飞机维修方案》，此咨询通告是制定维修方案的指导性文件。在执行引进二手飞机的维修方案时，需要视情根据前运营人维修方案和引进方运营人的维修方案的差异制定维修方案转换过渡的执行方案。在制定维修方案转换过渡的执行方案时通常会遇到以下四种情况：

（1）符合下列情况之一的，可直接将前运营人维修方案项目加入引进方运营人维修方案：

a.引进方运营人维修方案中与前运营人维修方案中对应维修工作的内容和依据及要求完全一致。

b.引进方运营人维修方案中的某些维修工作项目与前运营人维修方案中对应维修工作项目存在差异，但前运营人维修方案中的相关维修工作项目与飞机制造商MPD要求是一致的。这种情况下，经过评估后可以保留前运营人维修方案要求执行的维修工作，按照飞机制造商MPD的要求将相关对应维修工作项目直接加入引进方运营人维修方案中。

c.引进方运营人维修方案中的某些维修工作项目与制造厂家MPD的要求一致，维修间隔为非字母检间隔，但前运营人维修方案中相应的维修项目维修间隔为字母检间隔。

将相关维修工作项目的维修间隔由字母检间隔转化为飞行小时数或者飞行循环间隔后，如与引进方运营人维修方案和飞机制造商MPD要求完全一致，这些维修工作项目及维修间隔可加入引进方运营人的维修方案中。

（2）符合下列情况之一的，需经过可靠性管理会议批准后加入引进方运营人维修方案：

a.引进方运营人维修方案中与飞机制造商MPD对应项目一致但与前运营人维修方案存在差异的维修工作项目，经过评估后，如采纳前运营人维修方案的内容，则需要通过可靠性管理会议批准。

b.引进方运营人维修方案中的某些维修工作项目与制造厂家MPD中的对应项目存在差异，这些差异项目是引进方运营人通过可靠性会议批准后通过修订维修方案增加或调整的维修工作项目。新引进二手飞机的维修方案是采纳这些差异项目，还是保持前运营人维修方案的相关内容，则需要通过评估后经可靠性管理会议决定。

（3）对于在前运营人维修方案中存在而引进方运营人维修方案没有的维修工作项目，需要考虑如下几种情况：

a.前运营人维修方案与飞机制造商MPD中对应的维修工作项目一致，但在引进方运营人现有维修方案中没有的维修工作项目，如果经过评估确定这种情况的存在与引进飞机在引进后构型发生变化（如执行客改货或其他改装）相关，在经过可靠性管理会议批准后，相关维修工作项目不纳入引进方运营人现有的维修方案。

b.对于前运营人维修方案中来源于可靠性管理或机队维修经验的自定义维修工作项目，在飞机制造商MPD和引进方运营人现有维修方案中都没有的维修工作项目，需要评估其是否适用于引进方运营人的运行政策和运行特点，然后经过可靠性管理会议决定是否将其纳入引进方运营人的维修方案。

（4）在前运营人维修方案中没有但在引进方运营人维修方案中有的维修工作项目，需要考虑如下：

a.对于引进方运营人维修方案中来源于可靠性管理或机队维修经验的自定义维修工作，由于前运营人维修方案和飞机制造商MPD中都没有相关内容，需经过评估确定其是否适用于新引进的二手飞机，然后通过可靠性会议决定是否将其纳入新引进二手飞机的维修方案。

b.在前运营人维修方案中没有而引进方运营人维修方案中来源于改装厂家MPD的维修工作项目，需要经过评估确定其是否适用新引进二手飞机，如适用则按照改装厂家MPD的要求将相关维修工作项目纳入新引进二手飞机的维修方案中。

在制定新引进二手飞机维修方案时，如遇到上述各种情况，应在引进方运营人的分析和可靠性管理会议的决定意见基础上，与CAAC进行充分沟通，以便维修方案及时获得批准。例如在二手飞机引进过程中，前运营人根据机队运行可靠性的分析，将MPD中一项维修工作的维修间隔从1 000飞行小时缩短为500飞行小时。引进方运营人如拟将这部分维修工作的维修间隔恢复为MPD规定的1 000飞行小时，为了验证延长维修间隔的科学、合理性，引进方运营人应按照前运营人维修方案规定的500飞行小时间隔进行维修，经过积累一定数量的可靠性数据后再进行评估分析从500飞行小时延长为1 000飞行小时的可行性。如经过评估确定其维修间隔可以恢复为1 000飞行小时，经可靠性会议批准后报CAAC批准。

6.2.7.3　二手飞机维修方案的持续管理

维修大纲确定了一个机型安全运营的最基本的维修工作要求。飞机投入运营后，不同的运行环境特点导致飞机在执行维修大纲的基础上还需要确定个性化的维修需求并纳入维修方案。飞机维修方案的制定，需要根据机队的可靠性数据和飞机使用经验，寻找飞机损伤和故障的发生规律及趋势，适时对维修方案进行调整。也就是说，飞机维修方案需要通过维修可靠性管理进行动态管理。因此飞机维修的可靠性管理工作对优化二手飞机维修方案的科学、有效性起着不可或缺的作用。为此，运营人需要建立飞机维修可靠性管理体系，收集飞机运行数据和故障缺陷信息，通过对这些数据信息的分析找出需要解决的问题，应用MSG-3的逻辑决断方法确定这些个性化的维修需求。

对飞机维修工作进行可靠性管理也是民航管理部门对飞机维修单位的要求。可靠性管理是基于信息的收集和数据统计分析的一种科学的管理。运营人的飞机维修可靠性管理的方法是在按照维修大纲和MPD及运营人的个性化要求制定了维修方案的基础上，制定维修可靠性方案来对维修方案的科学、有效性进行评价，根据可靠性方案的实施结果修改优化维修方案，对维修方案保持动态管理，以使实施的维修工作更加有效和必要。

飞机维修可靠性管理的目标是对飞机、发动机及机载设备的故障或损坏前的各种有意义的变化征象（如疲劳、腐蚀、磨损等）加以认识、分析、评估、处理和监控，以确定各类维修措施。飞机维修可靠性方案规定了如何建立可靠性分析系统，以及通过使用这一系统对飞机可靠性水平的监控，以实现对飞机维修方案的监控和调整。飞机维修可靠性方案中明确负责执行可靠性方案的组织机构与其他机构的相互关系及各组织机构的权力和责任。飞机维修可靠性方案还应明确规定可靠性方案控制的飞机、发动机和部件。飞机维修可靠性方案中要建立起有关飞机、发动机、系统和部件的数据资料收集系统，在这个系统中要包括数据资料的来源和数据资料的传递程序，数据资料应与所确定的可靠性性能指标直接相关。飞机维修可靠性管理的数据资料来源如下：

（1）空勤组的报告；

（2）定检中发现故障的报告；

（3）计划性维修的拆换报告；

（4）非计划性维修的拆换报告；

（5）飞行中发动机的性能数据；

（6）抽样检查；

（7）机械故障引发的延误中断飞行报告；

（8）发动机空中停车；

（9）使用困难报告；

（10）其他来源。

飞机维修可靠性方案应对所采用的数据分析方法加以说明，具体内容包括以下几项：

（1）体现统计性能标准的可靠性性能参数，如飞机各系统的每百次航班机械延误/取消率、每千飞行小时零件拆换率、平均故障间隔时间（MTBF）等。

（2）是否需要对可靠性方案的统计方法或工程研究进行更改。

（3）是否需要对维修方案进行更改，包括检查频次和内容、功能检查、翻修时限和工作程序等。

（4）飞机、发动机、系统和部件的改装以及操作程序和工艺的更改。

飞机维修可靠性方案应含有起始的可靠性性能指标，明确受可靠性方案控制的飞机、发动机、系统和部件的可靠性范围。可以用多项指标来综合评估和管理飞机、发动机、系统和部件的可靠性，如提前拆换率、空中停车率、故障率和机械延误/取消率等，也可以确立警界值的上限和下限，以代表某一可靠性性能指标的范围，也可以按可靠性性能指标或某些性能参数的变化趋势进行评估。应确定目标数据以明确希望飞机、发动机、系统和部件达到的可靠性水平。

可靠性方案还应说明确定可靠性性能指标所需的资料和方法。可以应用其他运营人或全行业的经验，也可参考对正在使用中的类似设备的可靠性性能分析结果，还可利用飞机、发动机、机载设备制造厂家的可靠性工程分析结果。可靠性方案中还要包含监控及修改可靠性性能指标的程序，要根据对数据的采集分析和对过去性能标准及偏离标准事件的分析确定出可靠性性能指标的警告值。当指标达到或突破警告值时，必须进行调查并采取有效的纠正措施，通常由工程技术部门向可靠性委员会提供分析结果和纠正措施建议。可靠性调查结果及采取的纠正措施应有文字报告，纠正措施也可能会纳入维修方案中。纠正措施通常有设备部附件的更换或改装、维修方式改变、培训和维修间隔变更等几种形式。纠正措施的作用应在降低故障率方面体现出来。

通过对飞机维修可靠性的日常管理，持续对执管机队的各项性能参数进行监控分析，监控其是否处于告警状态。对于出现的告警项目，通过分析调查，找出问题产生的根本原因，并制定相应的纠正措施。性能监控的项目至少包括飞机各主要系统、维修重要项目和结构重要项目。监控方式主要包括使用困难报告监控、结构故障监控、警戒值监控、目标值监控、发动机状态监控等。数据分析包括系统警告分析、附件警告分析、发动机非计划拆换警告分析、机队性能分析等。在进行数据分析时应考虑以下几种因素：

（1）失效模式，功能故障、外部因素或其他；

（2）几种不同失效的组合；

（3）不易或无法检查到的失效；

（4）对飞机和机组人员产生的影响；

（5）机组警告、纠正措施、失效检查能力。

数据分析的结果包括以下几项：

（1）确定是否采取纠正措施；

（2）确定应采取什么纠正措施及其所需要的条件；

（3）确定纠正措施的有效性。

性能标准是判定飞机各项监控参数指标是否处于正常状态的界限值，可靠性管理办公室负责制定机队性能标准。机队监控参数包括飞机日利用率、可用率、派遣可靠度、延误/取消率、使用困难报告率等。动力装置监控参数包括发动机空中停车率、发动机非计划换发率。系统监控参数包括报告故障率、不正常千次率、机械不正常千次率。附件监控参数指非计划拆换率。可靠性管理办公室采用统计评估系统的标准偏差方法计算监控警告值，并持续监控。

对持续适航维修方案进行连续的监控和评估，以保持维修方案的有效性和经济性，是可靠性管理系统的核心内容。维修间隔的调整和维修方式/任务的改变应当按照相关的工作程序进行。对按照MSG-2逻辑分析方法确定的飞机定时或视情维修间隔和按照MSG-3辑分析方法确定的飞机结构或发动机检查间隔进行调整分析评估时，应当采用抽样分析的方法，并且明确抽样的原则。维修间隔的调整或维修方式的变更应当反映在维修方案的修订中，并获得民航管理部门的批准。修改或删减维修方案中维修工作项目时应当遵循以下几条原则：

（1）不涉及重要维修工作/重要结构项目的区域检查项目。

（2）不影响与视情/监控维修方式相关的系统维修工作。

（3）不涉及按照MSG-2逻辑决断涉及安全或隐蔽故障的维修工作。

（4）不涉及按照MSG-3逻辑决断涉及安全类失效相关的维修工作。

（5）不涉及与ALI和CMR相关的维修工作。

飞机维修可靠性管理机构一般由可靠性管理委员会、可靠性管理办公室和可靠性管理支援小组三层机构构成。可靠性管理委员会应由运营人维修副总及飞机维修各业务部门的主要负责人组成。飞机维修可靠性管理委员会是飞机维修可靠性管理的最高权力机构，负责管理可靠性方案的运行，审批可靠性方案的所有修改，确保可靠性方案的有效性，评估可靠性报告，审批维修方案的修改等。飞机维修可靠性管理委员会要定期召开可靠性会议，评估可靠性报告，确保可靠性调查和纠正措施的及时执行。飞机维修可靠性管理委员会负责掌握飞机的可靠性和维修质量状况，审核和批准改进措施，检查可靠性管理系统的运转情况，包括是否形成闭环、可靠性分析是否正确、纠正措施是否有效等。

可靠性管理办公室是实施可靠性管理工作的常设办事机构，负责组织收集数据、集中分析数据、定期出版可靠性报告，监督可靠性管理委员会决议的执行，以保证可靠性管理闭环系统的正常运行，其主要职责如下：

（1）可靠性方案的制定、修订及报批；

（2）可靠性方案的具体实施；

（3）各机型可靠性指标警戒值的修订；

（4）对可靠性监控中产生的警告及不良趋势进行分析，发布各项不正常趋势和数据超标的警告通知；

（5）视情对可靠性警告进行调查，提出纠正措施；

（6）制作并发布各种可靠性报告（月报/年报等）；

（7）审核提交飞机维修可靠性管理委员会审议的可靠性报告；

（8）组织召开可靠性会议；

（9）监督管理可靠性调查完成情况及纠正措施完成情况；

（10）对可靠性会议决议执行情况进行监督管理；

（11）为维修时限的更改或维修方式的更改提供支持数据。

可靠性管理办公室负责制定可靠性报告用以定期显示机队各项可靠性监控参数的发展变化趋势，用于对维修方案的有效性进行评估，并适时优化维修方案，对维修方案进行持续动态管理。

6.3 AD执行情况的评估

每一份AD都是CCAR39的一个修正案，具有法规同等效力。新引进的飞机加入运营人机队前，需要对其历史上AD的评估和执行记录进行核查，以保证适用于引进飞机的AD均在规定时限前执行。如果飞机执行了改装项目，对涉及改装区域的AD需要进行重新评估。如果由于改装导致某些系统被取消或构型发生变化，相关的AD不再适用改装后的飞机，需要向CAAC申请豁免相关适航指令的执行。

例如为了防止空调总管脱落导致客舱天花板掉落到应急撤离区域的最小高度之下，进而导致乘客在应急撤离时遇到安全出口高度不足问题，CAD2005-MULT-12 要求B737-300/400/500系列飞机按照波音公司SB737-21-1131对机身站位隔框处开放的机身隔框进行一般目视检查，并安装系索挂钩支架和系索组件。对于经过了客改货的波音737CL系列货机主舱内已经不涉及乘客的紧急撤离，其他机载人员可以将前登机门和勤务门作为应急撤离出口，客改货方案的提供者向FAA申请了豁免，同时CAAC也在经过评估之后，同意了该适航指令在客改货飞机构型下豁免执行。

如果飞机经过了改装，导致某些系统的检查方法被改装后新的检查方法所取代，这时相关的AD不再适用改装后的飞机，AD的执行人若采取其他等效的方法执行AD，需要向CAAC申请执行AD的等效替代方法。例如为防止波音737飞机由于机身蒙皮化学铣台阶处出现裂纹导致机身蒙皮突然断裂，造成飞机快速释压，CAAC颁发了适航指令CAD2008-B737-27，要求对波音737机身STA400站位和STA460站位之间的S-1和S-2R桁条处的机身蒙皮化学铣台阶进行重复外部详细检查或无损探伤检查，以确认相关区域是否存在裂纹。如该AD要求检查区域的结构在经过改装后发生改变，原始结构已经不存在或者被加强，根据改装方案提供方的意见，如果原始的结构已经更换，则不需要按照上述适航指令进行检查。如果飞机的原始结构仍然存在，只是在改装过程中进行了加强，则需要按照改装方提供的手册进行后续检查而不需要按照AD提供的方法进行检查，改装方案提供方向FAA申请了执行该AD的等效替代方法并得到批准，引进方运营人应向CAAC申请批准执行该AD的等效替代方法。

6.4 SB的评估

在引进飞机过程中，需要根据前运营人提供的SB执行清单核查SB的执行记录文件，确认执行记录文件与执行清单一一对应。为了将新引进的飞机加入引进方运营人机队进行统一管理，需将新引进飞机的SB执行情况与机队执行SB情况进行一次全面的对比评估。经过评估确定适用新引进飞机的SB，根据SB执行政策制定执行这些SB的工程技术文件，监控SB的执行。

由于SB是非强制性执行的文件，不同运营人会根据其运行政策和运行特点对SB有选择地执行。例如SB737-29-1115《液压系统压力面板单向活门的检查和更换》属于非ASB，因此运营人的评估结果往往是不一致的。例如前运营人对该SB的评估结果为不执行，在飞机转手后，引进方运营人在结合其执管机队液压系统故障情况对历史SB进行评估后认为需要执行该SB。由此可知，不同运营人对非强制性执行文件进行评估的政策、机队技术状态及评估标准是有差异的。因此在引进二手飞机时引进方需要结合执管机队的可靠性数据和运行特点对二手飞机引进之前的适用的SB进行重新评估。对于评估结果表明适用执行的SB，可新编工程指令或者对现有工程指令进行改版，在适用范围中纳入新引进的二手飞机。

6.5　最低设备清单的修订

主最低设备清单（MMEL）是飞机制造商针对某一机型制定的经所在国民航管理部门批准颁发的持续适航文件，是运营人制定其执管机队最低设备清单和外形缺损清单的依据文件。

最低设备清单（MEL）是指运营人基于MMEL制定的，根据执管机队实际构型、运行条件、维修能力、执飞航线和运行政策等具体情况，确定在特定条件下允许不工作而飞机继续运行的设备项目清单。

外形缺损清单（CDL）是指允许飞机在机体或者发动机次要零部件缺损情况下继续飞行的零部件清单，通常以飞行手册的附录形式提供给运营人。

6.5.1　MEL的制定原则

运营人应当基于飞机制造商发布的经CAAC批准或认可的MMEL制定执管机队的MEL，并符合以下原则：

（1）适用性：根据飞机构型（包括选装设备构型）、运行政策、运行条件、维修条件、执飞航线等综合考虑确定适用性。

（2）限制相同或更为严格：最低设备清单的限制条件不得低于主最低设备清单、中国民用航空规章、运行规范、经批准的飞行手册和AD的限制。

（3）可操作性：最低设备清单应当明确具体机队构型和运行的具体操作程序和维修程序。

6.5.2 二手飞机MEL的制定

运营人的MEL是针对其执管机队制定的。机队中的飞机往往具有不同的构型，在制定MEL时要梳理清楚每架飞机的构型，辨识出机队中飞机的构型差异，以充分保证MEL对机队中每架飞机的适用性。为此，引进飞机时需要梳理新引进飞机的构型，注意新引进飞机与现有机队飞机构型的差异，防止在修订MEL时出现漏项和错项，在MEL中所有的构型差异项都要有明确的体现。

6.6 技术文件的修订

飞机维修的工程技术文件主要包括工程指令、航线工卡、定检工卡、技术通告等。在引进二手飞机时，需要对与引进二手飞机相关的技术文件进行修订，以便将新引进的二手飞机纳入机队的维修管理中。

6.6.1 工程指令

工程指令简称EO（Engineering Order），是将维修要求转化为具体维修方法、程序及标准的技术文件，也是执行维修工作的记录文件，需要至少保存到飞机退役。工程指令是较高级别的技术文件，AD和SB的维修要求都以执行工程指令的形式来贯彻落实。

工程指令的适用性体现为是否适用于执管飞机构型或执管飞机部附件的构型。当二手飞机引进到执管机队中时，为了保证引进二手飞机维修工作的完整性和对维修工作进行有效的控制，需要对引进飞机要执行的工程指令的适用性进行评估，确定是否将引进的飞机加入执行工程指令的适用范围中。在引进二手飞机时，对工程指令适用性的评估主要体现在对工程指令编写参考依据文件的评估，参考依据文件主要有AD、SB、TC（STC）持有人施工方案、运营人维修系统工程师依据系统原理制定的施工方案等。当评估结果表明执管机队执行的工程指令适用于新引进的飞机时，将新引进的飞机加入相关工程指令的适用范围中。对于无依据文件的工程指令，需要从工程指令入手直接进行评估，确定是否需要将新引进的飞机加入相关工程指令的适用范围中。

6.6.2 工卡

工卡通常分为航线维修工卡、定检维修工卡和非例行维修工卡，它是对飞机进行航线维修、定检维修及非例行维修工作的依据文件和记录文件。运营人执管的同一机型的机队由于飞机构型不统一，导致工卡中部分维修检查项目存在与飞机构型不相对应的差异项。因此在引进二手飞机时，需要对引进飞机使用的工卡进行适用性评估，以保证对新引进飞机进行的维修工作与其构型相匹配。

6.6.3 通告类技术文件

通告类技术文件主要包括技术通告和维护提示（不同运营人的通告类文件名称略有差异）。技术通告是指在飞机维修工作各环节中，除在维护类手册中规定的技术标准和技术要求外，依据运营人的运行特点而制定的技术要求，它作为维护工作依据的一种，与维护类技术手册有同等级别的效力。维护提示主要是为了强调某一项维修工作在执行中需要特别注意的事项而编写的提示类技术文件。在引进二手飞机时，需要评估该机对引进方运营人已出台的通告类文件的适用性，对于同样适用于新引进飞机的通告类文件，在其适用范围中加入新引进的飞机。

6.7 有后续执行措施要求的技术文件管理

引进的二手飞机往往存在AD及SB的重复执行项目以及尚未到执行时限的项目，如需要重复性检查的结构修理项目和未执行终止性修理的项目。这些在飞机引进后要执行的维修项目都需要编制施工技术文件来贯彻执行。在对二手飞机进行技术接收时，要对这类尚未关闭的维修项目进行梳理，并在接收引进飞机开始纳入机队的维修管理中，防止由于二手飞机技术接收环节出现疏漏，导致飞机后续维修工作出现漏项。对这类尚未关闭的维修项目进行梳理时应对以下几种文件进行核查：

（1）AD清单：通过梳理AD清单可得知需要后续进行控制的AD项目。

（2）SB清单：通过梳理SB清单可得知需要后续进行控制的SB项目。

（3）结构修理清单：梳理结构修理清单中A类、B类、C类修理项目，重点关注B类和C类修理的后续维修要求。

（4）部附件控制清单或装机清单：将AD清单、SB清单及结构修理清单的梳理结果与部附件控制清单或装机清单进行核对，确定出未关闭的维修项目。

6.8 飞机引进后技术手册资料的管理

6.8.1 飞机技术手册构型的管理

飞机技术手册的构型以飞机制造商给每个运营人指定的构型码来表征。构型码一般用三个字母表示，例如YIH、GUN等。由于引进的二手飞机来源于不同的运营人，会有不同的手册构型码，因此会导致机队中飞机技术手册构型繁杂。引进二手飞机时，为了提高查阅手册的便捷性和减少购买手册的支出费用，需要通过飞机制造商将不同构型码的飞机手册统一整合为飞机引进方的手册构型。对飞机技术手册构型进行整合时，应将引进二手飞机的生产序号（MSN）通知飞机制造商，飞机制造商核实确认后，出具一份整合手册构型的服务协议，引进方运营人与飞机制造商签署整合手册构型协议后，飞机制造商负责完成手册构型的整合工作。

6.8.2 改装增补手册的管理

二手飞机在交易前往往具有多个前运营人，在长期运行历史过程中会不可避免地进行过加改装工作，例如货舱火警与灭火系统、雷达系统、无线电系统等常出现补充型号合格证级别的加改装。在完成重大加改装工作的同时，需要对飞机的技术手册进行加改装工作相关内容的增补，以满足飞机持续适航性的要求。因此，引进二手飞机时需要按照机型、系统、ATA章节等对飞机加改装项目的增补手册进行分类整理，以确保引进飞机的后续维修工作有完备的技术文件支持。

第7章 二手飞机交付前的监修

根据中国民用航空适航管理程序AP-21-AA-2008-05R2《民用飞机及其相关产品适航审定程序要求》，引进二手飞机时，飞机交付前应由CAAC批准或认可的维修单位完成一次高级别的飞机退出检，同时飞机引进方应及时选派相关工程技术人员对拟交付的飞机进行现场监修，核验引进飞机的相关维修和改装工作的质量是否符合飞机引进合同的约定和适航标准要求，以便能够顺利取得引进飞机的适航证，顺利投入运营。

在飞机交付前，飞机引进方应结合前运营人执行的飞机退出检，对飞机的技术状态和履历记录文件进行现场接收检查。为满足CAAC对飞机引进的要求，在二手飞机的购买或租赁合同中需要明确引进飞机的退出检级别，一般不低于最近一次C检或同等级别定检，并视情加入相应的结构检查项目以及特别约定的维修检查项目。同时，飞机引进方还应结合引进飞机的退出检进行飞机的技术验收，监督解决飞机退出检监修中发现的问题。飞机退出检的监修应贯穿于整个飞机退出检的全过程，直至飞机交付调机。

7.1 飞机退出检监修检查的范围

飞机退出检期间的监修工作应依据购机或租机合同中相关条款的约定执行，结合飞机退出检对飞机现场技术状态的检查和飞机履历记录文件的接收检查一并完成。执行飞机退出检的维修单位施工质量参差不齐，飞机退出检期间的监修检查工作是飞机引进方保证飞机技术状态满足合同及适航管理要求的必要举措。同时，飞机退出检期间可能会发现重大问题或缺陷，导致飞机退出检计划被打乱，为了能够顺利开展飞机退出检监修工作，在购机或租机合同中应对飞机退出检监修和技术接收检查的范围、标准、时间以及其他特殊约定事项予以明确。

依据购机或租机合同，飞机出售方或出租方会在飞机计划停场前向飞机引进方提供满足合同要求的飞机退出检工作内容文件（Work Scope）和退出检流程图（Flow

Chart），飞机退出检现场监修组将在飞机退出检开始时就介入监修工作，直至飞机退出检维修放行和交付调机结束。

现场监修组将在飞机退出检期间结合购机或租机合同中关于飞机交付状态的条款约定，对所有的例行和非例行工卡的执行情况进行检查，包括对飞机的舱室、外表、结构、发动机、APU、起落架、飞机操纵面、增升装置以及部附件的技术状态进行现场检查，还包括对发动机最大功率确认（MPA）试车、APU性能测试、发动机和APU孔探等工作进行现场观察和结果确认。飞机技术状态检查以飞机的AMM、SRM、ESM、CMM以及飞机或设备制造厂家的其他技术文件或技术咨询的回复为依据。通过现场检查确认检查区域的技术状态满足适航要求以及合同约定的交付条款，所有的例行和非例行工卡的执行工作质量和飞机维修记录满足CAAC及合同的要求。

7.2 飞机退出检监修组成人员及职责

在拟引进飞机执行退出检期间，飞机引进方的现场监修组人员的能力和数量将决定飞机现场监修和飞机现场技术状态检查工作的质量。通常建议退出检现场监修组成员至少由1名接机组领队、1名结构工程师、1名航线或定检现场工程师组成。由于发动机和飞机航电方面的专业性较强，在适合的阶段也需要协调发动机工程师、电子工程师和专业孔探人员协助完成退出检相关部分的现场检查。

1. 现场监修组领队的主要职责

（1）根据购机或租机合同以及飞机退出检工作范围和施工流程图，制订现场监修和飞机技术状态检查计划，明确检查标准。

（2）根据检查计划协调监修人员行程安排、证件办理、酒店和班车保障、人员安全工作以及其他特殊事项等。

（3）与飞机所有人、前运营人、执行飞机退出检的维修单位协调实施飞机退出检监修和飞机现场技术状态检查的沟通方法与渠道、飞机现场检查计划、飞机现场检查进度、重点问题和缺陷处理方案以及监修组内部分工等。

（4）依据购机或租机合同中约定的时间节点，视飞机历史文件记录的准备进度情况，协调接机组文件检查人员到飞机退出检现场对飞机的历史文件记录进行检查确认，对飞机的文件记录检查进度进行协调和控制，组织完成飞机文件记录的审查，对检查发现问题的开口项进行汇总与跟进，对检查期间发现重点问题的处理进行协调，组织对所有接机文件记录进行统计整理。

（5）根据飞机退出检现场监修组成员分工，完成飞机现场技术状态检查工作，编写现场检查发现问题开口项报告，对检查发现问题开口项的处理方案和处理计划进行审查，对检查发现问题开口项的修理结果进行现场确认，对检查发现问题开口项的修理记录文件进行复核。

（6）根据现场监修组成员分工，对飞机退出检中的重点例行或非例行维修工作进行现场监修，对相应的执行记录和文件进行核验。

（7）汇总飞机现场检查发现问题开口项及其处理方案，掌握检查发现问题开口项的处理进度等，按照要求完成监修日报、周报、阶段性报告等各种总结汇报。

2.监修组结构工程师的职责

（1）根据飞机现场监修组成员分工，完成所有飞机结构专业相关技术状态检查项的现场检查。

（2）编写飞机结构现场检查发现问题的开口项报告，对问题开口项的处理方案和处理计划进行审查，对问题开口项的修理结果进行现场确认，对问题开口项的修理记录文件进行审核。

（3）根据现场监修组成员分工，对飞机退出检中与重要结构相关的例行或非例行工作进行现场监修，对相应的执行记录和文件进行审核。

（4）根据适航规章和购机或租机合同中相关条款，对飞机的历史结构修理状态和相应的修理记录进行核查，对现场检查过程中发现的典型问题进行收集汇总。

（5）对飞机的历史结构修理记录文件、结构修理清单、结构专业相关SB和非原厂改装项目执行记录、补充结构检查项目及相关检查维修执行记录文件进行审查，完成对引进飞机结构修理资料的整理评估。

3.监修组航线及定检工程师的职责

（1）根据飞机现场监修组成员分工，协助完成飞机所有区域的现场技术状态检查，编写现场检查发现问题的开口项报告，对问题开口项的处理方案和计划进行审查，对处理方案中涉及的相关手册依据进行复查，对涉及的相关数据与限制条件等进行复核。

（2）对发现问题开口项的修复结果进行现场确认，对发现问题开口项的修复记录文件进行审核。

（3）根据飞机现场监修组分工，对飞机退出检中的重点例行及非例行工作进行现场监修，对相应的执行记录和文件进行审核。

（4）负责对现场检查过程中发现的典型问题进行收集汇总，跟进现场检查发现问题开口项的处理进度和关闭确认。

（5）根据需要协助接机组对飞机的历史记录和履历文件进行检查。

4. 监修组发动机工程师的职责

（1）根据现场检查计划对发动机和APU本体的技术状态进行现场检查，监督技术接收前发动机试车和APU性能测试工作，并对测试结果进行确认。

（2）对飞机接收文件和记录中所有涉及发动机和APU的资料及相关服务通告和非原厂改装执行记录等进行检查。

5. 监修组中的电子工程师的职责

（1）根据现场检查计划对装机的所有电子组件、软件以及驾驶舱仪表指示的技术状态进行现场检查，重点监督电子系统的功能测试工作并对结果进行确认。

（2）对飞机接收文件和记录中的服务通告执行记录、非原厂改装文件与记录以及所有电子专业相关的接机资料进行检查。

6. 监修组专业孔探人员的职责

根据现场检查计划，在技术接收签署前对发动机和APU孔探工作进行现场监督，并对孔探报告和录像内容进行审核，对孔探工作结论进行确认。

7.3 飞机退出检监修的实施

飞机现场监修组到达执行飞机退出检的维修单位后，接机组领队应与飞机所有人、前运营人以及执行飞机退出检的维修单位一同召开现场检查前的准备协调会，明确监修组对飞机现场技术状态检查和飞机退出检监修的权利、工作方法以及沟通途径，对现场检查的范围、检查标准、检查方式以及检查期间的特殊要求予以明确，各相关方对飞机现场检查和飞机退出检监修形成统一认识，建立工作沟通协调机制，并制订飞机现场技术状态检查和飞机退出检监修的初步计划。

通常现场检查应有飞机所有人代表、前运营人代表以及执行飞机退出检维修单位人员在场，各方对发现的问题共同进行确认，并建立统一的发现问题开口项清单。检查方法以目视检查为主，可以借助照明设备、反光镜、放大镜等简单的常用工具以及符合购机或租机合同规定的其他工具设备进行检查。监修组成员需要遵循飞机退出检维修单位现场施工过程中的相关要求，例如护目镜和安全带的使用要求、照明设备及其他工具使用要求、高空作业相关限制和现场检查人员陪同制度等。在完成飞机退出检现场检查的准备和协调工作之后，可以分5个阶段进行飞机退出检的现场检查：

第一阶段是集中对飞机各区域进行现场状态检查，在飞机退出检施工过程中，在施工人员完成相应区域的接近、清洁以及相关检查工作后，监修组成员应对刚完成施工的相关区域的技术状态进行检查。监修组对发现的不合格项进行逐条记录，并视情配上现场发现问题照片，以便后续对整改情况进行跟踪。

第二阶段是对发现问题开口项的整改进行沟通的阶段。在完成飞机各区域的初步检查后，飞机出售方或出租方代表、前运营人和执行飞机退出检维修单位会根据监修组提出的问题开口项清单逐项进行评估，逐一制定整改方案，视情编制非例行工卡进行整改。在完成整改方案评估后，飞机出售方或出租方代表应与监修组进行沟通，以确定整改方案是否被监修组接受，确保整改方案满足规章及合同的相关要求。整改方案确定后，飞机出售方或出租方代表应根据整改进度定期与监修组进行沟通，监修组视情前往现场对修理过程及相关工艺进行检查，以保证整改结果满足相关要求。

第三阶段是发现问题开口项整改确认和开口项目关闭阶段。在每个发现问题开口项完成整改后，飞机出售方或出租方代表应及时与监修组到维修现场对发现问题开口项目的最终整改状态及相关维修记录进行确认，在确认发现问题开口项目所有的整改过程、整改结果以及维修记录均满足手册和相关规章要求后，监修组应与飞机出售方或出租方代表在发现问题开口项清单中对该项目的关闭共同进行确认。

第四阶段是区域维修工作结束后，在将维修施工区域恢复到正常构型状态前，对维修区域进行整体验收的阶段。在飞机退出检维修单位确认相关区域所有例行和非例行工作均已完成，发现问题开口项全部关闭后，飞机出售方或出租方代表应协调监修组前往现场对该区域的最终技术状态进行检查确认。监修组将对该区域的所有例行和非例行工作以及发现问题开口项清单中的项目进行回顾，确认该区域内无遗留项目，对该区域内所有拆下过的口盖和部件进行状态检查，对该区域的修复状态和清洁防腐状态进行验收，完成区域验收后才可由维修单位将该区域内打开的口盖恢复到正常构型状态。在此期间，执行飞机退出检的维修单位也应建立经过最终验收的区域记录清单，并定期与监修组及飞机出售方或出租方代表进行确认。

第五阶段是在所有区域完成检修并恢复正常构型后，对整机状态进行验收的阶段。在飞机退出检所有维修工作完成后，飞机出售方或出租方代表应根据购机或租机合同中的要求，安排监修组对飞机通电通压测试、驾驶舱仪表显示状态、机身外部各操纵面和反推的操作测试、发动机交付试车、APU性能测试、起落架收放测试、特殊要求的其他测试项目、飞机交付试飞、发动机和APU全面孔探等工作进行现场监督与验收，对飞机各舱室内的应急设备、松散设备、随机设备进行逐一清点确认，对飞机驾驶舱、客舱、厨房、厕所、下货舱等区域的内部清洁状态进行最终检查，对飞机外部的整体清洁状态、前缘装置整体抛光状态和油液渗漏情况等进行最终检查验收。

在以上各阶段期间，飞机出售方或出租方应及时将最新的飞机退出检工作范围、非例行工卡清单等提供给监修组。监修组可以根据需要，对飞机退出检实施过程中重点关注的例行与非例行工作进行现场监修，以保证飞机退出检工作的维修质量满足要求。

7.4 飞机退出检监修过程中发现的典型问题类型

因维修现场管理、维修保障能力、工具设备配备、航材和耗材保障周期、工作分工、人员能力、各区域间协调以及飞机退出检工作范围和飞机退出检计划周期等因素的影响，飞机退出检实施过程中不可避免的会发生一些维修质量问题。通过经验数据统计，飞机退出检监修中经常发现的问题主要分为以下几个类型，需要监修人员给与特别关注。

1. 标准件原材料选择不规范

在飞机退出检实施过程中，使用的标准件和原材料应严格按照手册要求选用，不能仅仅凭借经验和拆下件状态进行判断。例如，某飞机退租过程中，前运营人在飞机退出检期间对下货舱所有侧壁板和地板进行了更换。监修组对后货舱区域进行最终状态检查时发现新安装的后货舱侧壁板的衬板厚度较薄。经核查飞机退出检的维修记录和相关手册，确认新安装的衬板厚度与IPC手册要求不符。飞机退出检实施过程中，工作人员根据拆下侧壁板的相关数据，选择了相应厚度的衬板原材料进行侧壁板制作，经核实IPC手册和相关侧壁板安装图纸，新安装的衬板厚度不符合手册要求。监修组要求依据手册对下货舱侧壁板进行重新更换。

2. 部件安装状态与手册或图纸不符

在飞机退出检实施过程中，未按照手册和图纸要求进行部件更换和安装，导致安装的部件出现偏差的现象时有发生。例如，某飞机退出检过程中，监修组通过发现机身底部翼身整流罩左、右两侧的前安装支架存在偏差，经核实相关手册和图纸要求以及部件件号信息，发现左前翼身整流罩支架的安装方向与手册和图纸不符。飞机退出检实施过程中工作人员实际安装的方向与图纸中要求的方向相反。监修组要求依据支架安装图纸对该支架进行重新安装。

3. 部件安装过程中的紧固件遗漏

在飞机退出检实施过程中，未严格按照手册和图纸要求进行部件及紧固件安装，部分零散部件或紧固件遗漏，对后续的运行安全造成隐患。例如，某飞机退出检实施过程中，监修组对下货舱地板梁结构修理状态进行检查时，发现个别地板梁支撑件连接处的铆钉漏装。监修组要求依据相关图纸对遗漏的铆钉进行重新安装。

4.修理施工与依据文件不符

在飞机退出检实施过程中，修理的实施与修理方案不符合的情况时有发生。例如，某飞机退出检实施过程中，检查发现前缘缝翼外侧后缘磨损超标，依据结构修理手册对损伤部位进行了修理。监修组依据结构修理手册的修理方案对修理状态和修理记录进行核实，发现在修理过程中使用的修补填充片不符合手册要求。施工人员制作的修补填充片与缝翼后部下蒙皮不平齐，修补填充片与缝翼后部下蒙皮之间的缝隙过大，不符合结构修理手册中最大间隙标准的要求。监修组要求依据相关手册对缝翼后缘外侧磨损超标区域进行重新修理。又如某飞机退出检实施过程中，检查发现机身腹部左、右侧备用静压孔周围铆钉头存在腐蚀迹象，工作者依据飞机维护手册和结构修理手册对相关铆钉进行了更换。监修组结合飞机维护手册和结构修理手册中的标准和要求，对铆钉更换后的状态进行复核时发现新安装铆钉状态不符合手册要求，工作者重新安装的铆钉头的高度超出了手册中的要求。监修组要求依据相关手册对不符合要求的铆钉重新进行更换。

5.飞机退出检实施过程中由于技术手册改版导致检修工作与手册要求出现偏差

在飞机退出检实施期间可能会遇到相关维护手册改版，导致对飞机退出检中相关维修要求发生变化，进而对工卡的合法性产生影响。执行飞机退出检的维修单位应对手册改版内容进行评估，并按照更新后的要求执行维修工作。

飞机退出检实施过程中遇到相关手册改版时，通常做法是在飞机开始进行退出检时对使用的相关手册版本状态进行锁定，如果退出检实施期间相关手册版本发生改版，梳理出手册改版后发生变更的部分，然后评估变更部分是否对飞机退出检工作有影响，对受影响的退出检工作内容要按照更新后的手册要求执行。例如，某飞机退出检实施过程中遇到结构修理手册发生了改版，执行退出检的维修单位对改版部分进行评估时未发现手册对机身腹部余水口周边蒙皮允许打磨的后续要求进行了修订，也未发现对该修理增加了B类修理的要求和后续重复检查工作要求，未按照改版后手册的要求施工。监修组在检查时发现这一问题，随后提出要求对受影响的修理部分增加了B类修理，并将后续重复检查的要求纳入监控管理。另外，对手册改版修订部分进行评估时，注意不要忽略了对飞机上已存在的修理项目与手册修订内容的符合性的评估和对后续将要进行的改装或修理项目与手册修订内容的符合性的评估。

以上对飞机退出检监修中经常发现的问题类型进行了介绍，并列举了相关的案例。飞机引进方的监修人员应不拘泥于列举的相关的案例，在监修中做到举一反三。

第8章　接收二手飞机的技术检查

二手飞机引进接收工作需要依据规章以及购机或租机合同进行。其中需要依据的适航文件有：

（1）CCAR21《民用航空产品和零部件合格审定规定》；

（2）CCAR25《运输类飞机适航标准》；

（3）CCAR26《运输类飞机的持续适航和安全改进规定》；

（4）CCAR45《民用飞机国籍登记规定》；

（5）CCAR121《大型飞机公共航空运输运营人运行合格审定规则》；

（6）AP-21-AA-2008-05《民用飞机及其相关产品适航审定程序》

（7）AP-45-AA-2008-01《民用飞机国籍登记管理程序》；

（8）AC-21-AA-2008-15《运营人飞机适航检查单》；

（9）AC-120-FS-058《合格的航材》；

（10）AC-121-FS-052《飞机投入运行和年度适航状态检查》。

二手飞机引进过程中的技术接收检查，需要依据上述适航文件的要求，结合拟引进飞机的实际技术状态，对飞机文件履历记录和飞机实体技术状态进行深入检查与核实。以上适航文件的版本会适时更新，在依据上述适航文件对二手飞机进行技术接收检查时，应注意依据适航文件的版本是否现行、有效，以防二手飞机技术接收检查的依据出现偏差，引进的飞机不能顺利通过适航检查取得适航证。下面介绍引进飞机的技术接收检查工作如何进行，重点介绍飞机文件记录和飞机实体技术状态检查的范围和要点。

8.1　飞机文件记录的技术接收检查

二手飞机履历记录文件的完整准确性与飞机实体技术状态完好性同等重要。飞机履历记录文件完整与否将直接影响飞机能否取得适航证。二手飞机技术接收过程中要检查的履历记录文件至少包括以下几种：

（1）飞机证书；

（2）飞机当前状态声明；

（3）飞机维修记录；

（4）飞机构型文件；

（5）飞机原始出厂记录；

（6）发动机状态记录；

（7）APU状态记录；

（8）起落架状态记录；

（9）手册以及其他。

8.1.1　飞机证书类文件

交接二手飞机时涉及的飞机证书类文件包括以下几种：

（1）适航证（Certificate of Airworthiness）；

（2）国籍注册证（Certificate of Registration）；

（3）出口适航证（Export Certificate of Airworthiness）；

（4）噪声特性数据单（Noise Characteristic Data Sheet）；

（5）无线电台执照（Radio Station License）；

（6）飞机国籍注册注销确认书（Aircraft De-Registration Confirmation）；

（7）舱内材料阻燃证明（Burn Certifications）；

（8）前运营人的运营执照（Operations Certificate）；

（9）执行退出检维修单位的维修许可证（Repair Station Certificate）。

1.适航证

适航证是运营人属地民航管理部门在进行单机适航状态检查后颁发的表明该飞机处于适航状态的证书。

2.国籍注册证

国籍注册证是飞机在其注册登记国民航局已获得合法登记注册的证明。

3.出口适航证

出口适航证是由二手飞机前运营人属地民航管理部门签发的，是飞机从交易前属地适航管理体系监管下转移到飞机引进方属地适航管理体系监管时用以证明飞机当时适航状态的证明文件。若飞机的退出方和接收方处于同一国家时，则无须提供出口适航证。

4.噪声特性数据单

噪声特性数据单是飞机噪声数据符合相关标准的证明。噪声特性数据单分为两种，一种是在飞机飞行手册（AFM）中载明噪声特性和数据的手册页，另一种是飞机制造商出具的单机版噪声特性数据单，可以向飞机制造商采购获得。需要注意的是，在执飞部分国家或地区航线时，可能会要求提供单机版噪声特性数据单。

5.无线电台执照

无线电台执照是运营人属地民航无线电管理部门对机载电台进行单机适航检查合格后颁发的，是该飞机上所安装的所有无线电设备符合民航管理部门要求的证明文件。需要注意的是，无线电台执照是有有效期的，CAAC颁发的无线电台执照有效期一般为三年。电台执照上载明了颁发日期和有效期，当电台执照有效期与预期的交付调机日期临近时，应防止电台执照超出有效期而延误飞机的交付调机。

6.飞机国籍注册注销确认书

飞机国籍注册注销确认书是交易的二手飞机已注销了在前注册登记国的国籍登记注册的证明文件，当飞机从前注册登记国通过交易进入其他国家或地区时，用以证明飞机的前国籍登记注册已被注销。

7.舱内材料阻燃证明

阻燃证明是用于证明经更换或重新安装在飞机舱内的可燃材料符合民航管理部门相关阻燃要求的证明文件。在飞机交易时通常至少应提供以下材料的阻燃证明：

（1）驾驶舱座椅垫、座椅套；

（2）客舱座椅垫、座椅套；

（3）客舱及货舱的内衬板；

（4）地毯；

（5）厨房厕所地胶；

（6）客舱隔断帘布。

检查舱内材料阻燃证明时需要注意的是，需要对相关材料的安装记录和证书进行逐项逐件核对，同时也需要对所提供阻燃证书或阻燃报告中信息与相关法规要求的符合性进行核对，以确保舱内材料符合阻燃要求，防止文实不符而导致后续适航检查不合格，影响取得新的适航证。

8.前运营人的运营执照

前运营人的运营执照是用于确认该飞机交易前所遵循的运行与适航管理体系、法规以及营运类型及范围的证明文件。

9.执行退出检的维修单位的维修许可证

执行退出检的维修单位的维修许可证是用于确认飞机交易前执行退出检所遵循的维修体系、法规以及维修资质的证明文件。

8.1.2 飞机当前状态声明类文件

二手飞机交接过程中的飞机当前状态声明类文件记录是用于说明该机及其附属设备和部件在前运营人执管期间的历史运行情况和当前技术状态声明文件的集合，通常涵盖了飞机退出时的以下数据或状态的声明：

（1）飞机使用数据；

（2）AD执行状态；

（3）SB执行状态；

（4）非飞机制造商改装项目的执行状态；

（5）OCCM/HT/LLP部件状态；

（6）维护工作任务执行状态；

（7）CMR和AWL项目执行状态；

（8）结构修理及损伤状态；

（9）延期项目状态；

（10）PMA件使用状态；

（11）飞机历史定检执行情况；

（12）飞机利用率报告；

（13）飞机当前软件版本状态；

（14）DFDR测试报告；

（15）ELT/选择呼叫/应答机状态；

（16）燃油、液压油测试报告；

（17）飞机油液使用状态声明；

（18）飞机运行能力声明；

（19）飞机及主要部件的无事故及事件声明；

（20）飞机及主要部件的无债权和租赁状态声明；

（21）飞机及主要部件的无超限使用状态声明；

（22）飞机免费改装包声明。

以上文件通常为表格形式的文件或声明文件，由前运营人提供，并由其授权人员进行签字确认。

8.1.2.1 飞机当前使用数据单

飞机当前使用数据表格中记录了引进的飞机截止到交易前其主要部件的关键使用数据，是飞机技术状态声明和飞机使用数据声明的数据来源，由前运营人提供并由其授权人员进行签字确认。

飞机使用数据单的格式不尽相同，但至少应包含以下信息内容：

（1）飞机的基本信息：至少包括飞机型号、国籍注册号、生产序列号、生产线号、工程号、客户适用号、生产日期、总使用小时数、总使用循环数以及数据截止日期等信息。

（2）发动机信息：至少包括发动机型号、推力设置状态、安装位置、发动机序列号、总使用小时数、总使用循环数、大修后使用小时数以及大修后使用循环数等信息。

（3）起落架信息：至少包括起落架安装位置、起落架件号、起落架序列号、总使用小时数、总使用循环数、大修后使用小时数、大修后使用循环数以及上次大修日期等信息。

（4）APU信息：至少包括APU型号、APU序列号、总使用小时数、总使用循环数、大修后使用小时数以及大修后使用循环数等信息。

检查飞机当前使用数据单过程中偶尔会发现部分基本信息（如发动机序列号）录入错误。对于以上数据的检查，可以通过参考相关手册、实物铭牌、发动机更换履历及修理报告、起落架更换履历及修理报告、APU更换履历及修理报告以及飞机的利用率表格等进行核实。

8.1.2.2 AD执行状态清单

AD执行状态清单记录了引进的飞机截止到交易前，该飞机及其部件（除发动机和APU本体）制造国针对该机型颁发的所有AD的执行状态，且由前运营人授权人员进行签字确认。运营人或租赁公司要求的AD执行状态清单格式不尽相同，但至少应包含以下几项内容：

（1）飞机当前基本信息；

（2）AD涉及的ATA章节号；

（3）FAA颁发的AD编号；及生效日期、对应的CAAC颁发的AD编号及生效日期（如适用）；

（4）AD内容描述；

（5）AD适用性描述；

（6）相关文件（如SB、STC等）；

（7）完成时限要求；

（8）重复执行间隔；

（9）当前执行状态；

（10）执行记录文件编号（如EO编号、工卡编号等）；

（11）上次执行信息，如自新件以来的使用时间（TSN）、自新件以来的使用循环（CSN）和口期等；

（12）下次执行时限信息（如TSN、CSN和日期等）；

（13）下次执行前剩余可使用飞行小时（FH）数、飞行循环（FC）数和剩余日历日等；

（14）备注说明。

检查AD执行清单时，需要逐项核实飞机的AD适用性信息、执行方式的符合性、执行状态、执行时间、后续控制信息以及执行记录的符合性，并视情结合物理检查在飞机上对AD执行情况的符合性进行现场核实。

检查AD执行清单时需要确保以上信息正确无误，防止执行完成情况与执行要求存在差异，进而导致AD的执行出现偏差或对执行时限的控制出现错误，影响后续运行前适航检查和取得飞机适航证。如果AD执行中有改装或部件更换要求时，在检查执行记录符合性过程中，也需要重点对装机部件的合法性和符合性进行核查，留存相关证明文件，并要求将依据AD装机的相关部件信息在装机部件清单（如OCCM/HT清单）中更新。另外，如果AD下次执行日期与预期的飞机交付日期临近，应按照购机或租机合同中的约定要求前运营人完成这些AD的执行。通常在购机合同或租机合同中会约定将飞机交付后若干天（通常为180 d）内到期的适航指令在飞机交付前执行完毕。

8.1.2.3　SB执行状态清单

SB执行状态清单中记录了交易的飞机截止到退出前运营人的运营时，对该飞机及其部件（除发动机和APU本体）执行的所有由制造厂家颁发的SB的执行状态，且由前运营人授权人员进行签字确认。运营人或租赁公司要求的SB执行状态清单格式不尽相同，应参照合同中的要求进行整理与准备，但至少应包含以下几项内容：

（1）飞机当前基本信息；

（2）SB适用的ATA章节号；

（3）SB编号及版本号；

（4）SB内容描述；

（5）SB是否重复执行；

（6）SB重复执行间隔；

（7）当前SB执行状态；

（8）当前SB执行记录文件编号（如EO编号、工卡编号等）；

（9）上次SB执行状态信息（如TSN、CSN和日期等）；

（10）下次SB执行时限信息（如TSN、CSN和日期等）；

（11）备注说明。

检查SB清单时，需要逐项核实SB与飞机的适用性信息、执行方式的符合性、执行状态、执行时间及后续控制时限等信息，并需要逐项核实执行记录的符合性，并视情结合飞机实体物理检查对SB的执行情况进行现场核实。

检查SB清单时需要确认以上信息正确无误，检查SB执行情况与实际的执行记录的符合性，避免SB后续监控出现错误。如果飞机维修项目计划控制出现差错，飞机可能将不再适航。在检查涉及改装或部件更换类SB执行记录过程时要重点对装机部件的合法性和符合性进行核查，留存相关证明文件，并要求将依据SB装机的相关部件信息及时在装机部件清单中更新。另外，对于有重复执行要求的SB，应关注其在状态清单中载明的下次执行时限是否临近预期的飞机交付日期，并按照购机或租机合同中的约定确定是否由前运营人负责在飞机交付前执行相关SB。

8.1.2.4　非飞机制造商改装项目的执行状态清单

非飞机制造商改装项目状态清单中记录了飞机截止到退出前运营人的运营时，对该飞机及其部件（除发动机和APU本体）执行的所有不是由飞机制造商发布的改装项目的执行状态，包含以补充型号合格证（STC/VSTC）、改装设计批准书（MDA）、改装设计委任单位代表（DMDOR）以及其他形式批准的改装，该改装执行清单也应由前运营人授权人员进行签字确认。

改装项目的执行状态清单格式不尽相同，应参照合同中的相关要求进行整理与准备，其内容至少应包含：

（1）飞机现状基本信息；

（2）改装适用的ATA章节号；

（3）改装批准文件编号及版本；

（4）改装内容描述；

（5）改装完成状态；

（6）执行记录文件编号（如EO编号、工卡编号等）；

（7）改装执行信息（如TSN、CSN和日期等）；

（8）改装的持续适航文件是否已加入维修方案进行控制；

（9）备注说明。

对飞机改装项目进行检查时，需要逐项核实清单中改装项目与改装飞机的适用性信息、改装执行方式的符合性、改装执行状态、改装执行时间等信息，同时检查改装执行记录的符合性，并视情在飞机实体物理检查期间对改装情况进行现场核实。另外，对改装的适航批准文件包、改装执行文件包、改装持续适航文件包的检查应严格按照其适航批准逻辑进行，以保证其适航批准文件和持续适航相关文件齐全，并应对其持续适航文件的后续要求的落实情况等进行逐项核实。

STC改装的适航批准文件一般包含：

（1）FAA签署版STC证书（FAA Form 8110-2）；

（2）CAAC签署版VSTC证书（AAC-156）；

（3）STC授权使用信函（RTU Letter）；

（4）改装主资料清单（MDL）或总图纸（Top Drawing）；

（5）持续适航指引文件（ICA）。

改装执行文件包含以STC证书与改装主资料清单为依据针对改装项目制定的经审批的相关执行类文件，一般包含：

（1）STC改装主图纸清单（MDL）或总图纸（Top Drawing）；

（2）改装执行图纸或改装执行文件；

（3）改装执行文件的支持文件；

（4）改装器材清单；

（5）改装的执行记录；

（6）改装执行过程中的偏差记录与批准文件；

（7）新安装器材的适航批准证书；

（8）涉及的AD等效符合性方法（AMOC）批准文件。

改装项目的持续适航文件包是以STC证书与持续适航指引文件为依据针对改装项目制定的相关持续适航类文件，一般包含：

（1）持续适航指引文件（ICA）；

（2）适航限制增补文件（如AWL、PSE、WFD等）；

（3）损伤容限检查增补文件（DTI）；

（4）审定维修要求增补文件（CMR）；

（5）线路互联系统持续适航指引文件（EWIS ICA）；

（6）维修计划增补文件（MPD）；

（7）电气负载分析增补文件（ELA）；

（8）主最低设备清单增补文件（MMEL）；

（9）载重平衡增补手册（WBM）；

（10）飞行类增补手册（如AFM、FCOM等）；

（11）维护类增补手册（如AMM、AIPC、SSM、WDM、FIM等）；

（12）结构修理增补手册（SRM）、使用与培训手册、部件维修手册（CMM）等。

对飞机改装项目进行检查时应确认以上信息正确无误，防止改装完成情况与实际的执行记录不相符，进而导致后续对飞机改装构型控制出现错误。如果改装中涉及的新装机部件或更换的部件，在检查改装执行记录过程中要重点对装机部件的合法性和符合性进行核查，留存相关证明文件，并要求将改装中装机的相关部件信息在装机部件清单中更新。另外，对于改装执行状态无法满足购机或租机合同约定的改装项目及导致不能取得标准适航证的改装项目，飞机引进方应依据购机或租机合同中相关条款的约定，及时与飞机出售方或出租方进行沟通协调，促使其采取措施满足购机或租机合同约定的条件或将相关改装项恢复到改装前的构型状态。

8.1.2.5　OCCM部件状态清单

OCCM部件状态清单是记录飞机截止到退出前运营人的运营时，飞机上安装的所有适用于视情维修方式和状态监控维修方式的周转部件（即除HT和LLP部件外）的状态清单，其具体范围一般会在购机或租机合同中载明。一般情况下，会以飞机出厂装机清册（如波音飞机的ARL）为基础，附加上后期因AD、SB以及非飞机制造商改装等新装机的相关部件。OCCM部件清单应由前运营人授权人员进行签字确认。

运营人或租赁公司使用的OCCM部件状态清单格式各有差异，应参照合同中的相关要求进行整理与准备，但至少应包含以下信息：

（1）飞机当前基本信息；

（2）清单项目顺序编号；

（3）部件所属ATA章节号；

（4）部件名称描述；

（5）部件件号；

（6）部件序号；

（7）部件TSN；

（8）部件CSN；

（9）部件装机日期；

（10）备注说明。

检查OCCM部件状态清单时要核实清单中所列部件项目的完整性及部件信息和数据的准确性，视情结合飞机实体物理检查核实相关部件信息的准确性和适用性，并结合购机或租机合同中对OCCM部件证书的要求逐项核实部件证书及装机文件记录。关于OCCM部件状态清单对应的部件证书记录，应结合OCCM部件状态清单进行整理，并单独存放，以便检索与检查。

检查OCCM部件状态清单需要注意的是，由于OCCM部件清单中项目较多、数据核实庞杂，可以视情随机抽查部分项目，结合飞行记录本拆装记录、飞机利用率报告、飞机零部件图解目录手册以及飞机退出检现场实物核实等对清单中数据的准确性进行核验。若抽查结果无法令人满意，则应对该清单中所有部件信息和数据进行全面核查。另外，关于OCCM部件证书的提供，应严格按照购机或租机合同中约定逐项进行检查核实，以确保后续运行前适航检查的顺利进行，防止因部件证书不满足要求而导致重新送修，影响飞机按时交付。

8.1.2.6 HT部件状态清单

HT部件状态清单是记录截止到飞机退出前运营人的运营时，飞机上安装的所有HT部件的状态清单，其具体范围可以结合MPD、MRB、部件的CMM或SIL以及前运营人维修方案等相关文件进行确定，HT部件清单应由前运营人授权人员进行签字确认。

运营人或租赁公司使用的时限部件状态清单格式各有差异，但至少应包含以下信息：

（1）飞机当前基本信息；

（2）清单项目顺序编号；

（3）工作项目编号；

（4）部件名称描述；

（5）时限维修工作类别；

（6）部件件号；

（7）部件序号；

（8）维修时限间隔信息（如FH、FC、日历日、日历月等）；

（9）部件装机日期；

（10）部件装机位置；

（11）部件TSN；

（12）部件CSN；

（13）上次维修执行信息（如日期、FH、FC等）；

（14）下次维修时限信息（如日期、FH、FC等）；

（15）剩余可用时限信息（如日期、FH、FC等）；

（16）备注说明。

HT部件状态清单的检查，需要核实清单中所列部件项目的完整性，逐项核实部件信息和数据的准确性，视情结合飞机实体检查核实相关部件信息的准确性和适用性，并结合购机或租机合同中对HT部件证书类型的要求逐项核实部件证书文件记录。关于HT部件状态清单对应的部件证书记录，应结合HT部件状态清单进行整理，并单独存放，以便检索与检查。

检查HT部件状态清单需要注意的是，由于各运营人对部分时限部件的控制方式存在差异，如灭火瓶的称重维修项目可通过下发工卡完成称重或拆下灭火瓶送厂家完成称重，此时可以根据MPD等源头文件对任务类别的要求，视情予以认可，或选择根据引进方运营人维修方案要求执行相关维修工作，将HT部件已用时间清零后纳入维修项目监控。如果HT部件状态清单中存在无法核实部件使用状态的情况时，应对相关部件执行引进方运营人维修方案要求执行相关维修工作，将相关时限部件已用时间清零后纳入维修项目监控。

8.1.2.7　LLP状态清单

LLP状态清单是记录飞机截止到退出前运营人的运营时，飞机上安装的所有LLP的状态清单，包含发动机LLP、APU LLP（如适用）、起落架LLP、机身LLP（如适用）四部分，其具体范围一般会在发动机、APU、起落架等的相关手册文件中载明，也会在前运营人的维修方案中载明，购机或租机合同中会明确提出对LLP的数据、履历以及证书的具体检查接收要求。LLP状态清单应由前运营人授权人员进行签字确认。

运营人或租赁公司使用的LLP状态清单格式各不相同，LLP清单也存在差异，但至少应包含以下信息：

（1）飞机的当前基本信息；

（2）LLP上级组件的当前基本信息；

（3）LLP编号；

（4）LLP名称描述；

（5）LLP件号；

（6）LLP序号；

（7）LLP安装日期；

（8）LLP安装位置；

（9）LLP TSN；

（10）LLP CSN（对于发动机而言还应单独给出各推力下的使用循环数据）；

（11）LLP修理状态；

（12）时寿限制数据（对于发动机而言还应单独给出各推力下的时寿限制数据）；

（13）时寿剩余数据（对于发动机而言还应单独给出各推力下的时寿剩余数据）；

（14）备注说明。

检查LLP状态清单时要核实清单中所列部件项目的完整性，逐项核实部件信息和数据的准确性，可结合LLP上级组件（如起落架）的最近一次修理报告以及物理检查核实相关部件信息的准确性，结合LLP上级组件的最近一次修理报告、拆装更换履历、飞机利用率报告等核实部件数据的准确性，并结合购机或租机合同中对LLP追溯性要求和证书的要求逐项核实LLP履历文件记录和证书。

检查LLP状态清单时需要注意的是，由于LLP数据准确性和追溯性履历直接影响到其上级组件及飞机的适航性，LLP的检查必须细致、全面。若发现LLP不能满足要求，则会对飞机的正常交付造成不利影响。另外，就波音737NG飞机而言，除发动机、APU、起落架本体的LLP外，在左、右大翼后梁主起落架安装点处也存在一部分LLP，这部分LLP因前运营人的管理和整理习惯可能会被加入左、右主起落架LLP状态清单中或被列入机身LLP状态清单。

8.1.2.8　维修工作任务执行状态清单

飞机维修工作任务执行状态清单中记录了飞机截至到退出前运营人的运营时，该飞机及其部件所有维修工作任务（不含CMR和AWL项目）的执行状态，至少应包含飞机原始构型MPD和后续非飞机制造商改装厂家持续适航指引文件要求的所有维修工作任务。一般情况下，购机或租机合同中会明确飞机交接时维修工作任务完成的范围及标准，该状态清单应由前运营人授权人员进行签字确认。

运营人或租赁公司使用的维修工作任务执行状态清单格式各有差异，但至少应包含以下信息：

（1）飞机当前基本信息；

（2）MPD/ICA工作任务编号；

（3）维修方案（CMP）工作任务编号（如适用）；

（4）工作任务参考文件；

（5）工作任务内容描述；

（6）首检间隔（如FC、FH、日历日/月/年）；

（7）重复间隔（如FC、FH、日历日/月/年）；

（8）适用飞机描述；

（9）适用发动机描述；

（10）本架飞机适用状态；

（11）上次维修执行信息（如FH、FC和日期等）；

（12）下次维修到期信息（如FH、FC和日期等）；

（13）备注说明。

维修工作任务执行状态清单的检查，需要逐项核实清单中所列项目与飞机的适用性，若不适用需在备注说明栏中给出明确解释。同时，应结合上次执行维修的文件记录和前运营人退出检工作包的维修内容，核实上次维修执行的符合性、上次维修执行时间、后续控制等信息，并视情结合飞机实体物理检查对维修任务的执行情况及符合性进行现场核实。

检查维修工作任务执行状态清单时需要注意的是，检查过程中需要确认清单中的信息正确无误，防止维修工作任务完成情况与相关记录存在差异，进而导致相关维修项目失控，影响后续的运行前适航检查和飞机的适航性。飞机交付前要完成的维修工作任务的范围和标准，以及飞机退出检工作包中的维修工作范围，不应单以制造商的MPD和改装项目相关的持续适航指引文件为依据，还应结合购机或租机合同中的相关约定严格执行。另外，对于下次执行日期与预期的交付日期临近的维修工作项目，按照购机或租机合同中的约定确定是否由前运营人执行。

8.1.2.9　CMR和AWL项目执行状态清单

飞机CMR和AWL项目执行状态清单与飞机维修工作任务执行状态清单类似，其格式及检查注意事项等也基本相同，可参见维修工作任务执行状态清单中的相关说明。该清单中记录了截至到退出前运营人的运营时，拟引进飞机及其部件相关的所有CMR和AWL项目的执行状态，包含原始机型和后续非飞机制造商改装厂家的所有CMR和AWL项目，该状态清单应由前运营人授权人员进行签字确认。

8.1.2.10　结构修理及损伤状态清单

飞机结构修理及损伤状态清单中记录了截止到退出前运营人的运营时，拟引进飞机上现存的所有结构修理和损伤的当时状态，包含结构修理和损伤状态清单及结构修理与损伤定位图两个部分，结构修理及损伤状态清单应由前运营人授权人员进行签字确认。

运营人或租赁公司使用的结构修理及损伤状态清单及定位图的格式各有差异，但至少应包含：

（1）飞机当前基本信息；

（2）结构修理或损伤编号；

（3）修理或损伤的详细的位置信息描述；

（4）发生日期；

（5）修理前或当前损伤情况详细描述；

（6）参考的手册依据或其他修理相关文件；

（7）修理或评估原始记录文件号；

（8）修理类别信息；

（9）首检间隔（如FC、FH、日历日/月/年）；

（10）重复间隔（如FC、FH、日历日/月/年）；

（11）是否属于重要修理；

（12）备注说明。

检查结构修理及损伤状态清单和定位图时需要结合飞机实体物理检查来确定其完整性。同时应结合原始修理记录文件、相关参考手册或文件以及前运营人的飞机退出检工作包内容，逐项评估历史结构修理和损伤修理与修理方案的符合性、原始修理记录的完整性和符合性、修理使用航材耗材的符合性、现场修理方法符合性以及后续检查信息等。需要对结构修理及损伤状态清单和定位图进行文文相符和文实相符的检查，以确认所有结构修理和损伤修理情况可以满足适航法规对飞机结构修理审查的相关要求。

需要注意的是，检查过程中需要结合飞机的退出检对结构修理清单和定位图上所列项目（特别是可接近到的外部修理项目）进行逐项核实，以防遗漏。对于部分在可更换结构部件（如襟翼、缝翼、扰流板、进气道等）上的结构修理或损伤项目，若相关部件已从飞机上拆下，需视情从清单中将其删除。另外，进行老龄飞机结构修理审查时，需要特别重点关注历史结构修理的文文相符和文实相符的检查，避免飞机不能顺利通过后续的运行前适航检查。

8.1.2.11　PMA件使用状态

飞机PMA件使用状态清单中记录了飞机截止到退出前运营人的运营时，该飞机上PMA件的使用状态。由于CAAC对PMA件的使用有着严格要求，在二手飞机引进过程中需要对PMA件的使用进行严格的审查。审查的相关文件包括PMA件装机清单、PMA件的适航批准文件体系以及装机批准、PMA件与原厂（OEM）部件的对照清单、PMA件适航证书以及前运营人PMA件使用批准程序要求等。若涉及舱内可燃材料，还需要审核相关阻燃报告及批准文件。

飞机PMA件装机清单中至少应包含：

（1）飞机当前基本信息；

（2）清单顺序编号；

（3）部件名称描述；

（4）PMA件件号；

（5）PMA件序号或批次号；

（6）对应的OEM件号；

（7）装机位置；

（8）备注说明。

该状态清单应由前运营人授权人员进行签字确认。

关于PMA件的检查，需要结合飞机退出检物理检查过程对PMA件的使用进行文实相符检查。若飞机从前运营人处退出时并未使用PMA件，则可以通过出具未使用PMA件声明的形式进行说明，并由前运营人授权人员进行签字确认。

8.1.2.12　飞机定检历史情况报告

飞机定检执行历史情况报告中记录了飞机截止从前运营人退出时飞机执行的所有定期检查的相关信息，该报告是检查维修记录文件的重要参考之一，应由前运营人授权人员进行签字确认。

飞机历史定检执行情况报告中至少应包含：

（1）飞机当前基本信息；

（2）项目顺序编号；

（3）定检编号或级别描述；

（4）定检执行日期；

（5）定检执行时的飞机TSN；

（6）定检执行时的飞机CSN；

（7）定检执行的维修单位（MRO）信息；

（8）备注说明信息。

关于飞机定检执行历史情况报告的检查，需要结合MPD或前运营人维修方案、飞机利用率报告及历次定检维修记录中的飞机出厂报告等进行信息核实。

8.1.2.13　飞机利用率报告

飞机利用率报告中记录了飞机截止从前运营人退出时，飞机每天的运行数据信息，该报告是核实飞机其他运行及维修数据的重要数据来源之一，应由前运营人授权人员进行签字确认。

飞机利用率报告中至少应包含：

（1）飞机当前基本信息；

（2）运行日期；

（3）日飞行小时；

（4）日飞行循环；

（5）飞机总使用小时（TSN）数；

（6）飞机总使用循环（CSN）数；

（7）备注说明信息。

检查飞机利用率报告时，可以结合飞行记录本中记录的运行数据、飞机出厂信息、历次飞机定检出厂报告等进行信息数据核实。由于飞机利用率报告中记录了飞机从出厂以来每天的运行数据信息，数据量非常庞大，可以分阶段视情对部分数据进行随机抽查与核对。若抽查数据不能令人满意，则应对报告中的信息和数据进行全面核查。

8.1.2.14 飞机当前软件版本状态清单

飞机当前的软件版本状态清单中记录了截止飞机从前运营人退出时，该飞机上安装的所有软件及数据库的相关信息。要检查确认飞机上所有软件及数据库都及时得到有效更新，该清单应由前运营人授权人员进行签字确认。

飞机当前软件版本状态清单中至少应包含：

（1）飞机当前基本信息；

（2）关联的ATA章节号；

（3）与软件相关的系统描述；

（4）软件或数据库名称；

（5）软件件号；

（6）软盘或媒介件号；

（7）软件版本号；

（8）软件供应商；

（9）备注说明信息。

检查飞机当前软件状版本态清单时，需要在飞机退出检末期或者调机前结合飞机实体物理状态检查，对飞机上安装的所有软件及数据库进行逐项核对。

8.1.2.15 DFDR测试报告

飞机的DFDR测试报告是对DFDR数据读取功能进行全面测试后形成的报告，用于证明飞机DFDR数据功能和记录数据构型等可以满足相关手册及CAAC飞机运行数据传输相关要求，并满足飞机引进方运营人运行要求。若DFDR测试报告不能满足要求，应及时与前运营人或出租方进行沟通处理。

8.1.2.16 ELT/选择呼叫/应答机状态声明

飞机的应急定位信标机（ELT）/选择呼叫/应答机状态声明是对机载固定式和便携式ELT、选择呼叫系统、应答机系统的使用代码给出的声明文件，应由前运营人授权人员进行签字确认。

8.1.2.17 燃油、液压油检测报告

飞机的燃油、液压油检测报告是对飞机所有燃油箱和液压油箱中油液进行取样，经全面分析检测后出具的检测结果报告，用于确认飞机所有燃油箱和液压油箱中的油液可以满足相关手册的要求。若燃油检测报告或液压油检测报告结果表明油液不能满足要求，应及时与前运营人或出租方进行沟通处理。

8.1.2.18 飞机油液使用状态声明

飞机当前的油液使用状态声明是由前运营人对当时飞机液压系统、发动机滑油系统、APU滑油系统以及起落架液压油的使用状态给出的声明文件，以防止飞机引进方运营人用错油液，该声明文件应由前运营人授权人员进行签字确认。

8.1.2.19 飞机运行能力声明

飞机的运行能力声明是由前运营人对飞机当时实施的运行种类、运行区域、特殊限制、特殊批准、特殊运行等状态给出的声明文件，可以通过声明文件或提供前运营人运行规范相关部分节选的方式来满足，以便飞机引进方运营人提前了解飞机的运行能力状态。该声明文件应由前运营人授权人员进行签字确认。

8.1.2.20 飞机及主要部件的无事故声明

飞机及主要部件的无事故声明是由前运营人对该飞机及其主要部件自制造厂家生产出厂装机以来，未发生过事故或意外事件的声明，以便飞机引进方运营人对飞机及其主要部件的历史运营情况进行了解，一般会单独对飞机机体、发动机、起落架、APU分别给予声明。该声明文件应由前运营人授权人员进行签字确认。需要注意的是，该声明签署的时间节点应与交付调机时间相匹配。

8.1.2.21 飞机及主要部件的无债权和租赁状态声明

飞机及主要部件的无债权和租赁状态声明是由前运营人对该飞机及其部件在交付时无债权和租赁状态的声明，以便飞机引进方运营人确认对飞机及其部件的净享权利，该声明文件应由前运营人授权人员进行签字确认。

8.1.2.22　飞机免费改装包声明

飞机免费改装包声明是由前运营人对飞机在交付时是否存在由制造厂家免费提供的且尚未进行装机改装的器材包的声明。若存在免费改装包且尚未进行装机改装，则应在退出检中完成改装或将免费改装包转交给飞机引进方。该声明文件应由前运营人授权人员进行签字确认。

8.1.3　飞机维修记录类文件

二手飞机交付过程中涉及的飞机维修记录文件，是飞机运行历史和维修状态的履历，是所有维修活动满足法规、维修方案、维修技术出版物的标准和要求的有效证明文件，是飞机满足适航要求证据的重要组成部分。

飞机维修记录文件是证明飞机及其附属设备和部件在前运营人运行期间的历史运行情况和维修状态的原始文件的集合，涵盖了以下维修记录文件：

（1）飞行记录本；

（2）飞行技术记录本；

（3）客舱记录本（如适用）；

（4）所有A检或同等级别定检维修记录；

（5）所有C检或同等级别定检维修记录；

（6）AD执行状态清单对应的所有AD及其参考文件和执行记录；

（7）SB执行状态清单对应的所有SB及其参考文件和执行记录；

（8）非飞机制造商改装项目执行状态清单对应的所有改装执行记录（如STC/VSTC/MDA/DMDOR），包含其适航审批文件体系、持续适航文件体系、增补手册、相关图纸、施工记录等；

（9）维修工作任务执行状态清单对应的所有项目的最近一次执行记录；

（10）CMR和AWL项目执行状态清单对应的所有项目的最近一次执行记录；

（11）结构修理和损伤状态清单及结构修理与损伤定位图对应的所有结构修理记录或评估记录；

（12）最近一次的飞机称重记录及称重报告；

（13）飞机自出厂后的最近一次飞行操纵舵面称重配平记录及所有舵面最新数据；

（14）最近一次试飞报告记录及相关技术记录；

（15）备用磁罗盘校准报告及数据卡；

（16）飞机油液（燃油和液压油）取样记录及检测报告。

飞机维修记录文件的检查主要参考适航管理程序AP-21-AA-2008-05《民用飞机及其相关产品适航审定程序》、咨询通告AC-21-AA-2008-15《运营人飞机适航检查单》、AC-120-FS-058《合格的航材》、AC-121-FS-052《飞机投入运行和年度适航状态检查》、AC-121-FS-2018-59《飞机维修记录和档案》以及购机或租机合同中相关条款的规定进行。以上这些适航管理程序和咨询通告会被修订，飞机维修记录文件的检查依据标准要与修订后现行有效的适航文件要求保持一致。

检查过程中应根据上述适航文件中关于飞机维修记录文件的相关要求，重点关注检查维修记录文件的真实性、完整性和可追溯性以及落实维修要求的符合性、支撑文件的有效性等。例如，检查过程中若发现飞行记录本缺失、维修记录与状态清单不一致、原始执行记录局部缺失或损坏、维修记录中施工方法或构型与实际不符、改装审批文件及持续适航文件不完整、改装执行记录及支撑文件不全面等，应及时联系前运营人或出租方进行补充或安排重新施工覆盖相关维修项目，以满足相关适航要求，保证顺利通过后续的运行前适航检查。

8.1.4 飞机构型类记录文件

二手飞机交接文件中涉及的飞机构型文件，是飞机从前运营人处退出时飞机构型状态的相关记录，一般包括以下几项内容：

（1）飞机出厂时的和飞机当前的客舱布局图纸（LOPA）；

（2）厨房厕所构型文件（如厨房与厕所图纸或CMM手册等）；

（3）应急设备安装图及件号、序号清单；

（4）松散设备（含随机工具设备和厨房设备）清单；

（5）电子舱组件和设备件序号清单；

（6）飞机当前软件状态清单对应的最新软件包文件；

（7）视情拍摄的机内外构型状态照片。（如机外整体外观及喷涂照片、外部损伤及修复状态照片、外部主要差异部件及设备照片、驾驶舱显示状态照片、驾驶舱座椅构型照片、厨房厕所构型照片、电子舱组件和设备照片、客舱乘务座椅构型照片、客舱分区及布局照片、旅客座椅构型照片、壁柜及头顶储物柜照片、乘客服务组件（PSU）构型照片以及装机软件构型信息照片等）。

在对飞机的构型类文件进行检查的过程中，应注意核实LOPA、厨房和厕所相关构型文件的适用性和有效性，并结合飞机实体现场检查对其文实相符状态进行核实。飞机实体现场检查时应注意对应急设备件序号清单、松散设备（含随机工具设备和厨房设备）清单、电子舱组件和设备件序号清单中所列信息的准确性进行逐项核实。飞机实体现场检查后期通电阶段，需要对装机软件版本状态清单以及提供的最新软件包文件进行核实。

8.1.5　飞机原始出厂记录类文件

二手飞机交接文件中涉及的原始出厂记录是指飞机在下线出厂交付时由飞机制造商提供的所有飞机适航性证明文件和记录飞机及部件状态的文件集合，是二手飞机文件记录的重要组成部分，是后续运行前适航检查的重要检查内容，同时也便于运营人掌握飞机初始交付状态。

二手飞机的原始下线出厂记录类文件记录一般包括几种：

（1）出口适航证（如适用）；

（2）飞机下线出厂时的AD状态报告；

（3）飞机下线出厂时的SB及改装状态报告、未执行SB清单（Open SB List）、制造更改项目清单（PRR List）、临时更改项目清单（RR List）、重要更改项目清单（MC List）等；

（4）飞机下线出厂时的返工及修理状态报告，如重大返工记录（Significant Rework Log）、维修站手册（Repair Station Brochure）等；

（5）飞机下线出厂初始装机设备报告，如飞机装机记录本（ARL）；

（6）飞机下线出厂发动机状态报告，如发动机手册（Engine Brochure）、发动机数据单（Engine Data Submittals）、发动机出厂数据单（As-Built Engine Data Submittals）等；

（7）飞机下线出厂APU状态报告，如APU记录本（APU Log Book）、APU接收标签（APU Acceptance TAG）等；

（8）飞机下线出厂起落架状态报告，如起落架手册（Landing Gear Brochure）、起落架LLP清单（Landing Gear Life Limited Parts）等；

（9）飞机详细构型（Aircraft Detail Specification）；

（10）飞机下线出厂称重报告，如载重平衡手册第一章和第二章（WBM Chapter 1 & 2）；

（11）飞机装载计划文件（Loading Schedule Substantiation Document）；

（12）飞机下线出厂飞机校装手册及数据（Rigging Manual & Rigging Values）；

（13）飞机下线出厂电气负载分析（Electrical Load Analysis）；

（14）飞机下线出厂客舱布局图（Original LOPA）；

（15）厨房设备卫生设施证书（Certificate of Sanitary Construction）；

（16）飞机下线出厂其他日志（如Aircraft Miscellaneous Log）；

（17）飞机下线出厂的光盘文件和其他纸质交付文件等。

检查飞机原始出厂记录文件时，应对其完整性进行详细检查，并逐项核实其适用性。因飞机出厂交付文件无明确的固定格式和范围，每架飞机的出厂交付文件记录均可能存在较大差异，为了保证文件记录的完整性，可以视情向出租方或前运营人索取飞机初始交付时的出厂文件记录交付清单，进行逐项核对。

8.1.6 发动机状态记录类文件

二手飞机交接文件中发动机的历史状态记录文件和当前状态记录文件是证明在翼发动机及其部件的历史运行情况和当前状态的文件记录集合，其文件主要包括以下几种：

（1）飞机退出时飞机发动机的使用数据声明；

（2）发动机AD执行状态及执行状态；

（3）发动机本体SB执行状态；

（4）非飞机本体改装项目的执行状态；

（5）LLP状态清单及其履历追溯文件；

（6）发动机高压涡轮叶片状态清单；

（7）发动机部件构型及航线可更换件件号和部件状态清单（含相关部件证书文件）；

（8）发动机拆装履历文件（涵盖所有阶段推力状态信息）；

（9）发动机历史送修报告；

（10）发动机趋势监控报告（至少最近6个月）；

（11）发动机风扇叶片及风扇配平构型分布状态图；

（12）最近一次孔探报告及相关视频；

（13）最近一次在翼最大功率确认（MPA）试车报告；

（14）最近一次送修后的所有在翼修理记录（如适用）；

（15）最近一次发动机风扇叶片润滑记录；

（16）发动机长期封存记录（如适用）；

（17）发动机生产出厂文件；

（18）延程运行（ETOPS）声明；

（19）发动机未超限使用状态声明。

该部分文件记录中的状态说明表格和声明文件，应由前运营人授权人员进行签字确认。为避免发动机文件整理出现混乱与错误，每台发动机的文件应分开单独进行整理。

8.1.6.1　发动机的使用数据声明

发动机的使用数据声明表格中记录了截止飞机退出前运营人的运行时在翼发动机的关键使用数据的状态，是发动机拆装履历清单、发动机本体LLP状态清单、发动机无事故声明等文件的数据源头，由前运营人提供并由其授权人员进行签字确认。发动机的使用数据已包含在飞机当前使用数据单中，详见8.1.2节中的说明。

8.1.6.2　发动机本体AD执行状态清单

发动机本体AD执行状态清单中记录了截止飞机退出前运营人的运行时，在翼发动机及其部件涉及的所有AD的执行状态，且由前运营人授权人员进行签字确认。

对发动机本体AD执行状态清单及其执行记录进行检查的要求与检查飞机AD执行状态清单及其执行记录相似，参见8.1.2节以及购机或租机合同中关于发动机AD以及执行记录的检查要求，并结合发动机大修报告中相关AD的部分进行确认。

8.1.6.3　发动机本体SB执行状态清单

发动机本体SB执行状态清单中记录了截止飞机退出前运营人的运行时，在翼发动机及其部件执行的所有由制造厂家颁发的SB执行状态，且由前运营人授权人员进行签字确认。

对发动机本体SB执行状态清单及其执行记录的检查要求与检查飞机SB执行状态清单及其执行记录相似，参见8.1.2节以及购机或租机合同中关于发动机SB以及执行记录的相关条款，同时结合发动机修理报告中相关SB的部分对发动机本体SB执行状态进行确认。

8.1.6.4　非制造厂家改装项目的执行状态清单

非制造厂家改装项目的执行状态清单中记录了飞机退出前运营人的运行时，在翼发动机及其部件执行的所有不是由制造厂家发布的改装项目的执行状态，包含以补充型号合格证（STC/VSTC）、改装设计批准书（MDA）、改装设计委任单位代表（DMDOR）以及其他形式批准的发动机本体改装，由前运营人授权人员进行签字确认。

非制造厂家改装项目的执行状态清单及其执行记录的验收检查要求及方法与飞机非制造厂家改装项目的执行状态清单相似，参见8.1.2节以及购机或租机合同中关于非制造厂家改装项目的执行状态的相关条款。若截止飞机退出时发动机尚未发生非制造厂家批准的改装项目，则应给出相应的声明文件。

8.1.6.5　发动机本体LLP状态清单

LLP状态清单是截止飞机退出前运营人的运行时，记录在翼发动机上安装的所有LLP的使用状态和剩余寿命及其履历文件情况的清单。检查要求参见8.1.2和购机或租机合同中关于发动机LLP的相关条款，并结合发动机修理报告中相关LLP的部分以及发动机拆装履历进行检查确认。LLP的溯源履历记录文件应结合LLP状态清单进行整理并单独存放，以便检索与检查。

8.1.6.6 发动机高压涡轮叶片状态清单

发动机高压涡轮叶片状态清单是截止飞机退出前运营人的运行时，记录在翼发动机装机高压涡轮叶片件号、序号、当前TSN、CSN、大修后使用时间（TSO）、大修后使用循环（CSO）、剩余寿命（如适用）以及部件状态等信息的清单，是飞机接收方了解发动机高压涡轮叶片构型和使用状态、核实高压涡轮叶片是否满足合同要求（如适用）以及制定后续发动机送修计划的重要参考文件。该清单应由前运营人授权人员进行签字确认。

该清单也可以根据发动机的不同修理状态，视情使用最近一次发动机修理出厂报告中的相关部分作为替代。例如对于新大修出厂且未装机使用的发动机，可以使用本次发动机修理出厂报告中的高压涡轮叶片状态清单部分进行替代，同时结合高压涡轮叶片的证书文件、发动机拆装履历文件等进行数据核实。

8.1.6.7 发动机航线可更换部件状态清单

发动机航线可更换部件状态清单是记录截止飞机退出前运营人的运行时，在翼发动机上安装的所有发动机航线可更换部件的构型和件号、序号信息的清单，其追溯依据文件一般有发动机数据单、飞机出厂设备装机清单以及执行的服务通告和改装记录等文件，应由前运营人授权人员进行签字确认。

发动机航线可更换部件状态清单与飞机OCCM部件状态清单类似，应参照合同中的相关要求进行整理与准备，至少应包含：

（1）飞机和发动机基本信息；

（2）清单项目顺序编号；

（3）航线可更换部件所属ATA章节号；

（4）航线可更换部件名称描述；

（5）航线可更换部件的发动机制造厂件号；

（6）航线可更换部件供应商件号；

（7）航线可更换部件序号；

（8）航线可更换部件TSN；

（9）航线可更换部件CSN；

（10）航线可更换部件安装日期；

（11）备注说明。

发动机航线可更换部件状态清单的检查，需要核实清单中所列部件项目的完整性及部件信息和数据的准确性，视情结合飞机实体检查核实相关部件信息的准确性和适用性，并结合购机或租机合同中对发动机航线可更换部件证书的要求逐项核实部件证书文件记录。核查航线可更换部件状态清单对应的部件证书记录时，应结合航线可更换部件状态清单进行整理，并单独存放，以便检索与检查。

需要注意的是，对发动机航线可更换部件清单检查过程中，可以结合飞行记录本记载的航线可更换部件拆装记录、飞机利用率报告、AIPC手册以及飞机实体核实等途径和方法对清单中的数据准确性进行验证。发动机航线可更换部件证书的检查验收，应严格按照购机或租机合同中的约定逐项进行检查核实。若合同中未明确给出发动机航线可更换部件的证书要求，可单独协商或参考OCCM部件的相关要求执行，以确保顺利通过运行前适航检查，防止因部件证书不满足要求而导致飞机不能顺利接收。

8.1.6.8 发动机拆装履历文件

发动机拆装履历文件是记录截止飞机退出前运营人的运行时，在翼发动机自从制造厂出厂后所有的历史拆装信息记录及相关使用数据的文件，用于佐证发动机历史上所有的装机与拆下信息、推力状态、使用时间以及拆下原因等，以便飞机接收方对发动机的历史使用情况和LLP状态等进行核实。该清单应由前运营人授权人员进行签字确认。

发动机拆装履历文件视不同的运营人而有不同的形式和格式，如发动机记录本（Engine Log Book）或发动机装机和拆下履历记录清单等，一般应包含：

（1）发动机基本信息；

（2）在翼的飞机注册号或MSN；

（3）安装的飞机机型；

（4）安装位置；

（5）使用的推力级别；

（6）装机时使用数据信息，包含装机日期、TSN、上次进厂维修后使用时间（TSLSV）、CSN、上次进厂维修后使用循环（CSLSV）；

（7）装机时飞机使用数据信息（包含TSN、CSN）；

（8）拆下时使用数据信息（包含拆下日期、TSN、TSLSV和CSLSV）；

（9）拆下时飞机使用数据信息（包含TSN、CSN）；

（10）拆下原因。

检查发动机拆装履历文件时，需要对清单中所列履历的项目完整性进行核实，结合历次修理报告、发动机铭牌信息、飞行记录本拆装记录信息、飞机利用率报告等，核实相应的推力级别、装上和拆下时的使用数据准确性。

8.1.6.9　发动机所有历史送修报告

二手飞机交接过程中需要对在翼发动机的历史送修报告进行全面审核，以了解该发动机历史使用情况和送修过程中所发现的问题及修理情况。同时，发动机历史送修报告有助于飞机接收方对发动机拆装履历、LLP状态、高压涡轮叶片状态及发动机车台测试结果和风扇叶片分布信息等进行验证。

8.1.6.10　发动机趋势监控报告

二手飞机交接过程中通常需要对至少最近6个月内的在翼发动机趋势监控报告进行全面审核，了解该发动机的当前运行状态和性能状态，以便于确定该发动机是否可以满足购机或租机合同中的相关要求。发动机趋势监控报告一般包含滑油耗量、滑油压力、滑油温度、燃油流量、发动机排气温度（EGT）、发动机震动以及起飞减推力等反映发动机运行状态和性能状态的参数数据。

8.1.6.11　发动机风扇叶片及风扇配平构型分布状态图

二手飞机交接过程中需要对在翼发动机风扇叶片及风扇配平构型分布状态图进行审核，以了解该发动机的风扇叶片及风扇配平状态。它一般分为发动机风扇叶片分布信息表和风扇配平构型图。风扇叶片分布信息表内容通常包含叶片位置、叶片描述、叶片件号、叶片序号、TSN、CSN以及备注信息等。风扇配平构型信息图通常包含在最近一次发动机送修报告中，应明确标注发动机基本信息、风扇配平位置及代码信息。若在最近一次发动机送修出厂后对风扇进行过在翼配平，则需要重新出具风扇配平构型信息图。

8.1.6.12　最近一次孔探报告及相关视频

交接二手飞机时，购机或租机合同通常要求对最近一次在翼发动机孔探视频及孔探报告进行详细审核，以了解该发动机内部的当前状态。为此在飞机交付前需要对发动机进行孔探，即在飞机技术接收签署前对发动机进行一次冷热端的全面孔探检查。在进行孔探时，通常会邀请飞机接收方或其委派的专业工程师进行现场观察，并对孔探报告和孔探视频进行最终审核，以确认飞机交付时发动机的内部状态可以满足合同中约定的交付条件。

8.1.6.13　最近一次在翼最大功率确认（MPA）试车报告

根据购机或租机合同通常要求交接二手飞机时需要对最近一次发动机在翼MPA试车报告进行详细审核，以了解该发动机的当前性能状态。为此在飞机技术接收签署前需要对发动机进行一次在翼MPA试车测试。在试车时通常会邀请飞机接收方或其委派的专业工程师进行现场观察，并对MPA试车报告进行最终审核，以确认飞机交付时发动机的性能状态可以满足合同中约定的交付条件。

8.1.6.14 最近一次送修后的在翼修理记录

接收二手飞机时，如果在翼发动机在最近一次进厂送修后发生过发动机在翼修理，需要向飞机接收方提供最近一次进厂送修后的发动机在翼修理记录文件，由发动机工程师进行详细审核，以便飞机接收方了解该发动机的使用状态和在翼修理情况，以确认飞机交付时发动机满足合同中约定的交付条件。若最近一次发动机进厂送修后未发生过在翼修理，则应由前运营人提供无在翼修理的声明文件。

8.1.6.15 最近一次发动机风扇叶片润滑记录

交接二手飞机时，如果在翼发动机在最近一次进厂送修后执行过在翼发动机风扇叶片润滑工作，则需要向飞机接收方提供最近一次发动机叶片润滑记录，由发动机工程师进行详细审核。

8.1.6.16 发动机长期封存记录

交接二手飞机时，如果在翼发动机在最近一次进厂送修后发生过发动机长期封存情况，需要向飞机接收方提供发动机长期封存的所有工作记录，由发动机工程师进行详细审核，便于飞机接收方核实该发动机的长期封存状态。若最近一次发动机进厂送修后未发生过发动机长期封存，则应由前运营人提供无长期封存的声明文件。

8.1.6.17 发动机生产出厂文件

发动机的生产出厂文件已在飞机出厂文件部分有所介绍，其主要包含如发动机交付手册（Engine Brochure），包含发动机重量平衡构型图、发动机性能概述等内容和发动机交付数据单，还包含部件构型清单、SB状态清单和AD状态清单以及相关光盘资料等。

8.1.6.18 ETOPS运行状态声明

ETOPS运行状态声明是在飞机交付前，由前运营人对退出运行飞机的发动机及其部件在其运行期间是否执行ETOPS运行或按照ETOPS运行执行相关维护工作的状态声明。若在其运行期间执行了ETOPS运行的相关要求，则需进一步提供相关文件以确认发动机在交付时满足ETOPS运行相关要求。该声明文件应由前运营人授权人员进行签字确认。

8.1.6.19 发动机无超限使用状态声明

发动机无超限使用状态声明是由前运营人对在翼发动机及其部件在其运行期间未发生过超限使用的状态声明，该声明文件应由前运营人授权人员进行签字确认。

8.1.7 APU状态记录类文件记录

二手飞机交接过程中涉及的APU历史和当前状态记录文件，是用于佐证APU及其部件在前运营人运行的历史状态和当前状态的文件集合，涵盖了飞机退出时APU的以下记录文件：

（1）APU使用数据声明；

（2）APU本体AD执行状态及执行记录；

（3）APU本体SB的执行状态；

（4）非APU本体改装的执行状态；

（5）APU的LLP状态清单；

（6）APU的LLP履历追溯（BTB）文件；

（7）APU拆装履历文件；

（8）APU所有历史送修报告；

（9）最近一次APU孔探报告及视频（如适用）。

以上文件记录中的状态说明表格和声明文件，由前运营人提供并由其授权人员进行签字确认。

8.1.7.1　APU使用数据声明

APU使用数据声明记录了截止飞机退出前运营人的运行时，机载APU的关键使用状态数据，是APU拆装履历清单、APU本体LLP状态清单、APU无事故声明等文件的数据源头，由前运营人提供并由其授权人员进行签字确认。

APU使用数据已包含在飞机当前使用数据单中。

8.1.7.2　APU本体AD执行状态清单

APU本体的AD执行状态清单中记录了飞机交付前机载APU及其部件涉及的所有AD的执行状态，且由前运营人授权人员进行签字确认。

APU本体AD执行状态清单及其执行记录的检查方法及内容与对飞机AD执行状态清单的检查相似，参见8.1.2节以及购机或租机合同中关于APU的AD执行记录的详细要求，并结合APU送修报告中相关AD部分进行确认。如未颁发过与APU及其部件相关的AD，以波音737-800飞机为例，目前未颁发有与型号为GTCP131-9B的APU本体及部件相关的AD，故飞机交付时前运营人可以出具无相关AD的声明。

8.1.7.3　APU本体SB执行状态清单

APU本体SB状态清单中记录了截止飞机从前运营人机队退出时所有由制造厂家颁发的与机载APU及其部件相关的SB的执行状态，且由前运营人授权人员进行签字确认。

APU本体SB执行状态清单及其执行记录的检查内容及检查方法与飞机SB执行状态清单及其执行记录的检查要求相似，参见8.1.2节以及购机或租机合同中关于APU的SB执行记录的相关条款，结合APU大修报告中相关SB的部分对APU本体SB执行状态进行确认。

8.1.7.4　非APU改装项目的执行状态清单

非APU改装项目状态清单中记录了截止飞机从前运营人机队退出时，机载APU及其部件执行的所有不是由制造厂家发布的改装项目的执行状态，包含以补充型号合格证（STC/VSTC）、改装设计批准书（MDA）、改装设计委任单位代表（DMDOR）以及其他形式批准的APU改装，由前运营人授权人员进行签字确认。

非APU改装项目状态清单及其执行记录的检查方法及检查内容与飞机非制造厂家改装项目状态清单的检查要求相似，参见8.1.2以及购机或租机合同中关于非APU改装项目执行记录的相关条款。

若截止飞机退出时APU上不存在非制造厂家批准的改装项目，则应给出相应的声明文件。

8.1.7.5　APU的LLP状态清单

APU的LLP状态清单是截止飞机从前运营人机队退出时，记录机载APU上安装的所有时寿部件使用状态和剩余寿命的清单。APU的LLP状态清单及其全生命过程（BTB）履历追溯文件（包含LLP的部件证书要求）的检查应参见8.1.2节和购机或租机合同中关于APU的LLP的相关条款，并结合APU大修报告中相关LLP的部分以及APU拆装履历文件进行检查，应结合LLP状态清单对LLP全生命过程的履历文件进行整理，并单独存放，以便检索与检查。

8.1.7.6　APU拆装履历文件

APU拆装履历文件是记录截止飞机从前运营人机队退出时，机载APU自从制造厂出厂后所有的装上与拆下信息及相关使用数据的记录文件，用于追溯APU历史上所有的装机与拆下信息、使用时间以及拆下原因等，以便飞机接收方对该APU的历史使用情况和LLP状态等进行核实。该清单应由前运营人授权人员进行签字确认。

APU拆装履历文件有不同的形式，如APU Log Book或APU ON/OFF履历记录清单等，一般应包含以下数据和信息：

（1）APU基本信息；

（2）使用APU的飞机注册号或MSN；

（3）使用APU的飞机机型；

（4）装机时使用数据信息（包含装机日期、APU TSN、APU TSLSV、APU CSN、APU CSLSV）；

（5）装机时飞机使用数据信息（包含TSN、CSN）；

（6）拆下时使用数据信息（包含拆下日期、APU TSN、APU TSLSV、APU CSN、

APU CSLSV）；

（7）拆下时飞机使用数据信息（包含TSN、CSN）；

（8）拆下原因；

（9）备注信息。

检查APU拆装履历文件时要对清单中所列履历项目的完整性进行核实，结合历次APU修理报告、飞行记录本上APU的拆装记录信息、飞机利用率报告等，核实APU使用数据的准确性。

8.1.7.7　APU所有历史送修报告

二手飞机交接过程中需要对APU的历史送修报告进行全面审核，以了解APU使用历史和送修过程中所发现的问题及修复情况。历史送修报告有助于飞机引进方对涉及APU的AD和SB执行状态、APU拆装履历、LLP状态、APU出厂试车数据以及APU附件状态等进行验证。

8.1.7.8　最近一次APU孔探报告及视频

购机或租机合同通常会约定在二手飞机交接过程中需要对最近一次的APU孔探报告及视频进行详细审核，以了解该APU的当前技术状态。为此在飞机技术接收签署前需要对APU进行一次全面孔探检查。在孔探时应邀请飞机接收方或其委派的专业工程师进行现场观察，并对孔探报告和视频进行最终审核，以确认飞机交付时APU的状态可以满足合同中约定的交付条件。如果飞机交接时，机载APU是在大修后直接装机的，则可以按照购机或租机合同中的相关规定，视情通过检查大修报告和在翼性能测试结果来替代孔探检查。

8.1.8　起落架状态记录类文件

二手飞机交接过程中涉及的起落架历史状态和当前状态记录类文件，是用于追溯起落架及其部件在前运营人运行的历史状态和当前状态的文件记录集合，涵盖了飞机交付时要提供的以下几种起落架相关文件：

（1）起落架使用数据声明；

（2）最近一次起落架大修放行证书；

（3）起落架LLP状态清单；

（4）起落架LLP履历追溯（BTB）文件；

（5）起落架拆装履历文件；

（6）起落架所有历史送修报告。

以上文件记录中的状态说明表格和声明文件，应由相关授权人员进行签字确认。

8.1.8.1　起落架使用数据声明

起落架使用数据声明中记录了截止飞机从前运营人机队退出时，机载起落架的关键使用状态数据，是起落架拆装履历清单、起落架本体LLP状态清单、起落架无事故声明等文件的数据源头，由前运营人提供并由其授权人员进行签字确认。起落架使用数据已包含在飞机当前使用数据单中。

8.1.8.2　最近一次起落架大修放行证书

根据持续适航文件要求，起落架组件需要按照10年的重复大修间隔送厂执行大修工作。最近一次起落架大修放行证书载有起落架上次大修的时间、厂家、修理级别、相关时控数据以及放行标准等关键信息，用于核实起落架技术状态和技术数据的准确性。

8.1.8.3　起落架LLP状态清单

起落架LLP状态清单是截止飞机从前运营人机队退出时，记录起落架上安装的所有LLP使用状态和剩余寿命的清单。检查起落架LLP状态清单及其全生命过程履历追溯文件（包含LLP的部件证书要求）的详细说明，参见8.1.2.7和购机或租机合同中关于起落架LLP的相关详细要求，并通过起落架大修报告中相关LLP的部分以及起落架拆装履历进行追溯确认。检查LLP全生命过程履历追溯文件时，应结合LLP状态清单进行整理，并单独存放，以便检索与检查。

8.1.8.4　起落架拆装履历文件

起落架拆装履历文件是记录截止飞机从前运营人机队退出时，机载起落架自从制造厂出厂后所有的装机与拆下信息记录及相关使用数据的文件，用于追溯确认起落架历史上所有的装机与拆下信息、使用时间以及拆下原因等，以便飞机接收方对机载起落架的历史使用情况和LLP状态等进行核实。该清单应由前运营人授权人员进行签字确认。

不同的运营人使用的起落架拆装履历文件形式格式有所不同，起落架装机与拆下履历记录也各有差异，一般应包含以下文件及信息：

（1）起落架基本信息；

（2）使用起落架的飞机注册号或MSN；

（3）使用起落架的飞机机型；

（4）装机位置；

（5）装机时起落架数据信息（包含装机日期、LG TSN、LG TSLSV、LG CSN、LG CSLSV）；

（6）装机时飞机使用数据信息（包含TSN、CSN）；

（7）拆下时起落架数据信息（包含拆下日期、LG TSN、LG TSLSV、LG CSN、LG CSLSV）；

（8）拆下时飞机使用数据信息（包含TSN、CSN）；

（9）拆下原因；

（10）备注信息。

检查起落架拆装履历文件时要对清单中所列履历项目的完整性进行核实，结合历次起落架修理报告、飞行记录本拆装记录信息、飞机利用率报告等，核实起落架的拆装和使用数据的准确性。

8.1.8.5　起落架所有历史送修报告

二手飞机交接过程中需要对起落架的历史送修报告进行全面审核，以了解起落架历史使用情况、送修过程中所发现的问题及修复情况。历史送修报告有助于飞机接收方对起落架相关AD、起落架制造厂家SB、起落架拆装履历、LLP状态以及起落架附件状态等进行验证。

8.1.9　手册类文件

二手飞机的手册类文件是否完整、有效关系到退出检工作能否顺利完成、飞机能否顺利交接、飞机接收方运行前准备工作能否顺利展开、飞机投入运行前适航检查能否顺利通过。若相关技术资料存在缺失，将直接影响到飞机的适航性及运行前的适航检查，影响标准适航证的颁发。通常二手飞机交接过程中的手册类文件应包含：

（1）飞机飞行手册（Airplane Flight Manual）；

（2）飞行计划和性能手册（Flight Planning and Performance Manual）；

（3）飞行机组操作手册（Flight Crew Operations Manual）；

（4）快速检查单（Quick Reference Handbook）；

（5）性能工程师手册（Performance Engineers Manuals）；

（6）客舱乘务员手册（Flight Attendant Manuals）；

（7）主最低设备清单（Master Minimum Equipment List）；

（8）放行偏离程序指南（Dispatch Deviation Procedures Guide）；

（9）重量和平衡手册（Weight and Balance Manuals Chapter 1 & 2）；

（10）维修大纲（Maintenance Review Board Report）；

（11）MPD（Maintenance Planning Data）；

（12）电气负载分析手册（Electrical Load Analysis）；

（13）电气互联系统持续适航文件（Electrical Wiring Interconnection System Instructions for Continued Airworthness）；

（14）飞机维护手册（Aircraft Maintenance Manual）；

（15）飞机图解部件目录手册（Aircraft Illustrated Parts Catalog）；

（16）线路图手册（Wiring Diagram Manual）；

（17）系统原理图手册（System Schematic Manual）；

（18）故障隔离手册（Fault Isolation Manual）；

（19）故障报告手册（Fault Reporting Manual）；

（20）工卡（Task Cards）；

（21）结构修理手册（Structural Repair Manual）；

（22）损伤容限手册（Damage Tolerance Rating）；

（23）飞机急救手册（Airplane Recovery Document）；

（24）发动机维护手册（Engine Maintenance Manual）；

（25）发动机图解部件手册（Engine Illustrated Parts Manual）；

（26）动力装置装配手册（Power Plant Buildup Manual）；

（27）发动机地面操作手册（Engine Ground Handling）；

（28）无损探伤手册（Non-Destructive Testing Manual）；

（29）燃油量数据单手册（Fuel Quantity Data Sheet）；

（30）制造厂家部件维修与大修手册（Manufacturer's CMM/OHM）；

（31）供应商部件维修手册或文件（Applicable Vendor CMMs and Other Documents）；

（32）改装增补手册及文件（Modification Supplement Manuals and other documents）；

（33）详细规范手册；

（34）舱内装饰规范手册（Interior Finish Specification）。

8.1.10　其他类文件记录

二手飞机交接过程中涉及的其他类文件记录，是依据购机或租机合同条款、适航规章相关要求以及飞机接收方实际运行需求，在友好协商和合理需求的基础上由前运营人配合提供，用于保证飞机顺利交接，便于飞机接收方运行前准备工作顺利展开，有利于飞机顺利投入运行以及投入运行后权益保障等相关记录文件。

二手飞机交接过程中的其他类文件记录根据飞机交接的具体方式和合同要求，一般应包含：

（1）前运营人最新有效的维修方案；

（2）前运营人维修方案中独有项目的执行文件及依据文件；

（3）飞机在前运营人运行的电子版飞行记录本或故障排除记录；

（4）前运营人飞机退出工作签字人员的授权记录；

（5）前运营人针对退出飞机的驾驶舱门进入密码声明或密码修改执行记录（如适用）；

（6）前运营人享有的重要部件及机身保修权益的有效转移文件（如适用）；

（7）其他需要的文件。

8.2　飞机实体技术状态接收检查

在二手飞机引进过程中，飞机实体技术状态接收检查是为了验证飞机内外部物理状态、相关维修和改装工作的质量等是否符合购机或租机合同约定和飞机适航标准，是否满足取得飞机适航证相关要求。国内运营人引进飞机时，依据中国民用航空适航管理程序AP-21-AA-2008-05的要求，引进的飞机需要在中国民用航空局批准或接受的维修单位进行一次高级别的检修。飞机实体技术状态的接收检查一般会结合该高级别检修一并进行，并贯穿于整个检修过程中。

在进行飞机实体技术状态接收检查时，应重点关注对与飞机制造商发布的SB、SL和机队发现问题及解决方法信息相关的维修项目执行情况进行检查，还应结合平时定检维修以及航线维修发现的问题，在退出检期间对相关维修项目进行检查，并对以往机队发现的重大问题进行重点关注，如对波音737CL飞机大翼后梁的检查、对波音737NG飞机机身与大翼结合部隔框接头和抗剪带的检查，以及对波音757飞机经常发现问题的前缘缝翼以及反推装置的检查等。

飞机退出检监修和飞机实体技术状态检查要求可参见第7章二手飞机引进的监修部分。下面介绍二手飞机技术接收检查中遇到的重点问题和需要关注的事项。

8.2.1　机身外部区域典型损伤

下面介绍在退出检期间对飞机进行检查时发现损伤或缺陷较多的情形，其中列举的案例多以波音737飞机为背景。由于各型飞机在结构设计和运行环境方面有颇高的相似度，因此大家在对不同型号的飞机进行检查时可以参考在波音737飞机上存在损伤或缺陷的特点，做到举一反三。

1.雷达罩漆面与结构损伤

雷达罩处于飞机的最前端，飞行中因风蚀、异物磕撞、雹击、鸟击以及雷击等因素导致雷达罩漆面和结构损伤（见图8-1）较为常见。对雷达罩漆面及其结构进行检查时，可以借助手电光线或自然光线的反射和折射对雷达罩表面的漆面状态、补漆痕迹、疑似结构损伤等进行详细检查，需重点关注补漆区域的状态和相关工作文件记录。如无法确定补漆区域雷达罩结构的状态，应要求退漆检查，以确认补漆区域内部结构是否异常。同时，也应关注雷达罩安装螺钉和铰链的锈蚀和螺钉孔开裂或风蚀等情况，视情要求打开雷达罩，对其内部结构、导电条以及相关设备的状态进行详细检查。

图8-1 典型雷达罩漆面损伤示例

2.雷达罩封严条损伤

雷达罩封严条经过长时间使用后存在硬化变形、脱胶、破损（见图8-2）等问题，检查过程中需要打开将雷达罩打开进行详细检查。

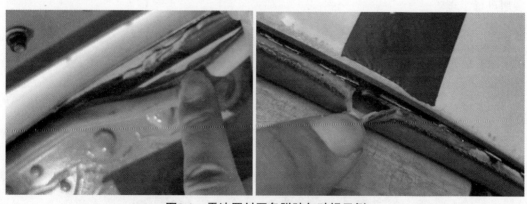

图8-2 雷达罩封严条脱胶与破损示例

3.机鼻涡流发生器损伤

雷达罩顶部后侧机鼻区域安装有涡流发生器，在其前端易存在漆面损伤、前端风蚀（见图8-3）以及材料缺失的问题，检查过程中需要借助较高的梯架进行。

图8-3 机鼻涡流发生器前端风蚀损伤示例

4.驾驶舱风挡损伤

驾驶舱风挡常出现风挡玻璃内部水汽入侵、边缘区域分层与起泡、聚氨酯层龟裂、加温导电条区域电弧等损伤缺陷，还会出现风挡玻璃内外表面划伤、风挡玻璃外侧封胶老化、开裂、风蚀、缺失等问题。

对于风挡玻璃本体出现的损伤，可以参考AMM相关章节对损伤情况进行评估。需要特别注意风挡玻璃加温条区域的水汽侵蚀和电弧迹象，该处的损伤易导致风挡玻璃因电弧放电发生爆裂。如果风挡玻璃外部封胶损伤（见图8-4），封胶状态不佳将会直接影响风挡的使用寿命和安全运行。需要特别注意，风挡玻璃外部的封胶包括两部分，一部分是生产过程中风挡本体的成型前封胶（Pre-molded Seal），另一部分是风挡安装过程中的气动平滑成型封胶（Aerodynamic Smoother），这两部分封胶均可以依据相关AMM手册进行修理。

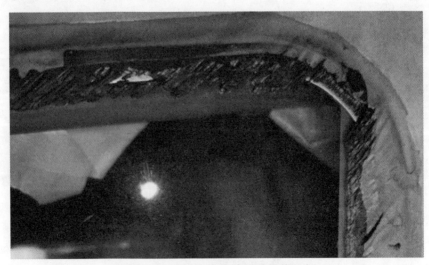

图8-4 驾驶舱风挡玻璃封胶损伤示例

5.驾驶舱三号风挡外侧前缘风蚀损伤

驾驶舱左右侧三号风挡材料为亚克力（Acrylic）玻璃，风挡外侧前缘会存在不同程度的风蚀现象（见图8-5）。若风挡前缘存在风蚀，应依据AMM对风蚀情况进行评估，并视情进行更换。

图8-5　驾驶舱三号风挡外侧前缘风蚀损伤示例

6.皮托管损伤

皮托管在飞机机头和垂直安定面两侧均有安装（不同机型会存在差异）。皮托管易出现管口磕伤、管口变形、加温区域烧蚀、根部风蚀严重、底座封胶退化等现象（见图8-6）。皮托管口出现损伤时，可以参考AMM手册相关章节对损伤情况进行评估。

图8-6　皮托管管口变形及材料缺失损伤示例

7.全温探头损伤

全温探头安装在飞机机头一侧，全温探头易出现探头前部风蚀严重、磕伤、材料缺失、根部底座封胶退化等现象（见图8-7）。

图8-7　全温探头前部风蚀及材料缺失损伤示例

8.机身蒙皮漆面与结构损伤

机身蒙皮主要为经过特殊处理的铝合金板材，覆盖了整个机身区域，在日常飞行中由于雨水侵蚀、油污污染、风蚀、设备或工具刮蹭、异物撞击、雹击、鸟击以及雷击等原因导致蒙皮漆面和结构的损伤较为常见。典型的蒙皮损伤形式有漆面损伤、紧固件松动、凹坑、穿孔、凿伤、刻痕、划伤（见图8-8）、腐蚀、雷击、磨损等。

检查机身蒙皮漆面及结构时，可以借助手电光线或自然光线的反射和折射对机身蒙皮的漆面状态、补漆痕迹、疑似结构损伤等进行详细检查。应重点关注补漆区域的状态和相关文件记录，视情要求退漆检查，以确认补漆区域内部结构是否异常。

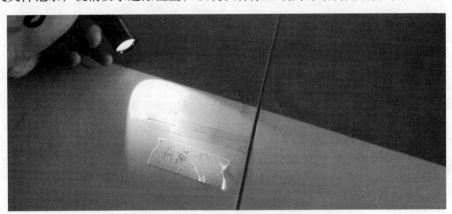

图8-8　机身蒙皮典型划伤示例

9.机身排水口内部裂纹

机身排水口内部螺纹部分为非金属材料，易出现裂纹（见图8-9）进而引起水分渗入排水口底座内部，导致底座区域蒙皮腐蚀。

图8-9 机身排水口内部裂纹典型损伤示例

10.机身排水口/余水口周围腐蚀迹象

机身排水口/余水口周边因长期存在水的侵蚀，在漆面边缘处易发生漆面脱落和蒙皮腐蚀现象（见图8-10）。

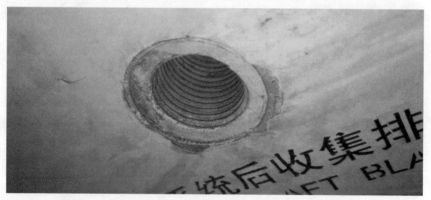

图8-10 机身排水口周边漆面损伤及蒙皮腐蚀损伤示例

11.外接交流电源面板接近口盖锁扣封严破损

飞机外接交流电源面板位于机身右前侧，为防止雨水渗入面板接近口盖，所有锁扣均配备了封严胶皮，经长时间使用该处封严胶皮易发生破损或脱落（见图8-11）。

图8-11 外接交流电源面板接近口盖锁扣封严破损与脱落示例

12.外接交流电源插钉损伤

飞机外接交流电源插座在频繁连接过程中，易因操作不当造成插钉磨损、烧蚀（见图8-12），插座底座裂纹等。

图8-12　外接交流电源插钉损伤示例

13.外接交流电源面板下方蒙皮边缘损伤

在连接飞机外接交流电源插头时，经常会将电源插头附近的金属挂钩挂在外接电源面板下方结构上，这将导致外接电源面板下方蒙皮边缘存在磨损、腐蚀、裂纹等损伤（见图8-13）。

图8-13　外接交流电源面板下部蒙皮与结构损伤示例

14.机身前段静压孔及盘面边缘污垢及腐蚀

机身前段静压孔及周边蒙皮盘面直接暴露在外界环境中，在静压孔边缘、蒙皮盘面和静压孔交接边缘以及盘面周边铆钉边缘处易发生污染物聚集和局部腐蚀等情况（见图8-14）。应注意，静压口周边铆钉更换的施工要求较严格，需重点关注。

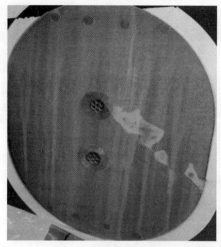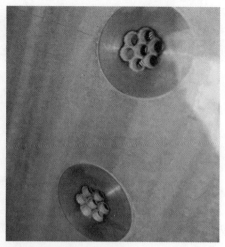

图8-14　静压孔及盘面边缘污垢及腐蚀损伤示例

15.机身舱门及门周边机身蒙皮损伤

在频繁的人员设备进出、货物装卸过程中，飞机的前后登机门下部和后侧区域的机身蒙皮、前后货舱门蒙皮及其周边蒙皮和结构区域易集中发生磕碰、划伤（见图8-15）等情况，应重点关注这些区域的聚集性损伤情况，需特别注意货舱门表面及周边蒙皮表面的漆面修补、凹坑、划伤、凿痕等损伤。同时，也应重点关注货舱门表面和货舱门周边蒙皮损伤修理和评估记录的对应情况，防止检查评估漏项。

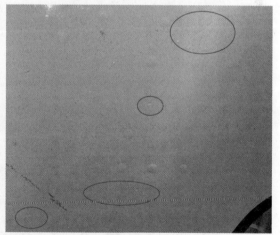

图8-15　货舱门本体及周边机身蒙皮典型损伤示例

16.增压区机身蒙皮铆钉松动拉烟

若机身增压区域蒙皮铆钉松动，在飞行过程中因舱内外压差原因产生的气流渗漏会在铆钉的后缘形成类似拉烟的迹象（见图8-16）。

图8-16　典型的增压区机身蒙皮铆钉松动拉烟示例

17.机身区域刀型天线风蚀及底座封胶破损

机身区域的刀型天线易发生前缘漆面与材料缺失、漆面裂纹鼓包、底座封胶破损和底座蒙皮腐蚀（见图8-17）等损伤。

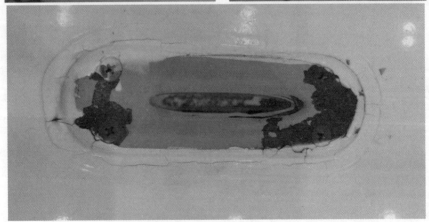

图8-17　刀型天线前缘漆面和材料缺失及底座蒙皮腐蚀示例

18.机腹可收放着陆灯灯罩内部积水

机腹着陆灯封严发生损伤后，会导致雨水进入着陆灯灯罩内部，并在灯罩内部发生聚集，如图8-18所示。

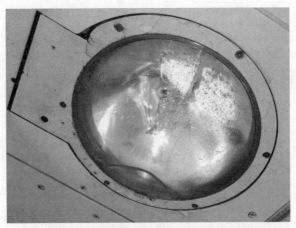

图8-18 机腹可收放着陆灯灯罩内积水示例

19.机身外部应急灯周边蒙皮腐蚀及灯罩内部污染

机身外部应急灯周边蒙皮处易发生漆面破损及腐蚀情况，在运行过程中水与污染物可能通过排水口进入灯罩内部，造成应急灯内部污染甚至腐蚀（见图8-19）。

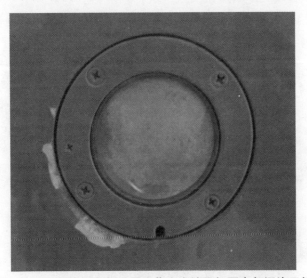

图8-19 机身外部应急灯周边蒙皮腐蚀及灯罩内部污染示例

20.翼身整流罩与机身接合区域划伤

在飞机翼身整流罩拆装过程中，常常因拆装或除胶方法不规范，造成整流罩搭接区域的机身蒙皮发生划伤、凿痕（见图8-20）等损伤。尤其需要注意机身搭接带上的损伤。

图8-20　翼身整流罩搭接区域凿痕与划伤示例

21.翼身整流罩安装支撑结构裂纹

在飞机前翼身整流罩后安装支撑结构处，支架缘条区域易产生裂纹（见图8-21）。若遇此处发生裂纹，应关注航材备件的保障情况。

图8-21　前翼身整流罩安装支撑结构裂纹示例

22.机身排水桅杆尾部漆层剥离与锈蚀

如图8-22所示，排水桅杆尾部易发生漆层分离与锈蚀等情况。

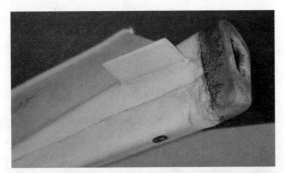

图8-22 机身排水桅杆尾部漆层分离与锈蚀示例

23.机身真空马桶排气口周边蒙皮腐蚀

真空马桶排气口周边蒙皮常存在漆面破损与腐蚀问题（见图8-23），若发现该处已重新补漆，需重点关注补漆后的漆面整体状态、补漆的维修记录等，视情要求退漆检查。

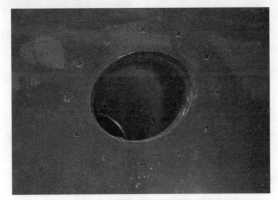

图8-23 机身真空马桶排气口周边蒙皮腐蚀示例

24.机身尾翘底座前端蒙皮漆面损伤与腐蚀

机身尾翘底座前端蒙皮常存在漆面剥离与腐蚀问题（见图8-24），需重点关注漆面整体状态、补漆维修记录等，视情要求退漆检查。

图8-24 机身尾翘底座前端蒙皮漆面损伤与腐蚀示例

25.机身后侧清水勤务口和污水勤务口盖周边结构及蒙皮腐蚀

位于机身后部的左侧污水勤务口盖和右侧的清水勤务口盖周边区域的蒙皮和结构部件是磨损、腐蚀（见图8-25）的易发区域，需重点关注该区域的状态和历史修理记录。同时需要关注勤务口盖铰链和锁扣的状态。

图8-25　机身污水箱勤务口盖周边结构及蒙皮腐蚀示例

8.2.2　轮舱区域典型损伤

1.前轮舱舱门前缘风蚀及封严破损

前轮舱舱门前端的防风条和球形封严易发生破损，进而导致舱门本体风蚀等损，如图8-26所示。

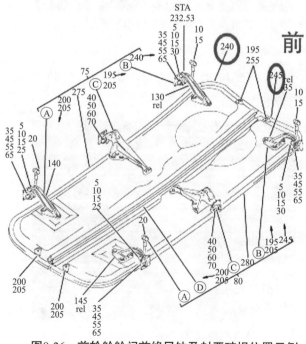

图8-26　前轮舱舱门前缘风蚀及封严破损位置示例

2.前轮转弯钢索磨损

前轮转弯钢索在如图位置易发生磨损（见图8-27），可参见AMM手册进行磨损评估。

图8-27 前轮转弯钢索磨损示例

3.前轮舱内线束保护管编织层破损

如图8-28所示，前轮舱内线束保护管编织层易发生破损。

图8-28 前轮舱内线束保护管编制层破损示例

4.前起落架内筒轮轴内部锈蚀与烧蚀

如图8-29所示，前起落架内筒轮轴内部曾发现存在腐蚀与烧蚀痕迹，最终导致了内筒组件的更换。

图8-29　前起落架内筒轮轴内部腐蚀与烧蚀痕迹示例

5.主轮舱前壁板两侧下部复合材料壁板区域裂纹

如图8-30所示，主轮舱前壁板两侧下部的壁板材质为复合材料，该区域易存在裂纹，可通过空调舱后部接近进行检查。需注意该损伤的修复用时较长，可参考SRM进行修复。

图8-30　主轮舱内部裂纹示例

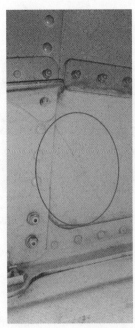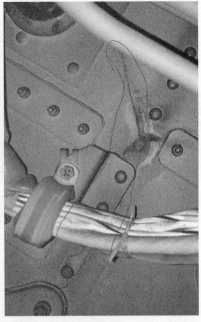

图8-31　空调舱内部裂纹示例

6.空调舱和主轮舱龙骨梁底部区域盖板安装支架腐蚀

如图8-31所示，空调航内部产生裂纹，空调舱和主轮舱龙骨梁底部区域多有雨水聚集，该区域的盖板安装支架，特别是螺钉安装孔区域易发腐蚀（见图8-32）与材料缺失等损伤。

图8-32　空调舱龙骨梁底部支架螺钉孔腐蚀示例

7.主轮舱内液压油滤滤杯保险孔损伤

如图8-33所示，主轮舱内液压油滤滤杯保险孔经常存在豁孔等损伤。

图8-33　主轮舱内油滤滤杯保险孔损伤示例

8.主起落架后部大翼下表面封严支撑结构磨损

如图8-34所示，主起落架随动舱门后缘与后部大翼下表面封严支撑结构区域易发生干涉与磨损。

图8-34　主起落架后部大翼下表面封严支撑结构磨损示例

9.主起落架随动舱门加强肋裂纹

如图8-35所示，主起落架随动舱门加强肋处易产生裂纹。

10.轮舱内部多发的部件腐蚀、锈蚀、管路磨损等损伤

因起落架舱属于油液、雨水和污染物的重点聚集区域，舱内的相关设备、部件、管路、线束等均存在被污染、腐蚀、锈蚀（见图8-36）以及外来物损伤的风险，应加强对起落架舱内相关设备整体状态的检查。

图8-35　主起落架随动舱门加强肋裂纹位置示例

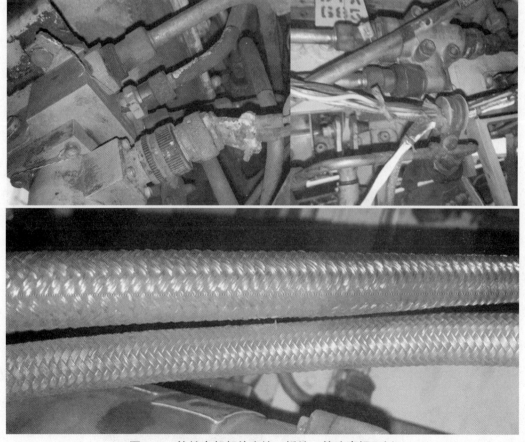

图8-36　轮舱内部部件腐蚀、锈蚀、管路磨损示例

8.2.3　电子舱区域典型损伤

1.电子舱设备架顶部接水盘裂纹

如图8-37所示，电子舱设备架接水盘较易在安装螺钉孔周边产生裂纹，严重时将导致雨水渗漏到电子设备架上。

2.电子舱门周边腹板、结构磨损

如图8-38所示，电子舱门开关过程中，易与舱门周边结构、腹板等发生干涉，造成周边结构磨损严重。

图8-37　电子舱设备架顶部接水盘裂纹示例　　　　图8-38　电子门后部锁止动支架磨损示例

3.电子舱门滑动滚轮磨损

电子舱门频繁开关，易对电子舱门轨道滑轮造成磨损（见图8-39），严重时将造成舱门开关不畅或卡滞。

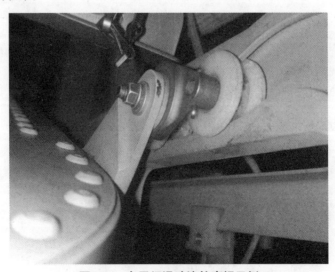

图8-39　电子门滑动滚轮磨损示例

8.2.4 前后货舱区域典型损伤

1.前后货舱门把手槽内部磨损

如图8-40所示,因前后货舱门开关把手内部的塑料止动块丢失,位于把手底部的把手槽区域容易发生磨损。在发现内部磨损时需进行更换。

图8-40 货舱门开关把手槽磨损示例

2.前后货舱门槛磕伤和门槛内部机身蒙皮损伤

如图8-41所示,因频繁装卸货影响,前后货舱门槛易发生磕伤、变形等损伤。另外,在门槛拆下后,应重点对门槛内部的机身蒙皮状态进行检查,此处易存在划伤、凿痕、点蚀等损伤。

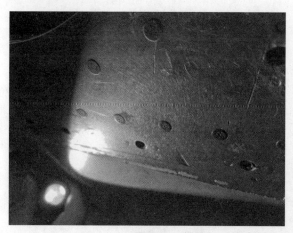

图8-41 货舱门门槛内部机身蒙皮划伤与腐蚀示例

3.前后货舱门门槛下侧腹板腐蚀

如图8-42所示，位于前后货舱门门槛下侧的封闭腔内易发生雨水与污染物聚集，腔室上侧腹板内表面易存在腐蚀的情况。因该处属于相对封闭的腔室，需要借助反光镜、手电筒等对其内部状态进行检查。

图8-42　货舱门门槛下侧腹板腐蚀示例

4.前后货舱系留梁与隔框连接处裂纹

如图8-43所示，因货舱中货物的影响，位于前后货舱地板下部的纵向梁处易存在凹坑、变形、划伤等，需要特别关注位于两侧的纵向系留梁与机身隔框连接处的状态，该位置是裂纹多发区域，应进行重点检查，损伤严重时将可能导致整根系留梁更换。

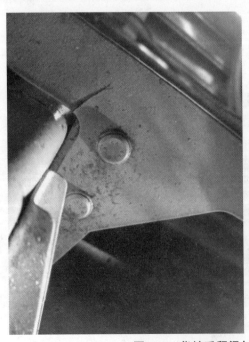

图8-43　货舱系留梁与隔框连接处裂纹示例

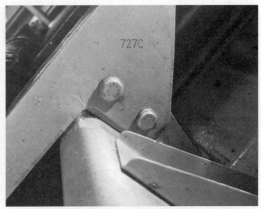

续图8-43　货舱系留梁与隔框连接处裂纹示例

5.前后货舱左、右两侧地板下部支撑结构腐蚀与裂纹

如图8-44所示，前后货舱地板下部属于雨水和污染物聚集区域，位于地板两侧下部的Z形支撑梁、支撑角材、加强角片等易发生腐蚀、裂纹等损伤。另外，检查货舱前应该对所有检查区域进行彻底清洁，以防止污染物影响检查结果的准确性。

图8-44　货舱地板下部支撑结构腐蚀与裂纹示例

续图8-44　货舱地板下部支撑结构腐蚀与裂纹示例

6.前后货舱底部区域长桁及铆钉腐蚀

如图8-45所示，前后货舱地板下部属于雨水和污染物聚集区域，位于底部区域的长桁及铆钉易发生腐蚀，特别是在铆钉周边区域。为便于检查，需要对货舱底部区域进行彻底清洁，视情使用手电筒、反光镜以及放大镜等辅助工具。若长桁区域发生多处腐蚀情况，需要注意尽快与飞机制造商沟通制定修理方案，以防止对退出检周期造成重大影响。

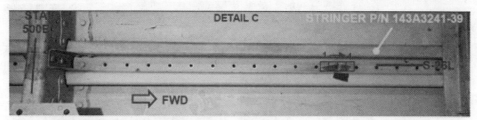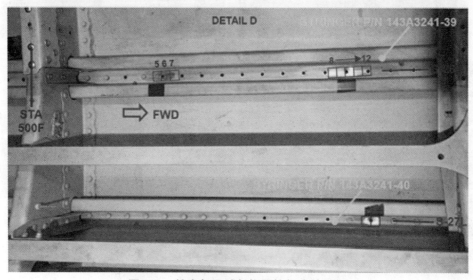

图8-45　舱底部区域长桁及铆钉腐蚀示例

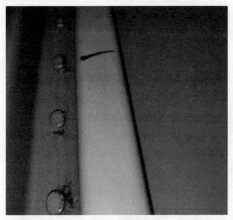
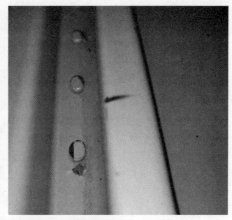

续图8-45　舱底部区域长桁及铆钉腐蚀示例

7.前后货舱侧壁机身隔框及加强角片变形

如图8-46所示，因货舱中货物的影响，位于前后货舱两侧的机身隔框上缘条处是凹坑与变形的多发区域，与隔框和长桁相连接的加强角材也易发生变形，在拆除货舱侧壁板后需对该区域进行详细检查，可以借助手电筒和手触摸的方式完成检查。机身隔框损伤严重时将有可能导致整根隔框的更换。如发现问题需要修理，应注意尽快与飞机制造商沟通制定修理方案，以防止对退出检周期造成影响。

图8-46　货舱侧壁隔框及加强角片变形示例

8.2.5 空调舱区域典型损伤

1.空调舱门封严破损

如图8-47所示，空调舱门的球形封严破损普遍较为严重。

图8-47 空调舱门球形封严破损示例

2.空调舱门搭接带破损

如图8-48所示，空调舱门搭接带普遍存在严重的断丝与锈蚀。

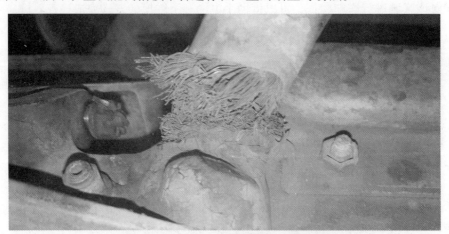

图8-48 空调舱门搭接带断丝锈蚀示例

3.空调舱门内表面损伤

如图8-49所示，空调舱门内侧复合材料表面易发生刮伤与穿孔等损伤。

图8-49 空调舱门内表面刮伤示例

4.空调热交换器冲压空气管道损伤

空调热交换器冲压空气进口和出口管道均为复合材料管道，易发生复合材料老化、分层、裂纹，以及接口磨损破损等损伤，如图8-50所示。

图8-50　空调热交换器冲压空气出口管道内表面损伤示例

8.2.6　APU舱区域典型损伤

1.APU舱防火封严破损

如图8-51所示，APU舱前部红色防火封严易发生破损。

 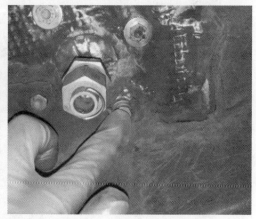

图8-51　APU舱防火封严破损示例

2.APU舱后侧门封严压条及蒙皮结构磨损

如图8-52所示，APU舱后侧门封严、封严压条及其连接的蒙皮结构易与舱门处的隔热毯翘起区域发生干涉，导致蒙皮结构磨损。

图8-52　APU舱后侧门封严压条及蒙皮结构磨损示例

3.APU舱隔热毯破损

如图8-53所示，APU舱四周壁板及APU舱门隔热毯易发生撕裂、穿孔、破损等损伤。

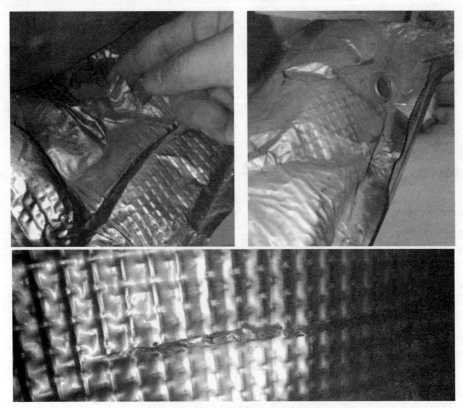

图8-53　APU舱隔热毯破损示例

4.APU排气管隔热毯破损

如图8-54所示，APU排气管隔热毯易发生撕裂、穿孔等损伤。

图8-54　APU排气管隔热毯破损示例

8.2.7　驾驶舱区域典型损伤

1.主警告牌与仪表板装饰条磨损

如图8-55所示，位于仪表板两侧的左、右主警告牌组件及其附近的装饰条为常见严重磨损部件，主警告牌组件也较易发生灯罩烧蚀和裂纹等损伤。

图8-55　主警告牌与仪表板装饰条磨损示例

2.驾驶舱风挡损伤

驾驶舱风挡组件较常见的损伤有风挡玻璃划伤（见图8-56）、分层、龟裂、电弧损伤等。在进行驾驶舱检查过程中，应特别重视对风挡玻璃的检查。

图8-56　驾驶舱1号风挡内侧玻璃划伤示例

3.驾驶舱正副驾驶座椅滑轨损伤

驾驶舱正副驾驶座椅滑轨常存在磨损（见图8-57）、划伤、止动孔扩孔等损伤。

图8-57　正副驾驶座椅滑轨磨损示例

4.驾驶舱第一观察员座椅铰链机构裂纹

驾驶舱第一观察员座椅座板和靠背的铰链连接机构处常存在磨损严重和裂纹（见图8-58）等损伤。

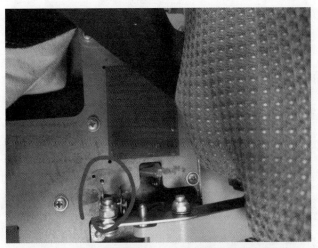

图8-58 第一观察员座椅靠背铰链机构裂纹示例

5.驾驶舱内装饰面板裂纹

驾驶舱内部各储物格门、水杯架底座、防护呼吸设备罩壳、应急斧罩壳（见图8-59）、风挡遮阳板等装饰性面板处均易发生开裂的情况，检查过程中需重点关注。

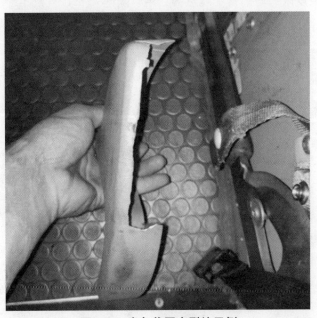

图8-59 应急斧罩壳裂纹示例

8.2.8 客舱区域典型损伤

1.客舱地板损伤

如图8-60所示，客舱地板多为铝蜂窝板材，其上表面易多发生凹坑、划伤、穿孔等损伤，检查过程中可以借助手电筒侧面打光来检查地板表面的凹坑情况。

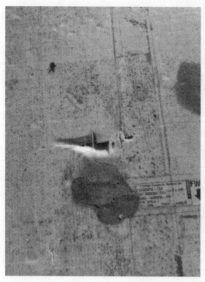

图8-60　客舱地板损伤示例

2.机内隔热棉损伤

飞机增压区蒙皮内部均铺设了隔热棉，用以隔绝外部低温和噪音，舱内隔热棉常存在破损（见图8-61）、撕裂、封边老化脱胶、浸水、污损、内部填充缺失等问题，检查过程中应逐片进行检查，视情要求更换。

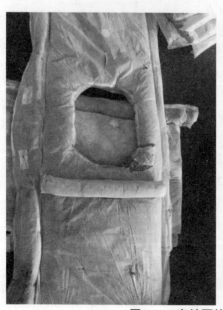

图8-61　客舱隔热棉破损示例

3.机舱门锁紧轮机构导向槽磨损

如图8-62所示，飞机登机门和勤务门锁紧轮导向槽处易发生严重磨损。

图8-62　登机门锁紧轮导向槽磨损示例

4.客舱中央翼盒上部地板梁加强角片裂纹

如图8-63所示，客舱中央翼盒上部地板梁加强角片处易发生裂纹等损伤。

图8-63　地板梁加强角片裂纹示例

5.客舱前后湿区底部地板梁腐蚀

如图8-64所示，客舱前后湿区为厨房和洗手间安装区域，厨房与洗手间底部在地板梁上的连接区域是腐蚀的多发区域。检查过程中需要将地板、厨房连接地脚等拆除后才能进行彻底检查。

图8-64　客舱湿区底部地板梁腐蚀示例

6.客舱地板底部纵向梁腹板裂纹

如图8-65所示，客舱地板底部纵向梁腹板区域易发生水平方向裂纹，检查过程中应逐个站位进行详细检查。

图8-65　客舱中部地板底部纵向梁腹板裂纹示例

7.客舱厨房烧水杯底部台面腐蚀

如图8-66所示，客舱厨房烧水杯底部较易发生台面腐蚀。

图8-66　厨房烧水杯底部台面腐蚀示例

8.客舱饮用水箱指示不准确

饮用水箱指示器安装在客舱乘务员面板上，饮用水箱指示常常会不准确，在饮用水排空时，水箱指示仍有水，向水箱加少量清水后便指示到满位，但水箱中实际水量并未加满。此问题多数是因为水箱内部水量传感器故障所致，若要彻底处理需对水箱进行更换。

8.2.9　大翼区域典型损伤

1.大翼内侧前缘上表面蒙皮松动

如图8-67所示，左、右大翼内侧克鲁格襟翼上方的金属蒙皮处于大翼前端，由铆钉固定。该区域的固定铆钉易发生铆钉松动、铆钉孔扩孔等损伤。检查过程中可以使用手指按压蒙皮边缘，严重时可以发现蒙皮边缘有轻微翘起和松动。

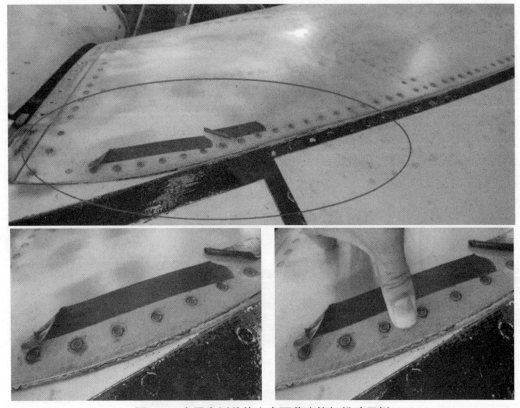

图8-67　大翼内侧前缘上表面蒙皮铆钉松动示例

2.前缘缝翼后缘楔形块下表面磨损

如图8-68所示，左右大翼前缘缝翼运动过程中，缝翼后缘楔形块下表面易与大翼上表面干涉摩擦，导致楔形块下表面角部发生磨损。若发现磨损超标执行修理时，应重点关注修后补片的平整度。

图8-68　缝翼后缘楔形块下表面磨损及修理示例

3.前缘缝翼止动点磨损

如图8-69所示，安装在大翼前缘的缝翼止动点易发生严重磨损，检查过程中需要逐个进行磨损状态检查。

4.前缘缝翼辅助滑轨防磨片磨损

如图8-70所示，缝翼辅助滑轨中安装的的防磨片易发生严重磨损，需要逐个对防磨片进行磨损状态检查。

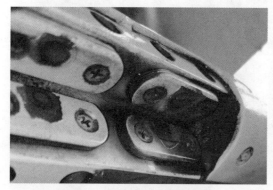 

图8-69 缝翼止动点磨损示例　　　图8-70 缝翼辅助滑轨防磨片磨损示例

5.前缘缝翼主滑轨防磨涂层和侧壁磨损

如图8-71所示，前缘缝翼主滑轨上、下表面防磨涂层和滑轨侧壁易发生严重磨损。检查时需要在前缘缝翼伸出状态下逐个进行详细检查。

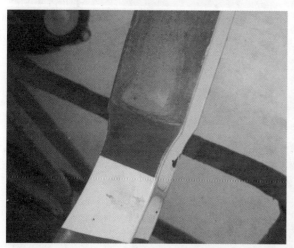 

图8-71 前缘缝翼主滑轨防磨涂层和侧壁磨损示例

6.缝翼作动筒液压管旋转活门液压油渗漏

如图8-72所示，缝翼作动筒液压管路中的旋转活门易发生液压油渗漏，旋转活门安装在大翼前缘下部的腔室内，需要在前缘缝翼作动筒打压的状态下逐个进行详细检查。

图8-72　缝翼作动筒液压管旋转活门液压油渗漏示例

7.大翼前缘下部腔室内部件锈蚀

如图8-73所示，大翼前缘下部腔室处于大翼前缘，是雨水、油污和潮气易聚集的区域，安装在其内部的导轨、紧固件、线路设备等易发生锈蚀和腐蚀等损伤。

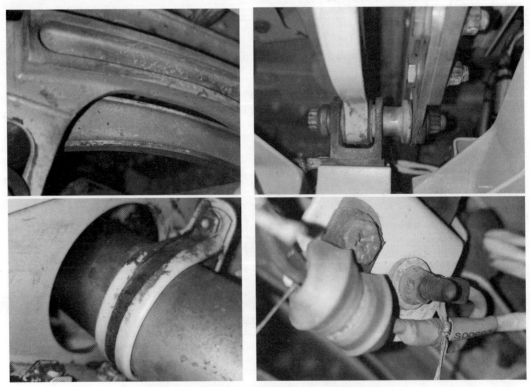

图8-73　大翼前缘下部腔室内部件锈蚀示例

8.发动机吊架上方大翼前缘盖板安装边磨损

如图8-74所示，位于发动机吊架上方大翼前缘的吊架接近盖板内部，与盖板封严贴合的大翼结构区域易发生严重磨损。同时，也应关注该盖板两侧搭接带的状态，该搭接带也易发生断丝。

9.大翼翼尖位置灯罩前缘风蚀

如图8-75所示，翼尖位置灯处于大翼翼尖前缘，灯罩前缘易发生风蚀和材料缺失等损伤。

图8-74 吊架上方大翼前缘盖板安装边磨损示例　　图8-75 大翼翼尖位置灯罩前缘风蚀示例

10.大翼后梁后缘内襟翼安装肋角片裂纹

如图8-76所示，位于大翼后梁后缘内襟翼的安装肋的加强角片易发生裂纹。

 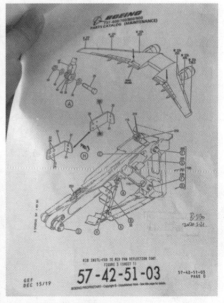

图8-76 大翼后梁后缘内襟翼安装肋角片裂纹示例

11.后缘后襟翼滑轨封严破损

如图8-77所示，位于后缘后襟翼主滑轨处的滑轨封严易出现破损或缺失。

图8-77　后缘后襟翼滑轨封严破损示例

12.后缘襟翼滚轮磨损

如图8-78所示，后缘襟翼的滑轮易发生卡阻和磨损等损伤。

图8-78　后缘襟翼滚轮磨损示例

13.后缘后襟翼程序滑轨磨损

如图8-79所示，后缘后襟翼程序滑轨及其周边结构易发生磨损。

图8-79　后缘后襟翼程序滑轨磨损示例

14.后缘后襟翼主滑轨磨损

如图8-80所示,后缘后襟翼主滑轨的上、下表面及侧壁易发生磨损。

图8-80 后缘后襟翼主滑轨上、下表面及侧壁磨损示例

15.后缘襟翼主滑轨磨损

如图8-81所示,后缘襟翼主滑轨的上、下表面防磨层及滑轨侧壁易发生磨损。在发现襟翼主滑轨存在损伤时,应及时与制造厂家沟通确定修理方案。如确定需要更换则需要提前确认送修周期及备件保障情况,以防止对退出检工期造成影响。

图8-81 后缘襟翼主滑轨上、下表面防磨层及侧壁磨损示例

16.副翼配平腔内部平衡布帘破损

如图8-82所示,副翼配平腔内部的平衡布帘易发生老化、破损、撕裂、穿孔等损伤,同时配平腔内部的螺栓、垫片、铆钉、配重等也易发生锈蚀、腐蚀等问题。

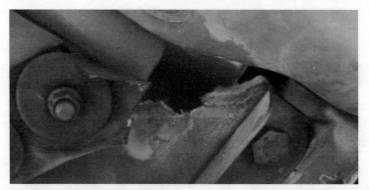

图8-82　副翼配平腔内部平衡布帘破损及紧固件锈蚀示例

17.副翼及副翼调整片漆面缺失

如图8-83所示，副翼和副翼调整片后缘的漆面易发生缺失，若漆面长期缺失则有可能导致副翼或副翼调整片后缘复合材料区域发生分层等损伤。应注意，副翼及调整片的重新喷漆与修理有可能需要进一步进行配平或者试飞验证。

图8-83　副翼后缘分层及调整片后缘漆面缺失示例

18.大翼油箱内部通气长桁裂纹

如图8-84所示，位于发动机吊架上方的大翼油箱内部通气长桁腹板处易发生水平方向裂纹，该处裂纹将导致大翼油箱内燃油通过通气长桁渗入中央油箱中。应注意，若发现通气长桁存在裂纹，应及时与波音公司进行沟通确定修理方案，并尽全力协调航材备件供应，此区域的结构修理将可能造成较长时间的飞机停场。

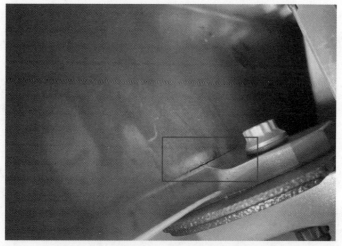

图8-84　大翼油箱内部通气长桁裂纹示例

8.2.10　尾部区域典型损伤

1.水平安定面和垂直安定面前梁安装边多发划伤

如图8-85所示，在水平安定面和垂直安定面前缘蒙皮段拆装过程中，易因不规范施工导致前梁安装边多发划伤。

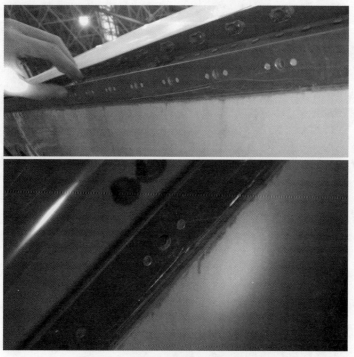

图8-85　安定面前梁安装边划伤示例

2.水平安定面前梁接耳上表面磨损

如图8-86所示，水平安定面前梁接耳上表面易与上滑动封严发生干涉，造成接耳上表面磨损。

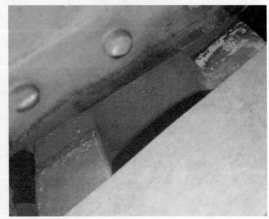

图8-86　水平安定面前梁接耳上表面磨损示例

3.水平安定面外侧后缘楔形块损伤

如图8-87所示，水平安定面外侧后部的楔形块后缘复合材料区域易发生碰伤、脱胶、分层等损伤。

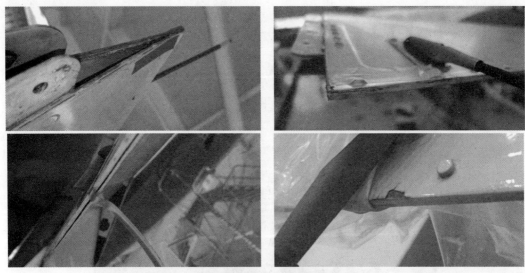

图8-87　水平安定面外侧后缘楔形块损伤示例

4.水平安定面后侧升降舵铰链接耳磨损

如图8-88所示，水平安定面后侧的升降舵铰链接耳侧面易发生磨损，若检查发现磨损迹象，需拆下升降舵进行测量与评估。

图8-88 水平安定面后侧升降舵铰链接耳磨损示例

5.水平安定面后缘隔框端面磨损

如图8-89所示，水平安定面后缘隔框端面易发生磨损，若检查发现磨损迹象，需拆下升降舵进行测量与评估。

图8-89 水平安定面后缘隔框端面磨损示例

6.垂直安定面前侧背鳍顶部复合材料区域风蚀

如图8-90所示，垂直安定面前侧背鳍组件顶部的复合材料区域易发生严重风蚀、钉孔材料缺失等缺陷，需拆下背鳍进行修理。

图8-90 背鳍顶部复合材料区域风蚀与材料缺失示例

7.垂直安定面前缘下部复合材料区域风蚀与裂纹

如图8-91所示，垂直安定面前缘下部的复合材料区域易发生严重风蚀和裂纹等损伤，需拆下垂尾前缘进行修理。

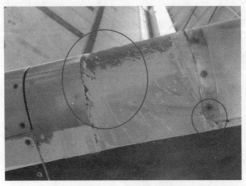

图8-91　垂尾前缘复合材料区域风蚀与裂纹示例

8.方向舵配重块严重腐蚀及材料缺失

如图8-92所示，方向舵配重块处易发生严重腐蚀及材料缺失，需拆下更换。

图8-92　方向舵配重块腐蚀及材料缺失示例

9.方向舵底部机身蒙皮复合材料磨损

如图8-93所示，方向舵底部的机身蒙皮复合材料区域易发生表面磨损。

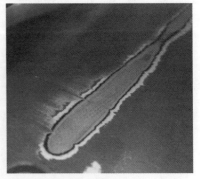

图8-93 方向舵底部机身蒙皮复合材料磨损示例

10.方向舵底部球形封严及底座封严破损

如图8-94所示,方向舵底部球形封严和方向舵转轴底座封严已发生破损。应注意,以上两处封严更换时可能需要拆下方向舵。

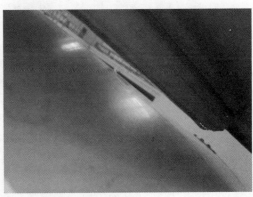

图8-94 方向舵底部球形封严及底座封严破损示例

11.垂尾顶部整流罩和航向信标天线风蚀

如图8-95所示,垂尾顶部前整流罩和LOC天线前端易发生严重风蚀及材料缺失等损伤,需将航向信标天线拆下进行修理。

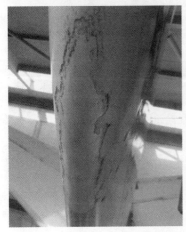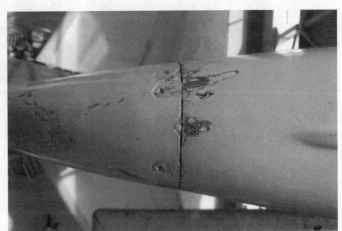

图8-95 垂尾顶部整流罩和航向信标天线风蚀示

8.2.11 发动机区域典型损伤

1.发动机进气道唇口损伤

发动机进气道区域常见损伤有凹坑、凿痕、划伤、铆钉松动(见图8-96)等,检查过程中可以借助敲击检查来判断铆钉是否松动。

图8-96　发动机进气道唇口铆钉松动示例

2.发动机风扇整流罩支撑杆轴承松动

如图8-97所示，发动机风扇整流罩支撑杆固定端的接耳轴承易发生松动脱出，需对轴承松动的支撑杆进行更换。

图8-97　发动机风扇整流罩支撑杆轴承松动示例

3.发动机风扇整流罩的定位支架出现裂纹

如图8-98所示，安装在发动机风扇整流罩内 5 点钟位置的风扇整流罩定位支架处易产生裂纹。

图8-98　发动机引气调节器插头底座断裂示例

4.发动机引气调节器插头底座断裂

如图8-99所示，安装在发动机核心区 11 点钟位置的发动机引气调节器，其连接插头底座区域易发生断裂。

图8-99 发动机引气调节器插头底座断裂示例

5.发动机HPTACC 活门安装接耳断裂

如图8-100所示，安装在发动机核心区 3点钟位置的HPTACC 活门的安装接耳易发生断裂。

图8-100 发动机HPTACC 活门安装接耳断裂示例

第9章 二手飞机的客改货

近年来，中国经济发展迅猛，中国民航的机队规模也随之迅速扩大，其中货运飞机规模的扩大速度远不及客运飞机，导致中国民航的航空货运能力远远不能适应中国经济发展和应急运输的需要。2020年全球爆发新冠疫情后，由于航空货运能力不能满足运输抗疫物资的需要，不少运营人无奈只能用客机运送抗疫物资，航空货运能力不足的短板更加凸显。在此形势下，国家有关部门号召加快发展航空货运能力，尤其是国际航空货运能力，促使我国民用航空货运发展进入快车道。航空货运发展需要提升航空货运的运力，意味着需要更多的货运飞机。货运飞机较少考虑机舱美观度和舒适度等因素，同时没有整套客舱系统的维护成本支出，综合维护成本比客机低。在市场需求的推动下，除了原装的货机可供选择外，将二手客机改装为货机也是提升航空货运运力的一种选择。统计数据表明，客机的使用时间大多不超过25年，部分客机会在机龄达到20年之前退出客机运行，国内的客机大部分退出时机龄不超过15年。这些退出的客机改为货机又可以延长使用10~15年的时间，其优点是飞机引进周期较短，投入成本低，同时延长了飞机的使用生命周期，也为新飞机的销售开辟了空间。

运营人如要将二手客运飞机改装为货机，首先应明确对货运能力的需求，即明确货机的业载、载货容积以及执飞航线等选择飞机机型的前提条件，同时考虑飞机的性能、装载能力以及运行成本等因素，最终确定合适的机型进行客改货。如同一机型的客改货有多家供应商，运营人需要考虑如何优选客改货方案。

9.1 客改货方案的选择

货机可以按照其业载吨位分为大型货机（业载80 t以上）、中型货机（业载40~80 t）以及小型货机（40 t以下）。目前已有客改货方案的中型宽体飞机（业载40~80 t）机型有波音767-300ER和空客330-200/-300，大型宽体飞机（业载超过80 t）有波音747-400飞机。目前GEC空客S和以色列航空工业公司正在联合开发波音777-200ER/-300ER客改货方案。新冠疫情爆发后，国际货运业务需求暴增，美国的M空客nmoth公司亦开始研发波音777飞机的客改货方案。在小型货机的客改货方面，空客公司与其合资公司EFW及新加坡新科宇航启动了空客320系列飞机的客改货，美国Precision公司的空客321客改货飞机也已开始交付。目前波音、空客EI和I空客I均可以提供波音737-800飞机的客改货方案。空客320系列和波音737系列的客改货市场将需求旺盛且竞争激烈。主要客改货机型及方案供应商见表9-1。

表9-1　主要客改货机型及方案供应商

机　型	客改货供应商
MD80	AEI
波音737-300	PEMCO/IAI
波音737-400	PEMCO/IAI/AEI
波音757-200	PC/ST Aero
波音767-300ER	Boeing/IAI
波音737-700	IAI/PEMCO
波音737-800	IAI/Boeing/AEI
空客320/空客321	EFW/PC
空客330	EFW/IAI
波音777	IAI/Manmoth

选择进行客改货的机型时通常需要考虑飞机的机龄，客改货的周期，客改货的费用，客改货方案提供商的售后工程支援能力，客改货方案的优、缺点等因素。选择客改货方案时通常需要从以下几方面进行考量。

1.改装价格

毋庸置疑，客改货的价格是运营人选择客改货方案的重要考量项目。在价格差异不大的情况下，运营人应比较客改货方案的可靠性，在可靠性差异不大的情况下，运营人则可倾向于选择价格低的方案。

2.客改货方案的市场占有率

市场占有率是客改货方案持有人实力的标志。在市场充分竞争的情况下，市场占有率高说明市场对客改货方案的认可度高。

3.客改货方案对飞机性能的影响

不同的客改货方案设计的货舱大门位置、装载构型和运行限制不同，会导致改装后飞机的装载量不同。

4.航材备件支援

选择客改货方案时需要同时考虑客改货方案持有人的航材支援能力，是否在国内开发了客改货相关航材的维修厂家。由于客改货飞机的机队规模有限，航材维修的业务量不大，附件修理厂通常不愿意开发或者保持客改货部件维修的能力，这给客改货飞机的运营保障带来不便。

5.第三方改装技术支持费

飞机制造商针对使用第三方改装方案进行改装的飞机收取技术支持费，需要每年缴纳，故在初期评估时应考虑该费用支出，由于其需要每年缴纳，在客改货飞机运行期间累计后是一项不菲的支出。

6.手册支持费用

客改货之后需要考虑对手册进行更新的费用支出。

7.客户支持

如果一个机型既有飞机制造商的客改货方案，也有经飞机制造商授权的第三方客改货方案，如何选择要采用的客改货方案呢？通常第三方客改货方案在价格方面较飞机制造商的客改货方案有优势，但运营人不能够得到飞机制造商有力的工程技术支持，且每年还需缴纳一定数额的第三方改装技术支持费。对于自身没有运行保障压力的飞机租赁公司来讲，有理由选择改装价格较低的第三方客改货方案。由于客户支持对于运营人提高运营品质和运营效能尤为重要，因此对于运营人来讲，为了使运营的飞机得到飞机制造商有力的支持保障，以选择飞机制造商的客改货方案为上策。因为飞机制造商不会对执行第三方客改货方案进行客改货的飞机提供有力的技术支援保障，会直接影响运营人的运营品质和运营效能，在选择客改货方案时需要重点考虑该问题隐含的风险。

8.活体动物和冷链运输

如果有活体动物和冷链运输的需求，则在选择客改货方案时应关注此需求是否可以得到满足。

9.客改货系统的可靠性

飞机客改货的主要工作是在客机构型的基础上增加主货舱大门、货舱大门操纵系统以及货物装载系统和主货舱烟雾报警系统。从现有客改货机队的运营情况看，不同的客改货方案各有优、缺点，例如使用不同改装方案改装的客改货相关系统故障率存在明显的差异。

某运营人同时拥有A客改货方案构型和B客改货方案构型的波音737CL客改货机队。该运营人可靠性数据表明波音737CL客改货机队最近7年记录的涉及客改货的故障信息有341条，其中涉及舱门的故障信息为206条，而这其中货舱门电动模式失效故障占比最高。分析发现A客改货构型的飞机货舱门电动模式失效故障数量为B客改货构型飞机的数倍，且多次为重复性故障。该故障一旦发生在航前易导致航班延误。

该运营人可靠性数据还表明，波音737CL客改货机队的烟雾探测系统故障率也偏高，在66条烟雾探测系统故障信息中，B客改货构型的飞机故障记录达到了47条，远远多于A客改货构型的飞机发生烟雾探测系统故障数量，造成了航班频繁因此故障延误，虽然烟雾探测系统制造厂家后来颁发了升级烟雾探测器的服务通告，但由于航材储备以及费用等方面的原因，该问题无法在短时间内得到彻底解决。

该运营人可靠性数据亦表明，波音737CL客改货机队客改货飞机的货物装载系统故障率排在第三位。飞机客改货后的货物装载系统在使用到第5～6年后开始故障多发。由于波音737CL的货物装载系统为纯机械式，故其损伤一般的表现形式为磨损、撞击损伤等，另外主货舱门的封严减压器多次出现变形，但手册中无允许损伤标准，咨询A和B两个客改货厂家，给出的解决措施不同，一家要求出现损伤后进行更换，另一家允许整形。这种在损伤处理标准上的差异也将带来运营上的困难和成本上的增加。

因此，在选择客改货方案时需要进行深入的调查，同时结合上述几个方面的影响因素进行综合考量分析，以便做出正确的选择。

9.2 客改货施工的现场监修

在第7章中我们介绍了引进二手飞机接收前的现场监修，飞机客改货施工现场监修的工作组织和工作流程与二手飞机接收前的现场监修是基本一致的，只是监修工作的内容会有所增加，下面做简要介绍。

9.2.1 客改货合同的解读

客改货合同中通常明确了客改货的工作范围、客改货实施过程中出现问题的处理原则、持续适航的保证及保修索赔政策等内容。客改货监修代表应完整准确地对客改货合同进行解读，掌握客改货的合同约定信息和自己的权利和义务，以便在施工现场监修时依据合同维护己方利益。

9.2.2 客改货工作范围

客改货开工前，监修代表需要了解客改货方案的具体组成和改装工作内容。有的客改货方案是以服务通告的形式批准的，有的客改货方案是以补充型号合格证的形式批准的。例如某波音737CL飞机的客改货方案是由4个以补充型号合格证为批准形式的改装项目组合而成的。

在审核客改货方案时应注意相关STC在我国民航局的认可情况。通常根据双边协议，如果经过STC重大改装后应向我国民航局重新申请批准，实际操作过程中经常发现STC已经经过多次改版，但是没经过我国民航局重新批准，这种情况下有可能会影响飞机获得单机适航证。

9.2.3 飞机交付给客改货施工方

在将进行客改货的飞机交付给客改货施工方时需要进行绕机检查以确认飞机状态，整理应急设备和松散设备清单，并按清单进行清点，确保所有设备与清单相符，然后签署飞机交接文件。

9.2.4 客改货监修过程中需要注意的事项

客改货监修期间，监修代表需要确认客改货航材是否满足合格航材要求，笔者在监修过程中曾多次发现新到航材存在缺陷的问题。

监控客改货施工过程中拆下的设备和材料，并建立清单便于后续进行处理。

9.2.4 记录文件处理

客改货监修代表应及时跟进客改货施工完成的工卡，检查其是否满足适航管理的要求。

9.2.5 客改货重要工作的监控

监修代表需要跟进客改货总体工作进度，避免监修工作出现失控，同时需要对诸如执行适航指令涉及的重大检查等项目的施工进行监控，例如波音737-800飞机客改货期间需要执行适航指令要求对机翼与机身结合部的隔框接头和抗剪带的检查。

9.2.6 新装机航材清单

客改货施工方通常不主动提供客改货期间装机件清单，此时监修代表应主动要求改装厂家提供装机清单，用于后续运营期间的索赔以及检查装机航材的证书情况。新改装的飞机运营期间经常发现一些和客改货相关的故障，此时往往面临索赔的问题，因此提供新装机航材清单是有必要的。监修代表在监修过程中需要查验客改货期间装机的

航材证书是否能够满足CAAC和运营人的要求，且与改装施工方提供的新装机航材清单
吻合。

9.2.7　客改货期间的偏差处理

客改货期间发生的偏差，包括施工出现的偏差和客改货方案出现的偏差，以及没有
包含在固定价中的施工项目。这些偏差项目往往会涉及费用以及施工周期，改装施工方
通常会及时通知客户进行签字确认，监修代表应就偏差项目及时确认，并与改装厂家协
商处理偏差项目。

9.2.8　手册更新

客改货合同应明确客改货涉及的补充手册（如补充AFM、FCOM、AMM、IPC、
WDM等）需要在飞机完成改装出厂前提供，涉及运营的手册需要提前提供，满足运营
人的运营准备要求。

特别需要注意的是，根据CAAC的要求，如飞机没有ELA手册，将不能获得适航
证，建议飞机引进方的运营人可以参考飞机载重平衡的管理方式对飞机电气负载进行
管理。

9.2.9　客改货出厂前检查

执行客改货出厂前检查时，应对照客改货前交接飞机的清单对随机设备、松散设
备、应急设备以及随机资料等进行检查，并对飞机进行绕机检查。

第10章 飞机退租

在第1章中，我们介绍了引进飞机的几种方式，其中对飞机的经营性租赁做了重点介绍。经营性租赁飞机时，运营人需要承担飞机所有的适航责任。在飞机的租赁期末，运营人对续租和购买租赁的飞机具有优先选择权。如果运营人决定不再续租或购买租赁的飞机，应按照租赁合同的约定安排对租赁的飞机进行一次退出检，将租赁的飞机退出运营人的机队。为了按照租赁合同约定的交机条件将飞机退租，运营人要做大量的工作，需要整理退租飞机所有的维修记录档案，飞机外表需要全面退漆进行详细的结构检查，记录、评估和修理所有的损伤，对大量的零部件进行更换、取证、返修和测试，以满足租赁合同约定的交机条件，将飞机交还给出租方。由于大多数运营人对于飞机的租赁合同缺乏透彻的理解，在飞机退租过程中与出租方在沟通协调方面处于劣势，导致飞机退租成本很高。本章总结业内有关飞机退租方面的经验、教训，希望能够对从事飞机租赁和退租工作的同仁有所帮助。

10.1 飞机退租准备工作的重点

在飞机退租准备工作中关注好以下重点工作将会使飞机退出检的进程变得相对可控和有计划性。

1.对飞机进行退租前的预检

对飞机进行退租前的预检包括对飞机技术文件的检查和飞机技术状态的检查，其中对飞机技术文件的检查工作量很大，其检查结果对能否顺利将飞机退租影响很大。不同的飞机租赁公司或不同的租赁公司代表对飞机技术文件资料的要求的理解也会不一致。飞机技术文件资料不满足飞机退租条件时，通常会导致退出检工作包工作范围的更改。如果在退出检施工过程中更改工作范围，会打乱整个退租进程。因此，通常建议出租方在退出检前4～6个月开始对飞机进行预检。为此承租方应在飞机退出检前4～6个月完成飞机退租文件资料的准备。

对飞机的技术状态进行预检时，需要派有经验的工程技术人员确认飞机技术状态存在的缺陷，为退出检的航材保障提前做准备。飞机的技术状态预检重点是检查客舱状况、结构修理项目状况、发动机状态、机身和发动机外表的凹坑和飞机结构分层的情况。

通常飞机的客舱会使用大量的国产PAM件，需要特别留意出租方是否能接受这些PAM件。客舱的部分部件订购时间非常长，有一些零部件甚至还很难找到OEM厂家，需要通过预检提前确定需要订购的器材并及时启动采购程序。

由于多数运营人尚未建立完善的飞机结构管理体系来跟踪管理飞机上执行过的结构修理项目，因此需要对飞机现存的结构修理项目进行一次普查，找出相应的文件记录，然后评估是否要在退出检中进行重新修理。尤其要特别关注外部补片的状态，通常出租方会逐一核对这些补片的状态是否符合飞机退租条件。如果结构的修理记录缺失，建议在飞机退出检前就提前对这些结构修理项目进行重新修理。需要特别注意进气道蜂窝结构的修理，经常有需要进行超手册修理的情况，要提前准备备件或进行串件。

部分运营人没有对凹坑检查做出规定，在日常维护中极少关注凹坑的问题。但在飞机退租时，无论哪一个出租方都对存在的凹坑非常关注，因此提前通过预检对凹坑进行检查是非常有必要的。在有能力的情况下可以依据相关标准对凹坑进行处理，如果不具备能力，可以提前报告飞机制造商，及早获取修理方案，避免影响退出检的工期。

分层经常会出现在C函道、反推、各种舱门等部位，通常这些分层的外部迹象肉眼是能够分辨的，如漆层剥落或鼓起，或铆钉头腐蚀等。如分层严重需要换件，则要提前准备备件或进行串件。对于飞机外表（如天线、排水口、APU舱中的结构和货舱等部位）存在的轻微腐蚀，应在日常维修中坚持维修标准，及早进行修复。

2.提前与出租方就飞机退租事宜进行沟通

在完成飞机退租前的预检，掌握了飞机的技术状态，明确了不满足退租条件的主要问题之后，在出租方技术代表到现场检查前，出租方应及早与出租方探讨退机计划，包括以何种方式退租、退出检的工作范围、偏离退租条件的事项解决途径。能够以商务解决的方式解决就以商务方式解决，达成的协议最好以文字的形式确认下来。在出租方技术代表完成现场检查后，应力求在飞机退租的大原则和大方向上与出租方达成一致，方便退租工作的准备。

3.航材的准备

退租飞机的航材准备与飞机附件监控工作密切相关，要通过飞机附件监控及早确定飞机退出检工作包的航材需求，同时还要及早确定退租飞机上安装的不符合退租条件的航材，航材部门要及早准备这些在飞机退出检中需要的航材。

10.2 飞机退租工作的组织管理

飞机退租工作需要承租方各运行专业部门的配合，需要各运行专业的人员参与。飞机退租工作的组织管理方式通常是成立飞机退租工作组，以项目管理的方式来落实飞机的退租工作。承租方应在飞机退租前至少半年到一年成立飞机退租工作组。飞机退租工作组的人员构成及职责如下：

（1）退租工作组组长1名，组织退租工作的实施，把控退租工作的进程，负责与出租方进行工作沟通协调，组织研究租赁合同，给组员分配工作，审核组员提交文件，不定期地召开退租会议，给组员提供帮助。

（2）AD管理工程师1名，负责退租飞机AD符合性审核，制作AD状态清单，整理飞机（包括机身、发动机和APU）的AD执行记录，确保与AD状态清单一一对应。

（3）维修档案管理工程师1名，负责整理定检工作包、飞行记录本、发动机、起落架和APU的履历本和修理报告、飞机原始交付记录，清理EO执行记录（包括SB、STC、MDA、DMDOR和结构修理等）提交相关工程师处理，根据需要安排人员翻译维修记录文件。

（4）飞机系统工程师1名，总体负责与工程技术管理部门有关的项目，并且负责清理不满足退租合同要求的改装项目，编写恢复改装的EO，审核执行的SB状态和STC改装状态，按照合同的要求提供手册。

（5）飞机结构工程师1名，负责检查、确认飞机结构修理状态，审核结构修理记录的合法性，完成系统工程师交代的其他工作。

（6）客舱工程师1名，负责检查、确认飞机客舱内部状态，整理发现的问题并提交航材需求，完成系统工程师交代的其他工作。

（7）发动机工程师1名，负责评估发动机和APU的状态，提出方案解决不满足合同的问题，整理发动机和APU维修记录，确保满足退租要求，完成系统工程师交代的其他工作。

（8）定检计划工程师1名，制定退租检工作包，飞机退租检完成后提供MPD状态清单，退出检前期准备过程中，协调安排与飞机退租有关的工作，包括部件更换、飞机停场等。

（9）部件控制工程师2名，准备飞机HT部件的状态清单以及发动机、APU和起落架LLP状态清单，负责提供目前的装机OCCM部件清单，整理确认各清单中部件证件满足飞机退租要求。

（10）航材管理工程师1名，负责退出检整个过程中所有不符合要求的航材的保障，监控航材的使用。

（11）定检维修现场工程师1名，负责飞机退出检期间的现场监督。

（12）商务代表1名，负责与租赁公司之间商务方面的协调工作，邀请适航委任代表（如果需要的话）。

（13）维修控制代表1名，负责协调退出检工作，及时准备航材，监控航材的使用，提供现行有效的飞行类手册，安排机组试飞，提供现行有效的载重平衡手册，为飞机试飞提供舱单，负责安排飞机调机。

以上人员组成为最低配置，应根据退租工作量的实际情况增加退租工作组人员数量。退租工作组成立后，工作组长按照退租工作程序和标准制订退租工作单，确定每位组员的分工，明确退租工作项目的完成期限，并以书面的形式下发给每个退租工作组成员。在规定的期限内无法完成的工作项目需向工作组长说明原因，由组长确定处理措施。

航空公司的退租工作，对于中小型航空公司而言，专职的退租小组很难全职，因此一些岗位完全可以聘请第三方技术服务商（也就是常说的退租技术代表）。通常航空租赁公司会更多地采用这种模式，市场方面自然有很多这种个体的、企业的、机构的服务商，从专业角度、经济角度、效率角度、圈子角度等而言，这些专业技术服务商可以提供更好的服务，毕竟航空公司自己的技术代表很有可能会在技术层面之外有一定的局限性。

10.3 退出检工作包的准备

退出检工作包的准备是建立在合同以及先期出租方代表检查飞机资料结果和先期谈判确定了退租形式的基础上的。因此不能够像准备普通定检工作包一样，只是简单的C检工作包加EO维修项目。退出检工作包的准备必须考虑到以下几方面。

1.合同对退出检的定义

合同中通常对退出检的定义是以飞机制造商的MPD的定义划分的，而承租方运营人的对退出检的定义依据通常是MRS（Maintenance Request System），这两者有相当大的差异。比如MRS的C检间隔和MPD有时是不一样的。MRS的版本更新是落后于MPD的，MRS增加了很多承租方运营人自定义的维修项目。因此，依据承租方运营人的MRS系统简单地提取工作包是非常不严谨的。

2.合同对退租维修项目的要求

通常合同中对放行标准、MPA、EGT测试、孔探、磁罗盘校验、燃油/液压油化验、喷漆、称重、试飞、改装、保留项目、客舱驾驶舱翻新、英文标志等维修项目的执行标准都有具体的要求，需要仔细研究合同，确定工作包的详细内容。因而在退出检工作包的准备过程中，维修计划部门要将上述合同对具体维修项目的要求纳入退出检工作包。

3.考虑因飞机退租出现的零部件更换对维修计划的影响

退租飞机的发动机、起落架、APU及其他一些装机部件有时会装在机队其他飞机上，退租时需要恢复到要退租的飞机上，为了满足飞机退租条件也会更换一些装机部件。因而退出检期间除了正常C检需要更换的部附件外，还会为退租进行大量的部附件更换工作。维修计划部门要注意根据计划拆装机部附件状态调整维修计划内容，而不能只简单地做更换件的维修计划。比如，为了退租飞机，要将一台刚大修回来的发动机装回要退租的飞机。这种情况下，部分需要在C检中完成的发动机维修工作对刚大修的发动机是完全没有必要的。因此，需要对该发动机的维修计划进行调整。如果维修计划部门管理粗放，就会把本应在拆下发动机上进行的维修工作安排在要装机的刚大修回来的发动机上实施。因此，承租方的维修计划部门要结合附件监控工作准备退出检的工作包，工作包中要包括换件清单和附件监控单。承租方的维修计划部门要将退出检的工作包一次性准备好交给执行退出检的MRO，否则MRO无法整体评估退出检需要的工时和人力。如果承租方的维修计划部门在退出检期间还在陆续向MRO提交维修任务，MRO就需要修改退出检工期并调整人力，这可能导致退出检无法如期完工。

4.保持飞机持续适航性对维修计划的要求

由于飞机退租工作烦琐，环节多，飞机从停场退租到飞机交还出租方的过程中很难做到环环相扣，且退租工作周期很长，因此承租方的维修计划部门必须在准备退出检工作包时考虑飞机退租长时间停场期间保持飞机持续适航性的维修需求，将飞机或发动机封存和导航数据库更新等维修工作加入退出检工作包。

5.维修补偿金对飞机退租维修计划的影响

在第5章中我们讨论过，在飞机退租时，是以支付现金方式向租赁公司进行维修状态补偿，还是通过实施维修工作的方式进行维修状态补偿，运营人应将两种维修状态补偿方式下支出的成本进行测算和比较，以决定采取哪种维修补偿方式更有利。在决定维修补偿方式时要具体问题具体分析。有的情况下适当扩大退租检的等级，虽然退租的工作时间长了，工作内容多了，但会在整体上降低退租成本。因此，承租方的维修计划部门要在确定维修补偿方式后，相应地在退出检工作包中确定与维修补偿相关的维修项目。

10.4 退租飞机文件资料的准备

有人形容飞机退租其实就是退维修记录，虽然说法不够严谨，但反映出维修记录是飞机能否顺利退租的关键所在。不同的飞机租赁合同对飞机退租时维修记录的要求也会略有不同，但对飞机退租文件资料的总体要求是大同小异的，通常有以下几方面的要求。

1.所有的维修记录要求是原始的

在引进二手飞机的实际工作中，不仅所有的维修记录要求是原始签字记录，对于所有的证件也要求是原件。但在售卖或退租飞机时，如果没有原件，经相关方协商，有时复印件也可以被接受。

2.所有的资料要求是英文的

在接收飞机时，如果前运营人来自英语系国家，对资料的英文要求通常可以满足，但要注意的是其送修的部件，尤其是发动机、APU、起落架等大的部件，其修理单位所在国家可能不是英语系国家，修理报告或原始维修记录就有可能不使用英语。

退租飞机时，如果退租的飞机是委托国内FAA维修站的MRO来维护的，除了早期的一些记录，如一些换件清单、保留项目清单、放行证等，其他维修记录基本能满足英文要求。对于不能满足英文要求的维修记录要求进行翻译，如果翻译工作量大，难以在有限的时间内完成，通常需要与出租方协商哪些记录是必须翻译的，共同确定一个解决方案。

10.4.1 证件

通常飞机退租涉及的证件包括现行有效的飞机标准适航证、飞机国籍登记证、无线电台执照和飞机出厂交付时的出口适航证、型号合格证及数据单、卫生证、噪声证、阻燃证等，以及飞机在从一个国家向另一个国家出口时的出口适航证和国籍登记取消证。以下是几个需要关注的证件。

1.卫生证

国内运营人早期接收的飞机，许多没有卫生证。这是因为只有N注册的飞机需要卫生证，对于B注册飞机则没有要求。但如果B注册飞机退租出口到美国，或需要临时N注册，则卫生证的取得必不可少。如某架飞机退租到美国时，按合同要求需要有卫生证，但承租方无法提供，经与出租方商量，由出租方自行在美国取证，结果取证非常困难，导致飞机停在美国很长时间无法交付给下一家运营人。由于二手飞机的厨房、厕所及地板等区域较为陈旧，而重新取证的程序非常严格，因此如果出现这种情况则要与出租方和飞机制造商进行协调寻求解决方案。如果可能的话，在当初租赁飞机合同谈判时就应该在退租条件中明确解决方案。

2.出口适航证和国籍登记注销证

从国外引进二手飞机时出租方要向承租方提供出口适航证和国籍登记注销证。如果飞机退租出口到国外，承租方需要向CAAC申请退租飞机的出口适航证和国籍登记注销证。在申办飞机的出口适航证时需要把握获取证件的时间。由于申办出口适航证和国籍登记注销证时，民航地方管理局要进行资料审查和飞机现场适航检查，再出具检查报告向CAAC申请证件，需要一定的时间。因此须把控好证件申办的时机。如果取证时间太早，可能会由于飞机交机过程中有变故需要重新办理。如果取证时间太迟，会影响飞机的交付。

3.适航证及国籍登记证

如果飞机退租出口到国外，要依据合同约定由责任方负责将飞机调机到合同约定的地点。如果合同约定承租方为调机的责任方，承租方须保持退租飞机的适航证及国籍登记证到飞机完成调机，然后办理证件注销手续。如果合同约定调机的责任方不是承租方，但需要承租方协助将飞机调往指定的地点，承租方可以与出租方商定提供调机服务的条件，保持退租飞机的适航证及国籍登记证到飞机完成调机，然后办理证件注销手续。

4.阻燃证

阻燃证是飞机交易必须具备的证件，但不同的公司或不同的现场代表对阻燃证的要求理解有差异。通常出租方要求驾驶舱的座椅、乘务员座椅、旅客座椅、地毯、窗帘等必须具有阻燃证，有些公司还要求提供内部装饰（如侧壁板、杂志袋等）、厨房、厕所地板地胶、货舱拦阻网、封口用的胶带等项目的阻燃证。FAR和CCAR对于阻燃有整体阻燃要求和部件分开的阻燃要求，对于座椅来说就包括座椅套（Cover）、座椅垫（Cusion）、座椅垫阻燃层（Fire Blocked Layer）。此时，不仅仅每个座椅套、座椅垫、座椅垫阻燃层需要有独立的阻燃证，而且还需要有座椅的整体阻燃证。国内承租方在运营租赁飞机过程中，如果座椅套、窗帘、地毯等需要具有阻燃证的项目有损坏的话，往往用国产的产品替代使用，而这些国产的替代品往往只有CCAC的阻燃证，而无FAA的阻燃证，不符合退租要求。对于座椅来说，更换了座椅套，即使该座椅套有FAA的阻燃证，但无法与座椅垫、座椅垫阻燃层一起获得整体阻燃证。国内有的厂商声称能提供整体阻燃证，但其证件经不起推敲，可能不会被出租方接受。因此，在当初进行飞机租赁谈判时就应该在合同中明确对阻燃证的具体要求。如果承租方预计难以在将来飞机退租时满足阻燃证的要求，简单的做法是在引进租赁的飞机后，将有阻燃证要求的项目从飞机上拆下，与相应的阻燃证一起妥善保存至飞机退租时装回飞机上。

10.4.2 飞机制造商的飞机原始交付资料

退租飞机时，飞机制造商的以下几种飞机原始交付资料是必须要提供的：

（1）制造厂AD清单；

（2）飞机的履历本（Readingness Logbook）；

（3）发动机原始制造厂家文件（如Engine Brochure）；

（4）起落架的LLP清单；

（5）制造厂SB报告；

（6）制造厂修理/改装报告；

（7）WBM CHAPTER 2；

（8）详细技术规范。

因为以上文件与飞机现时的技术状态相关，只有与最新提供的AD清单、OC件清单、HT清单、LLP清单、SB清单、修理清单、STC清单、称重报告合在一起，才能完整反映飞机的构型和技术状态。在现实中，发动机原始制造厂家文件、SB报告和制造厂修理/改装报告往往保存不完整，这类问题通常没有变通的办法，意味着如果存在这种问题，承租方在退租飞机时会付出高昂的代价。解决的办法就是在租赁飞机运营过程中，对上面提到的文件从文件产生、文件获取、文件验收、文件归档等环节加以规范管理。

10.4.3 机身维修的技术文件资料

10.4.3.1 AD清单及记录

AD项目涉及飞机适航性。在飞机退租时，出租方会非常仔细核对AD的实施情况和记录填写的合格性。出租方的按机代表通常会对每一份AD原文的每一段内容与记录进行核对，如果某一份AD或AD中的某一段落未执行或不适用，必须得在AD清单上表明原因，并提供相应证据。随着我国适航管理的开展，国内运营人从1994年开始对AD的管理进行了规范。CAAC将AD失控的性质认定是重大维修事故，因此遗漏执行AD的情况极少发生，但在AD的执行记录方面通常会出现以下几方面的问题：

（1）通常飞机租赁合同要求有终结行动要求的AD，必须执行终结行动，而不得以重复检查的方法满足AD的要求。有时承租方出于控制成本的考虑，日常运营中可能以重复检查的方法满足AD要求，而未完成终结行动。这种情况通常发生在涉及大的改装的项目上，多为需要订购航材和长时间停场的AD项目。

（2）租赁合同通常明确规定飞机退租后180 d内到期的AD必须完成，但由于退出检期间合同双方因利益原因进行博弈，导致退出检不能按时完工，飞机交付时间可能会延长，180 d的起始日不好确定。因此，如果AD的工作量不太大，涉及航材成本不高，为避免影响交机时间带来更大的损失，承租方可将这些AD在退出检期间执行。如果AD的工作量大，涉及航材成本高，只能与出租方进行协商，寻求解决方案。

（3）如果AD的执行记录填写不规范或丢失，在得到出租方认可的情况下可以通过执行NRC或EO的方式证实AD的完成情况，或由承租方质量部门提供声明，并尽量附带支持文件来证实AD的完成情况。

10.4.3.2 SB/SL清单及记录

通常飞机退租时不会特别关注SB/SL清单及记录，因为飞机租赁合同中通常没有强制执行SB的要求，SB执行与否取决于承租方的政策。但由于许多SB是涉及飞机改装工作的，飞机退租时出租方通常会通过SB的执行清单了解退租飞机做了哪些SB项下的改装，通常对SB的关注有以下几点：

（1）SB的执行结果是临时性改装/修理还是永久性改装/修理。租赁合同通常要求对飞机的维修要完成永久性的工作。如果SB的执行成本很高，在对执行SB进行决策时要慎重考虑，如果决定要执行SB，就要完成永久性维修措施，以防止在将来飞机退租时因SB的执行标准与合同约定的退租条件不符，造成无谓的经济损失。

（2）是否有免费的SB改装包尚未用在退租的飞机上。退租飞机的下一家运营人要执行此类SB改装的话，需要在接收飞机时得到这些免费的SB改装包，否则就得自己采购改装包了。

（3）与相关条例、运行能力相关的SB是否已经完成，如TCAS II、EGPWS、FDD、RVSM、ETOPS等。

（4）SB/SL执行记录存在的问题，大都与AD执行记录存在的问题相同，解决问题的办法也与AD执行记录存在问题的解决方法相同。

10.4.3.3 重要改装

这里提到的重要改装，通常指的是飞机制造商发布SB以外的改装项目，由于飞机制造商发布SB的改装是民航管理部门批准的文件，因此不存在适航合法性的问题。这里主要是针对STC改装和民航管理部门直接批准的改装。

1. STC改装

通常在查STC改装资料时，主要需要查以下几种文件：

（1）STC厂家的使用授权信。

（2）STC文件本身。

（3）STC的支持文件，如MDL（Master Drawing List）及民航管理部门的批准等。尤其关注的是这些文件必须有一个可靠的上下承接关系，而且必须有明确包含该架飞机的机号等信息，以确保该架飞机实施STC的合法性。

（4）STC的施工文件，通常是具体施工的EO及原始签署记录。对STC的施工文件检查的关注点是检查执行STC的EO与STC改装方案是否存在偏差。

（5）施工结束后的适航批准文件，通常是FAA337表。

（6）对与STC改装相关手册修订是否完成，如AFM、WDM、AMM等在执行了STC改装后是否进行了相关内容的修订。

（7）STC或EO中参考的其他图纸或文件。

STC改装项目的执行文件记录常见的问题主要有以下几种：

（1）STC改装项目的执行文件记录和支持性文件分散保存，不能体现保存文件之间的因果关系，且容易导致文件丢失。

（2）在STC改装EO施工过程中发现施工方案与飞机实际构型有偏差，现场修改EO完成改装，但事后没有通报STC持有人修改STC支持文件并报民航管理部门批准。

（3）早期的STC改装没有颁发FAA337表和AC085表。

（4）STC改装完成后，相关技术手册未能及时修订。

（5）早期的STC改装没有申请VSTC，对于CAAC来说，未获得VSTC直接进行STC改装违反了CCAR的规定。

（6）某些STC改装参考图纸或文件缺失。

另一个需要注意的是CAAC要求，对于即将引进飞机的STC改装，必须获得VSTC的批准，而对于首次VSTC的取证，需要有适航官员的现场检查和认可，FAA对STC的批准也非常严格，在完成STC改装后，需要一定的时间来审核文件。因此，在引进二手飞机的时候，如果在退出检中包含有STC的取证工作时，要考虑退租飞机在交付前有足够的停场时间。

2. 民航管理部门直接批准的改装

如果飞机退租到国外，由于租机合同上通常标明飞机需满足FAA的放行标准，而国内运营人将一些改装方案报CAAC批准后对飞机进行了改装，这符合CAAC的管理要求，改装后的飞机在B注册下运行是没有问题的，但不满足FAA的放行标准。在这种情况下，承租方要确认这些改装项目是否为重要改装项目。如果不是重要改装项目，承租方可与出租方协商折中解决方案，如果是重要改装项目，则尽快申请FAA对改装的批准。

10.4.3.4　EO清单及完成记录

这里的EO指的是除了涉及AD、SB、SL、STC相关EO以外的EO，在EO的管理上通常会存在以下几方面的问题：

（1）某些EO严格意义上讲是属于重要改装范畴，应该纳入重要改装范畴进行管理。但由于某些原因没有纳入重要改装范畴进行管理，因此也就没有申请适航批准。

（2）某些EO没有参考文件，而EO本身内容也相对重要，对于某些出租方是不可接受的。

（3）某些EO有参考文件，但参考文件缺失。

（4）EO执行记录丢失和填写不规范，同时还有更多的编写不规范问题。

10.4.3.5　结构修理记录

结构修理记录主要包含结构修理清单、凹坑图和外部损伤图。

1. 结构修理清单

结构修理主要分小修和大修，对于大修项目需提供FAA337表。

结构修理方案分为两类，一类是按批准的手册进行修理，另一类是超手册进行修理。对于超手册修理，修理方案通常需要FAA8110-3表或FAA8100-9表。

结构修理按照修理结果分为临时性修理和永久性修理。通常租机合同要求对结构修理要求进行永久性修理。永久性修理也分为两种：一种是完成修理后不再需要进行其他的附加工作；另一种是完成修理后需要报飞机制造商，由飞机制造商对结构修理项目进行DTA分析。DTA分析结果可能会要求在未来的某个时间对修理项目进行补充性检查。

目前，国内少有运营人建立了独立的飞机结构修理记录管理系统，所有的结构修理工作以NRC的形式存放在工作包中。因此每次飞机退租时，整理结构修理记录是一个难题。承租方退租飞机时整理结构修理记录的方法多是从历年来的C检工作包中简单抽出认为是重要结构修理的记录，挑出来后评估修理记录是否合格，修理方法是否适当，然后在此基础上再结合退租检现场检查，检查飞机有哪些外部补片，客舱及货舱内部是否有明显修理，这些项目加在一起就组成了结构修理清单及记录。这种整理结构修理记录的方法必然导致结构修理清单内容不全。结构修理记录不仅仅存在于C检包，还可能存在于A检工作包，甚至于航线工作包和单独维修项目工作包。由于结构修理记录管理模式落后，结构修理记录时常出现缺失现象。例如某架飞机由于重着陆，前起落架被完全损毁，机身结构也出现严重损伤，飞机修复后居然没有发现维修记录，只是在飞行记录本上有描述。又如某架飞机前缘缝翼被另一架飞机垂尾撞坏，修理记录被保存在一个不起眼的航线工作包中，没有按重要修理或重大事故记录进行有效管理，一旦该架飞机在若干年后退租，这次事故的维修记录也许就找不到了。由于结构修理文件记录分散存放，必然会导致结构修理清单内容不全。如果要对所有的项目进行重新清理，不仅需要大量人力，而且需要对结构修理项目相当熟悉的工程师来处理。另外，现场检查补片及修理情况通常会有遗漏，有的飞机现场检查到的补片修理无法找到记录，这时候通常采取的办法就是重新进行修理。

对于已有的结构修理记录，有经验的出租方代表通常会发现存在以下问题：

（1）超手册的修理，没有申请FAA8100-9表，修理是非法的，通常处理方法有两种，一是重新报飞机制造商获得FAA8100-9表，二是重新进行修理。

（2）修理参考的手册号与实际修理方法不符。通常处理方法就是重新进行修理。

（3）修理记录没有参考手册号，所用航材也没有记录。通常处理方法是重新进行修理。

（4）修理记录没有附手册的参考页，通常处理方法是补参考手册页，但这引发了另一个问题，由于手册在不断修订，新附上去的手册页可能编号、内容与以前版本已经有了大的变化，而我们现在无法找到旧的手册了。最后的处理办法就是重新进行修理。

风扇包皮、C涵道、尾喷、货舱门和APU舱门等部件，由于经常串件，如果发现有补片，很难找到维修记录。如果不能重新进行修理的话，退租的通常处理方法就是在执管机队中找状况比较好（指没有修理或修理能找到记录的）的部件串给退租飞机，而这会将问题留给后续退租的飞机，除非将不符合退租条件的部件串到产权自有的飞机上。通常风扇包皮、C涵道、尾喷、货舱门和APU舱门等部件的结构修理记录会存在以下问题：

（1）NRC卡上标明是MAJOR REPAIR，但无FAA337表。

（2）某些修理记录参考文件丢失修理草图，而这是核对修理与修理方案是否一致的最直接证据。

（3）FAA8100-9表中的参考文件缺失，主要是飞机制造商与修理相关电传的缺失，这些参考文件是承租方退租飞机时必须提供的。通常处理方法也有两种，一是在维修记录及工程技术管理资料中查找，二是找飞机制造商寻求帮助。

（4）NRC卡上提到修理要参考的飞机制造商电传不是合法的参考依据，仅是对修理的建议而已。通常EO或EI可以认为是合法的批准文件，通常处理办法是将EO或EI作为参考文件附在NRC卡后边。

2. 凹坑图

绘制凹坑图的目的是为了及时标注新出现的凹坑，以便及时检查新凹坑是否超标，是否需要修理。有的承租方在退租飞机时才制作凹坑图，在日常维护过程中没有人关注凹坑图的实时更新。

3. 外部损伤图

飞机退租时，有的承租方提供的飞机外部损伤图实际是机身外部补片图，其实外部损伤图还应该包括驾驶舱玻璃、客舱玻璃等部位，以及机身划伤部分等。因为这些地方容许有裂纹或划伤存在，只要在手册范围内，可以不用修理。但有的合同中有明确约定No Cracks、No Damage、No Scratchs等，此时就需要对这些字眼加以关注，因为不同的人理解不一样，这个问题在后面现场检查部分仔细阐述。

还有一个非常重要的清单，出租方的代表很少要求提供，但对于承租方运营人来说是非常重要的，即补充结构检查清单。飞机制造商在提供FAA8100-9表的同时，有些项目需要进行DTA分析，而通常DTA分析结果需要很长时间才能出来，而且有时分析结果要求进行补充结构检查。由于这种情况是个案，飞机制造商并不把这类检查要求放在定期的MPD修订中，这时就需要建立一个清单对此进行控制，当承租方得到DTA分析结果，并得知需要补充结构检查时，应该将该项目列入维修方案进行控制。而目前运营人的飞机补充结构检查通常由结构工程师自己在控制，未纳入维修方案控制体系。通常DTA分析结果要求的补充结构检查的初次检查间隔较长，在较长的时间内不需要采取检查行动，但如果现在不加以管理控制，容易造成这些补充结构检查项目失控，将来可能导致飞机持续适航性出现问题。

10.4.3.6 MPD项目清单及记录

由于退租的飞机是二手飞机，必然会涉及飞机从一个运营人到另一个运营人之间维修方案的衔接，其中MPD项目的实施状态极其重要。众所周知，飞机制造商的MPD是运营人制定维修方案的基础依据文件，运营人维修方案的项目基本上是MPD项目加上运营人自行评估添加的MRS项目，而维修间隔基本上和飞机制造商的建议保持一致。

在租赁合同中通常有一个要求，即所有的退出检维修工作必须满足一个C检间隔的要求（当然那些A检项目，100 h检项目等不包含在内），即绝大多数的维修项目可以在从接飞机后算起一个正常C检间隔完成，这有利于退租飞机的下一运营人进行维修方案的过渡。为了满足要求，承租方在飞机退租时必须提供一份完整的维修方案项目清单。对于维修方案，合同上通常明确定义为最新的飞机制造商的MPD和CAAC批准的维修方案。因此，维修方案项目清单应包以下三项内容：

（1）飞机制造商MPD项目。

（2）承租方运营人补充的MPD以外的的项目，这是为了满足承租方运营人属地民航管理部门的要求。这些补充项目是承租方运营人根据自己的维修经验及对退租飞机的实际技术状况进行评估确定的，如前面提及的补充结构检查项目等。

（3）承租方运营人为了满足租机合同的要求增加的MPD以外的项目。

飞机退租时，在MPD项目清单及维修记录方面存在争议的问题源于运营人维修方案与MPD的差异。例如某承租方退租飞机时，按其现行有效的维修方案，客舱门应该进行翻修，但此项目非MPD项目，而该项目执行的成本相当大，因此未纳入退出检工作包。还有一类问题是由于承租方运营人维修方案的修订与飞机制造商MPD的更新不同步，这样就出现一个情况，即最新版MPD项目和最新版维修方案项目不一致，这为退租检工作包的制定带来很大的困扰。

接收二手旧飞机时有一个问题值得关注，即由于前运营人将退出检和改装分开执行，会带来维修方案或MPD中按日历控制项目的过渡问题，按小时或起落控制的项目问题不大，因为进行试飞及调机，通常飞机停场执行退出检时离定检门槛时限只有几个起落和数十个小时，对维修方案的过渡影响不大。但对于日历控制项目，由于改装时间一旦拖长，有可能是几个月，就有可能对维修方案过渡影响较大，应要求出租方作出相应赔偿，或在合同中统筹考虑。

通常飞机租赁合同谈判时，出租方会要求承租方在退租飞机时提供维修方案，这时承租方可以以维修方案属于承租方的内部文件为理由拒绝提供。对于飞机制造商MPD项目的检查，通常是分成飞机系统检查、区域检查、结构检查、时控件检查、抽样检查、CMR/AWL项目检查等几个部分。对于飞机系统和区域的维修检查项目要确保清单和记录完整，而对结构检查、抽样检查及时控项目需要关注以下几方面：

（1）对于结构检查项目，由于检查结果会涉及后续维修方案的修订，通常出租方会要求提供CPCP、SSI清单等。

（2）对于抽样检查，由于抽样检查方案是针对整个执管机队制定的，而非只针对退租飞机，因此抽样检查方案中某个检查项目可能没有在退租飞机上执行，这时需要考虑与出租方进行协商。承租方也可以在组织退出检工作包时，结合退租飞机执行过的结构抽样项目，对退出检工作包中的抽样检查项目进行个性化的安排。

（3）对于时控项目，应通过时控件清单进行控制，但承租方提供的HT清单经常有一些遗漏项目。

（4）对于CMR/AWL项目，由于这些项目是非常重要的适航项目，因此也必须对每一项进行仔细检查。

10.4.3.7　其他维修记录

1. 技术履历本

技术履历本包括飞行记录本和客舱记录本，通常情况下需要提供飞机从出厂到目前为止所有的履历本。通常运营人对飞行记录本的保存和管理较为完善，而客舱记录本管理则比较糟糕。飞行记录本通常存在的问题是翻译和记录本顺序编号问题，这相对容易解决。

2. 字母检的历史状况清单和维修记录

合同通常要求承租方在飞机退租时提供一份完整循环的A、B、C、D检的维修记录。出租方较为关注的是最后一个高级别定检（Heavy Check）的维修记录。例如波音757最后一个高级别定检是4C检，波音737最后一个高级别定检是7C检（通常是结构检）。而对于承租方运营人来说，有些MPD项目由于首次执行时间原因或抽样原因，上一次执行时间有可能不在4C检、7C检等工作包内，此时可能需要组合更多的工作包。

3. 重要事件/事故报告（Incident/Accident）

通常退租方会出一个声明，说明退租飞机没有发生重要事件/事故。但从严格意义上讲，该声明是不严谨的。规章对Incident/Accident都有明确的定义，如空中释压、重着陆、鸟击等。二手飞机营运多年，没有发生重要事件/事故的概率很小。例如某运营人引进一架二手飞机时，前运营人提供了一个类似声明，但CAAC官员从飞行记录本中找到了事件/事故的记录。因此表明对此类声明不可接受，最后采取的办法是将所有的飞行记录本全部重新检查，提供一份完整的事件/事故报告。因此，承租方运营人在运行租赁飞机期间需要特别注意规范重要事件/事故报告制度的管理。

4. FAR/CS项目符合性清单

如果飞机是退租到国外的，通常租机合同的要求是飞机要满足FAA FAR或EASA CS的要求和承租方运营人属地民航管理部门的要求。这需要资料审核人员熟悉FAR/CS/CCAR的要求。FAR数量大、内容多，而CCAR和CS虽部分内容与FAR一致，但在某些细节方面还是有差异的。国内承租方通晓FAR/CS/CCAR的人员较少，因此在退租飞机时，出租方时常发现FAR/CS项目符合性方面的问题，其中不乏由于承租方对FAR/CS不熟悉，在当初接收飞机时没有发现的问题。

对于FAR/CS符合性清单，由于承租方通常对FAR/CS不熟悉，无法主动提供该类清单，通常是出租方提出一些不符合FAR/CS的项目，承租方再去核查。此时困难在于不同水平的出租方代表提出的不符合FAR/CS项目不同，且出租方代表提出的个别条目很难证实是否满足FAR/CS的要求。如飞机应急撤离标志的亮度要求，实际测量操作性非常差。大部分出租方代表更多关注的是ATC应答机测试、无线电高度表测试、皮托管静压测试和FDR对FAR的符合性。通常MPD项目中都会包含此类项目维修检查内容。有的出租方代表会要求承租方出具一个FAR/CS符合性声明以满足合同要求。

对于退租的飞机，还要特别关注甚高频（VHF）无线电台的最小频率间隔。国际民航组织（ICAO）对此有建议性要求，即满足VHF最小频率间隔8.33 kHz的要求，老型号飞机的构型多为25 kHz。据了解，EASA已经对在欧洲运营的飞机有此要求，CAAC目前并未强制要求8.33 kHz的最小频率间隔。故目前在国内运行的不满足VHF最小频率间隔8.33 kHz要求的租赁飞机如果要退租到要求VHF最小频率间隔8.33 kHz的国家或地区就会遇到障碍，需要与出租方协调解决方案。

5. 称重报告

通常飞机退租需要提供的是最后一次的称重报告，以及WBM Chapter 2（原始交机资料中有）和WBM Chapter 1（飞机制造商及时更新的）。FAA和CAAC对称重有不同的时间间隔要求，FAA规定正常称重是以3年为间隔，而CAAC规定正常称重是以4年为间隔。如果飞机构型有重要更改，对飞机平衡数据有重大影响，则需要重新称重或进行计算，通常在退租时我们对飞机进行重新称重。严格意义上讲，由于客舱或货舱构型有变化，则需要提供更改过的AHM560数据和配载表（Load Trim Sheet），以供下家营运人进行飞机配载计算使用。

6. 操纵面平衡数据

当飞机主要操纵面由于喷漆或修理，要重新配重，此时就需要提供操纵面平衡数据。在操纵面平衡数据方面存在的问题主要是承租方在完成配重工作后没有完整的记录数据。因此，需要在日常维修管理中注意及时收集、保存这些数据，在退租时提供这类数据以满足飞机退租需要。

7. 磁罗盘校验数据

正常情况下磁罗盘无需校验，但由于合同约定的原因，在退租时需要进行磁罗盘校验。由于这是一个非例行常规项目，退租时生产计划往往不会将其组入工作包，应该加以关注。

8. 飞机日利用率数据

出租方通常需要此类数据来评估飞机的使用状况，承租方通常没有统一的统计口径，往往是从维修生产计划控制部门获取原始的飞行数据进行处理，得出飞机日利用率数据，提供给出租方。

9.试飞报告

租机合同中会要求退租时对飞机进行试飞以验证飞机的飞行性能，通常有飞行小时数的限制，但没有明确指示试飞哪些科目，这就会给试飞的准备工作带来困扰。通常可以采用飞机制造商的试飞单，也可以采用出租方或承租方提供的试飞单。目前运营人对维修后的飞机进行试飞的试飞单通常非常简单，通常只涵盖正常航班飞行的内容，不会进行在空中停车启动、三套液压系统同时关断、APU高空启动、失速等试飞项目，这些试飞项目对机组的要求很高。不同的试飞项目需要不同资格的试飞员资格，因此在以后退租飞机过程中，应该注意这个问题。

10.保留项目清单

正常情况下在退租飞机上不容许有保留项目存在，但如果确实存在因故解决不了的维修项目，在不影响飞机的适航性的前提下，可以与出租方协议解决。

11.飞机性能规范

通常要求提供的是概括性的飞机性能数据，如机身、发动机、APU、起落架飞行小时数和循环数，以及飞机的运营能力（如RVSM、ETOPS等）。

12.其他数据

其他数据包括滑油、液压油、燃油数据、FDR译码数据等。

10.4.3.8　飞机附件资料

飞机附件资料主要包括以下几种：

（1）HT件清单及资料；

（2）OCCM装机部件清单及资料；

（3）应急设备图、清单以及资料；

（4）机载电子设备清单；

（5）松散设备清单。

租机合同通常要求飞机退租时需要满足FAA/EASA和CAAC的要求，这就意味着退租飞机上安装的部附件原则上需要同时取得FAA/EASA和CAAC的适航批准挂签。对于在B注册下长时间在国内运营的租赁飞机，必然有大量装机部件只有CAAC适航批准挂签，而无FAA/EASA适航批准挂签。因此，在飞机退租时需要将无FAA/EASA适航批准挂签的部件进行更换，这是飞机退租工作中的一项烦琐工作，需要提前做好航材准备工作。

1.HT件清单及资料

出租方需要承租方提供MPD上规定的有维修时限要求的部件的当前装机使用数据以及这些部件执行上次维修工作的时间和下次执行维修工作的时间，同时承租方还要提供这些部件的适航批准挂签或合格证，按照合同约定提供部件的使用履历。通常租机合同对HT部件有历史追溯要求，对于HT部件的证件要求是能够追溯到上次翻修时的证件，上次翻修后历次检查或修理的证件也需提供。承租方特别要注意的是确保相关部件的剩余使用寿命满足合同的要求。承租方退租飞机时在HT件清单及资料方面存在的问题主要有以下几方面：

（1）HT件清单是按承租方运营人维修方案制定的，不是按MPD项目制定的，因此HT件清单的内容与MPD有差异，在飞机退租时应保持与MPD一致或比MPD要求更严格。

（2）由于对HT件维修历史有进行追溯的要求，飞机退租时需要提供装机HT件自上次翻修后的履历和历次证件，这对承租方的部附件管理工作提出了较高的要求。

（3）如果租机合同中对HT件的装机剩余使用时间有要求，承租方在退租飞机时要确保装机的HT件满足合同要求。例如合同约定装机的HT部附件的剩余使用时间要满足一个C检间隔，而装机的滑梯气囊如超过15年需要每年进行水压测试，故其装机剩余使用时间少于一个C检间隔，不满足合同要求，需要在退租时进行更换。这类情况在飞机退租时多有发生，需要予以关注。

2. OCCM装机部件清单及资料

飞机退租时对于OCCM部件证件通常要求提供最新的证件即可，对于证件标注的维修类别，如修理、改装、翻修等没有特别要求。目前没有一个明确的标准去定义OCCM部件，即装机部件清单应该包含哪些部件。承租方运营人定义OCCM部件的做法通常是飞机制造商原始设备清单上的部件加上飞机在日常维护过程中有装机信息的部件（通常是周转件，而非消耗件）。但实际上没有装机信息的部件并不意味着没有被更换，于是在退租时经常发现承租方运营人提供的OCCM部件清单上的部件与飞机上的实际装机件号不符，有时还会发现有被拆换的部件未体现在OCCM件清单上，而这些部件被拆换的信息可以通过定检的换件清单、NRC及飞行记录本等途径得到追溯。因此建议承租方加强和完善对执管机队的附件管理，避免出现类似的问题，也便于飞机退租工作的顺利进行。

是否所有的部件都需提供合格证？从FAR和CCAR的条例原义来看，只是提到装机部件需要提供合适的证件，在FAA某些官员的观点看来，厂家的发货单、发票之类都可以看作合适的证件，而国内行业管理部门和运营人的观点认为只有FAA8130才是可接受的证件，这在接收进口的二手飞机时会引起争论。在争论结果得不到一致意见的情况下，引进二手飞机的一方要遵从属地行业管理部门的要求。在退租飞机时要遵从合同中约定的要求。

3. 应急设备图、清单以及资料

承租方在退租时准备应急设备图、清单以及资料时采取的办法是对照LOPA图在飞机上进行实物查证，如有缺少，进行添加，然后提供一份完整的应急设备图和清单给出租方，具体准备要求视合同约定的退租条件而定。

4. 机载电子设备清单

承租方通常没有对电子设备舱（E-E BAY）中的机载电子设备进行单独控制，在退租时采取的办法也是对电子设备舱安装的设备逐个核对，确保设备的证件与实物保持一致。出租方通常对这个清单非常重视，因为通过它可以了解该架飞机电子设备的性能，尤其在飞机出售时，通过机载电子设备清单可以了解机载电子设备的型号、性能和升级信息，影响到对飞机价值的评估。

5. 松散设备清单

承租方在退租时采取两种方式准备松散设备清单，一种是找到新飞机交付时的松散设备清单进行核对，另一种办法就是与出租方商量，给飞机配备哪些松散设备。

10.4.3.9 发动机维修记录资料

发动机维修记录资料主要包括以下几部分：

（1）AD 清单及记录；

（2）SB 清单及记录；

（3）发动机履历本（Engine Logbook）；

（4）最近一次大修报告及大修原始记录和上次大修后的历次送修报告；

（5）LLP清单、证件及Back To Birth记录；

（6）发动机附件清单及证件；

（7）孔探报告；

（8）发动机状态监控报告；

（9）试车报告；

（10）在翼修理记录；

（11）监控使用项目清单。

以上这些发动机维修记录资料的种类和内容与引进接收二手飞机时对发动机维修记录资料的要求是基本一致的。

1. AD清单及记录

基于大多数承租方维修能力的局限性，绝大多数涉及AD的维修检查工作是在发动机大修厂完成的。因此对于AD清单和AD执行记录的收集、整理，更多是参照发动机大修厂家的AD清单，结合FAA网站上的数据、发动机LLP清单、发动机附件清单以及极少数由MRO执行的记录来完成的。所需要做的工作就是逐个核实AD的适用性，不适用的需要提供证据，适用的需要提供维修记录。维修记录包括发动机大修报告、原始维修记录及执行AD的EO等。

2. SB 清单及记录

基于大多数承租方维修能力的局限性，绝大多数涉及SB的维修检查工作，尤其重要的改装工作是在发动机大修厂完成的。承租方或其委托的MRO完成的基本是SB要求的一般检查类的工作。因此SB的状态清单基本来源于发动机的大修报告。对于罗尔斯·罗伊斯（RR）发动机来讲，由于它是按单元体组合起来的，因此在大修时更换单元体是非常常见的事情，如果SB状况的记录是按发动机号进行控制的，而不是按照单元体进行控制的，就不能真实反映退租飞机的SB完成状况。通常发动机在送修时，发动机大修厂家会对发动机进行分解，检查验证SB的执行状态，根据需要执行某些SB，并将这些执行的SB号码记录在单元体的履历卡上。因此，收集履历卡上的SB执行状况信息，可以真实反映SB的完成状况。对于CFM56 发动机和GE90等型号的发动机，基本上从大修报告上的SB状态清单就能确定SB的完成状况。

3. 发动机履历本（Engine Logbook）

发动机履历本上记录的是发动机真实、直观的历史维修状况，因此履历本的数据的完整性是非常重要的。值得注意的一点是，许多出租方在检查租赁飞机发动机履历本时，发现没有发动机原始制造厂家文件（如Engine Brochure），这是由于发动机原始制造厂家文件属于飞机原始交付文件，不同承租方保存管理飞机原始交付文件的责任部门不同，因此找起来就非常困难。RR发动机的履历本包含了发动机每个单元体的合格证及相应资料，大部分的资料都是来自于发动机的送修报告，不仅是大修报告，通常还包括Ⅰ、Ⅱ级修理或改装报告。

4. 最近一次大修报告及大修原始记录和上次大修后的历次送修报告

一般在送修发动机时，通常只要求发动机大修厂家交付资料时提供修理报告即可。而在实际退租飞机和售卖飞机时，飞机出租方或飞机购买方会坚持索要原始大修记录（Dirty Finger Print），而且合同上通常也有明确要求。飞机承租方或出售方一般不会向飞机出租方或购买方提供发动机进厂修理的工作包，因此飞机出租方或购买方可以通过原始大修记录了解大修厂家到底对发动机做了哪些工作，是否满足厂家手册的要求，以及发动机某些关键部件的实际状态。

以波音757飞机装机的RR发动机为例，飞机出租方或购买方对发动机压气机和涡轮的叶片非常关心，由于这些叶片不属于LLP，这些部件因此不会被监控，相关的数据在运营人提供的任何资料都不会有体现。而这些叶片的翻修次数实际上确定了它的使用寿命，从而确定它的使用价值，且这些叶片的价格相当昂贵，在退租或出售飞机时，飞机出租方或购买方也是非常关注，持续不断地索要这些数据。

再以波音757飞机装机的RR发动机为例，通常波音757飞机发动机应该按RR公司的EMP手册修理，但承租方有时为了节约成本，在提供给修理厂家发动机修理工作包时对某些修理项目有个性化的要求，而这些要求可能与EMP手册有偏离。在这种情况下，飞机出租方或购买方通过大修原始记录可以了解到发动机修理工作包与EMP手册有偏离的事实，可能给退租发动机带来极大的麻烦。因此建议送修发动机的工作包最好与EMP手册保持一致。

由于不同的租机合同对飞机退租时发动机的大修定义不一样，有的定义为Ⅲ级修理，有的定义为Ⅳ级修理。Ⅲ级修理与Ⅳ级修理的差别相当大。很多发动机部件如进行Ⅲ级修理只需检查即可，如进行Ⅳ级修理则按EMP手册要求必须更换，大修成本相差极大。由于发动机送修周期较长，建议在退租飞机前1～2年就应该彻底对合同进行研究，确定发动机的送修工作范围，以便在满足合同约定的前提下降低飞机退租成本。

5. LLP清单、证件及Back To Birth记录

LLP必须有完整的Back To Birth文件记录，这不仅是租机合同的要求，更是民航管理部门的要求。另外，租机合同一般也会对发动机的剩余使用寿命有要求，这通常也就是我们为什么退租飞机时要送修发动机的原因。随着适航管理工作的深入，目前大多数运营人都对LLP有完善的监控，对LLP清单及证件也会严格管理，因此在飞机退租时不会出现大的问题。但大多数运营人平时不重视对Back To Birth追溯文件的管理，在退租时再去找相应的资料，相对来说较为困难。

6. 发动机附件清单及证件

运营人为了保持正常营运，飞机之间串件的情况相当普遍，发动机也不例外。对于退租飞机而言，发动机准备好了，意味着飞机的退租工作进入了尾声。因此，提供发动机附件清单及证件是一个比较大的考验。

7. 孔探报告

租机合同一般要求在飞机退租时，对租赁飞机的发动机进行全面孔探，需要有接机方或出租方人员的参与，并对孔探过程进行录像，因此在工作的安排上应适当提前准备。孔探记录通常包括孔探报告和孔探录像。对孔探结果表明有后续工作要求的项目必须尽快处理。比如根据孔探记录检查发现有裂纹，需要若干小时后再次检查。如果出现这种有后续工作要求的情况，根据合同的要求，出租方有可能是不接受的，所以需要尽快处理。

8. 发动机状态监控报告

通常，合同要求提供一段时间的发动机状态监控数据，这个数据经常用来判断发动

机的性能变化趋势。对于退租飞机来讲，由于退租前通常将发动机送厂大修，发动机性能得以恢复，所以该数据用途不大。但由于合同中有要求，承租方就必须提供。对于售卖的发动机而言，这个数据就相当重要。

9. 试车报告

通常在试车时要做多项测试。由于某些合同的要求，飞机退租各相关方对MPA和EGT测试特别关注。由于合同上没有明确如何进行MPA及EGT的测试，手册上对于不同目的的测试，测试方法有很大的差异，因此飞机退租各相关方有必要在试车前进行讨论，明确具体的测试程序。需要提醒的是，对于RR发动机的测试，应慎重对待Test 5，据以往经验大部分发动机通不过Test 5。

10. 在翼修理记录及监控使用项目清单

这两个项目通常是如果有就提供，如果没有，提供声明即可。

11. 其他事项

发动机滑油型号、推力等级（Plan A 或 B）、批准的ETOPS报告等，这些基于合同的约定或退租各相关方的需要经过协商进行提供。

发动机退租工作是飞机退租工作后期的重头戏，所以承租方需要仔细研究租赁合同关于发动机方面的各项约定条款，同时也需要对相关的适航法规相当熟悉，只要通透了解合同条款和适航法规，对发动机的各种记录档案进行完善的管理，才能扫清飞机退租工作的障碍。

上面对退租飞机文件资料的准备进行了介绍，为了满足适航管理要求和顺利将飞机退租，需要在日常管理中注意飞机维修的技术文件资料现行有效性的保持，比如AFM、WDM、AMM等手册的补充和修订。如果承租方进行了非飞机制造商的STC改装，由于这类改装不使用飞机制造商的方案，飞机制造厂家不负责STC改装完成后对相关手册的修订，此时需要承租方自行修订。承租方获取CMM手册的途径有时不通畅，退租飞机时承租方无法满足出租方要求提供诸如厕所、厨房、座椅等设备或部件CMM的要求。在退租飞机时，如果飞机各舱构型没有变化的话，LOPA图可以在详细技术规范中找到。如果飞机客舱根据非飞机制造商的STC进行了改装的话，飞机制造商不负责更新LOPA图，这就需要承租方运营人自己更新LOPA图，满足飞机退租要求。

10.5 飞机退租维修现场检查

这里提到的现场检查主要是指在飞机退租或售卖以及接收时在飞机维修现场所做的

检查。飞机退租维修现场检查工作与接收二手飞机的维修现场检查内容和要求基本是一致的。这里对飞机退租时维修现场检查的一些具体项目的要求和检查发现问题的解决途径进行补充介绍。

10.5.1 喷漆检查

对于接收租赁飞机来讲，合同通常要求出租方需要按承租方的要求完成飞机的喷漆工作。承租方需要及时将喷漆方案提供给出租方，且越早越好。对于退租飞机来讲，合同基本内容和接收飞机一样，如果出租方不能及时提供喷漆方案给承租方的话，承租方可以按合同要求将飞机机身喷底漆或白漆。喷漆方面存在的问题一般有以下几种。

1.褪漆方法选择不当

褪漆有打磨褪漆和化学褪漆两种方法。理论上化学褪漆成本相对较高，但褪漆效果最好。褪漆效果越好，意味着越容易发现机身蒙皮上的损伤，蒙皮损伤会引起腐蚀，而蒙皮的修理有时非常麻烦。于是退租飞机时承租方愿意选择打磨褪漆方法，但褪漆退得不太干净，重新喷漆的效果显得比较差。接收二手飞机时，飞机引进方应该坚决要求化学褪漆，在飞机褪漆后再检查飞机蒙皮，此时相对容易发现蒙皮的损伤。

2.喷漆施工过程中补腻子

由于飞机凹坑的存在，有些施工人员为了喷漆的效果，将凹坑补腻子填平，这样显得飞机的表面非常平滑，但飞机制造商不赞成这样做，凹坑只要没有超标，是容许存在的。如果补腻子将凹坑填平，使得运营人无法监控凹坑的发展，就有可能形成结构隐患。因此在退租飞机过程中不应补腻子将凹坑填平，避免因此与出租方代表发生纷争。

3.喷漆效果差

如果采取打磨褪漆，飞机上原有的油漆不易完全退掉，因而后边喷上去的漆盖不住原有的颜色。选用不同牌号的油漆，台阶区域采取打磨平滑过渡，可以使喷漆效果会好很多。

4.内外部标志的喷涂有误

从外国引进二手飞机时应注意，由于国外的人员对中文极不熟悉，因此在检查内、外部中文标志时需特别留意，经常会搞错。

10.5.2 渗漏检查

通常在租机合同中会找到这样的表述：No Leakage，No Crack，No Damage。对于这样的表述，不同的人有不同的解释。一种是绝对化的理解，即不能有任何渗漏、裂纹和损伤。另一种理解是这些不能有渗漏、裂纹、损伤的要求是相对的,因为即使是新出厂的飞机,做到完全没有渗漏也是不可能的。对于二手飞机来说,运行了很多年,要做到绝对没有渗漏、裂纹、损伤更加不可能了,只要这些损伤在手册容许的范围内就可以接受,这一点最好在当初进行租机合同谈判时能够在合同中定义清楚,以免在退租飞机时产生异议。

对于二手飞机的渗漏问题要分不同情况来处理。重要部件和重要部位应该严要求;而对不影响安全运营的普通部件,只要渗漏情况在手册标准范围内即可酌情处理。重要部件、部位主要是指起落架、发动机、飞行操作面以及液压系统中的硬管接头(指不用密封圈直接用金属结合面密封的,这是适航条例中严格要求的)等,在交接飞机时要严格要求。

通常容易发现渗漏的区域在起落架、轮舱、各个操纵面的作动筒、发动机等部位。有经验的工程师通常通过渗漏量的大小判断出渗漏的严重情况。退租飞机时,对飞机进行清洁有利于对渗漏的检查和判断。

10.5.3 结构检查

结构检查主要包括对机身裂纹、腐蚀、修理补片、凹坑的检查。

1.检查蒙皮

最好的检查时间是在飞机退漆(化学褪漆)之后,此时最容易检查划伤、裂纹、腐蚀情况,而且也最容易测量损伤的尺寸和进行修理。

2.机身结构检查

最好是在客舱地板和货舱地板打开、侧机舱板隔热面拆除的情况下进行机身结构检查。在飞机退租过程中,有时由于某些工卡或者工作包中的表述不明确,使得执行飞机退出检的工作者认为按照工卡是不需要将某些区域的隔热棉拆下的,而出租方代表认为不拆隔热棉就不能检查到相关区域是否有损伤。因此,需要我们明确工作包和退租工作的执行标准,并在飞机退出检的工卡中明确体现出来。

3.凹坑的检查

在退租飞机过程中,凹坑的检查方面通常出现的问题是,出租方代表发现的凹坑未被执行退出检的维修人员发现。另外,由于测量工具的不同,凹坑的测量数据有差异,出租方代表对凹坑测量数据接近标准门槛值的情况会格外关注。

对于退租方来说,最好在褪漆前进行检查,因为如果发现问题,有足够的时间准确测量凹坑数据,制定解决方案。可以在褪漆后、喷漆前对凹坑进行处理,而对于飞机接收方，最好在喷漆后进行检查，因为此时喷的是新漆，很容易通过漆面反光来发现凹坑。但也有一个可能，有些凹坑在喷完漆后就会消失。在对凹坑进行测量时，退租方有时因为测量工具和测量方法的选择会与出租方代表发生纷争。由于飞机表面不是平面，而是圆弧形，这样在确定凹坑边缘的起始位置方面容易出现不同意见，另外在测量凹坑深度的时候，探头直径的大小对凹坑深度的测量结果有直接的影响，尤其是如果测量出来的数据非常靠近标准门槛值的时候，这时的争执会更激烈。

4.分层的检查

分层检查的主要检查区域在蜂窝结构，如飞行操纵面、发动机进气道及C涵道等区域，通常有经验的人员借助硬币就能很容易发现一些分层问题。

5.外部修理补片的检查

外部修理补片通常位于机身蒙皮上，尤其是各舱门区域极易存在补片，还有在发动机区域，如尾喷、进气道、C涵道等部位，也很容易发现修理的痕迹，在飞行操纵面上也容易发现因为分层修理产生的补片。

6.驾驶舱和客舱玻璃的检查

检查驾驶舱和客舱玻璃时应先对这些玻璃进行充分清洁。检查驾驶舱玻璃时，特别要注意检查玻璃边缘处和拐角处的裂纹和分层。因为玻璃一旦有裂纹或分层（即使在手册容许的范围内），裂纹或分层的扩展是很快的。虽然驾驶舱玻璃不是时控项目，但随着使用时间的延长是容易老化的，需要关注其实际使用时间。如果使用时间较长，又发现裂纹或分层，该更换就更换。对于客舱玻璃裂纹或分层，也需要按照手册标准结合工作经验进行研判，确定是否进行更换。

10.5.4　客舱设备设施检查

客舱设备设施检查主要包括对厨房、厕所、座椅、行李架、遮光板、应急设备、隔板、墙纸、天花板、舱门、娱乐设备等进行的检查。特别需要注意的是，对飞机上的娱乐设施、座椅靠背、小桌板等进行的测试和检查的维修要求通常不会包含在维修工卡内，容易遗漏。二手飞机比较陈旧，客舱设备设施极易存在各种问题，相关技术手册中没有界定客舱设备设施存在问题的明确标准。因此，出租方如果由于某种原因希望延后接收退租的飞机时，经常会在客舱设备设施方面找理由。

客舱设备设施经常成为退租过程中纠纷最多的地方，客舱设备设施问题不能及时解决导致退租飞机延迟放行的情况也时有发生。租机合同中对客舱设施的要求条款不多且标准含糊，比如要求客舱设施完善可用之类的表述在执行时缺乏明确的标准。如果在退租飞机时遇到这种情况，需要承租方关注客舱设备设施方面的以下几个关键点。

10.5.4.1 使用CAAC PMA件的问题

承租方在运营租赁飞机的过程中，为了保持客舱设备设施状态如新和降低成本，普遍在客舱内使用大量的CAAC PMA件，却往往在准备退租飞机的时候没有重视。飞机租赁合同通常约定按照FAA或者EASA标准放行退租飞机，不允许任何只有CAAC适航标签的器材装机使用。因此，承租方在退租飞机时，要提前确认需要从飞机上拆下的CAAC PMA件，及早采购相关航材，以便按时装上退租的飞机。

10.5.4.2 客舱客户化改装的问题

有的承租方运营人在运行租赁飞机期间，对租赁飞机的客舱设备设施进行了个性化改装工作，有些改装项目还改变了客舱的构型。按照租机合同要求，退租飞机时必须将这些个性化改装项目恢复到原来的构型，执行起来是有一定难度的，有的器材缺失无法购置到位，而且有些改装具有不可逆的性质，不得不去申请国外民航管理部门对客舱个性化改装项目的批准，以满足飞机的退租标准，从而大大增加了退租的难度。

10.5.4.3 客舱设备设施退租标准模糊的问题

由于客舱设备设施退租标准在合同中的表述通常比较模糊，在飞机退租时承租方迫于退租期限的原因往往在争执中让步，最后不得不按照客舱设备设施的翻新标准来退租飞机，成本投入特别大。租赁飞机的客舱设备部件使用了多年后，再怎么翻新也不能与新件的状态媲美。曾经某承租方在退租飞机的时候将客舱设备部件都翻新了，出租方代表还是认为座椅的结构件存在大量的表面腐蚀，其实也就是表面氧化层老化，没有办法翻新。该承租方不得不购买了新座椅，飞机最后不得不停场2个多月等座椅到货装机后才将飞机退租。面对这样的局面该如何应对呢？总结起来应该有如下几个应对方法。

1.买断退租模式

该模式不仅可以应用于客舱设备设施的退租，其实对整架飞机的退租也是适用的。该模式就是不做退租检，双方沟通谈一个价钱赔付给出租方即可。该模式尤其适用于退租后即将进行客改货的飞机。因为飞机客改货时客舱内的设备部件大部分将被拆除不再使用，故出租方大多也愿意接受此解决模式。有的承租方要对客舱做深度的构型改装，这种情况下客舱设备设施也可以采用单独买断的模式进行退租。如果出租方能够接受这个模式，是一个双赢的结果，不过这种机会可遇不可求，承租方首先要积极与出租方沟通，及早确定是否存在这样的机会。否则按部就班地准备退租、购置备件、部件送修取证，最后如果出租方提出采用这个模式时，承租方相应的退租费用已经发生。

2. 翻新模式

该模式是最常规的处理模式，但执行起来经常出现问题。最常见的问题就是客舱的设备、设施准备周期特别长，而且有的客舱设备、设施的OEM厂家已经倒闭或者厂家早已经不生产这类器材，因而根本买不到备件。因此，退租飞机时，客舱设备设施至少提前半年开始准备为妥。

3. 单机FAA或者EASA改装模式

单机改装模式操作起来比较复杂，所以在这里只能做简单的介绍。由于退租飞机通常要求按照FAA或者EASA标准放行，此模式目前在国内使用的概率还比较大。如果租机合同没有明确约定客舱设备、设施一定要使用OEM器材或者必须恢复到原构型的话，同时租赁飞机的客舱设备、设施经历过改装，或有的客舱设备、设施OEM厂家已经倒闭或转行，无法恢复客舱原构型时，就可以采用改装模式进行客舱设备、设施的退租准备了。

该模式必须要聘请FAA的DER和DAR来批准改装方案和批准放行，EASA放行也需要对应的DOA对改装方案的批准放行。同时，改装所需的器材也需要获得对应民航管理部门的批准，所以FAA的PMA器材或者具有EASA FORM1放行的器材是可以使用的。

目前在国内采用单机改装模式比较普遍的项目是座椅的翻修，所以在退租的时候，座椅也经常视作周转件进行送修、测试和取证，取得FAA 8130-3表或者EASA FORM1形式的适航批准标签。不过采用这些模式需要提前与出租方沟通，双方达成一致的意见才可以，否则如果出租方要求必须使用OEM器材，那问题就比较棘手了。

由于客舱设备设施的退租工作经常会影响飞机退租的进度，所以需要承租方仔细研究租机合同中关于客舱方面的相关条款，同时也需要我们熟悉了解相关的国内、国外适航法规。所谓"知己知彼，百战不殆"，只要通透了解合同条款、熟悉了适航法规、掌握了以上列举的三种应对策略，才能为顺利退租飞机创造条件。

10.5.5 其他检查

对于其他一些检查项目（如轮子、刹车、封严条等部位的检查），承租方往往没有标准的检查单，基本上是由维修人员根据其实际工作经验进行检查。而对于这些检查项目，出租方代表往往有一本厚厚的检查清单。他们会按照检查清单一项一项检查，一项一项记录，必要时进行拍照，这值得承租方借鉴。

飞机退出检维修过程中，有些出租方代表的现场检查要求极其苛刻，甚至会提出每关闭一个区域的盖板，都需要得到他们的确认和检查。这种情况下，需要提前把退出检施工计划表提供给出租方代表，与其提前确认要检查的区域，明确表明不能因为等待他们到场检查影响施工进度的要求。如果出租方代表不遵守此要求，可以向出租方进行投诉。

飞机退租检修完成以后，就是与租赁方进行飞机交接了，整个飞机交接的过程，其实又回到了本书的开篇了，因此本书到这里应该就是一架二手飞机在营运人角度的一个全寿命管理过程了。

针对二手飞机的全寿命管理，其实我们还有最后一章，那就是飞机退役阶段的管理，通常飞机退役之后的命运主要也是以下三种。

（1）退役飞机进航空纪念馆，成为展览科普类退役飞机。这种机会不多，二手飞机最后有这种待遇的，机会难得，一般是名人、政要等的专机之类，或者有特殊故事的飞机。

（2）退役飞机进学校或者培训机构，成为航空专业或者航空科普的教具，这种机会还是不少的，很多航空高校或者航空培训机构会有大量的退役飞机。

（3）退役飞机的终极阶段，就是飞机的拆解，废旧回收再利用，这也是大部分老旧飞机的归宿。下一章，我们就从回收再利用的角度来讨论飞机的拆解，而不是全报废型的拆解回收。

第11章 飞机拆解

飞机拆解行业是 21 世纪初兴起的新型产业,是航空产业中与低碳循环经济结合最紧密的环节,其形成和发展来源于全球飞机退役趋势的加快、低碳环保的需要,盛行于欧美国家。

通过将老旧飞机化整为零,航空材料可重新回到国际航材市场或进入其他行业被循环利用。退役飞机拆解得到的航材,因物美价廉具有很大的市场潜力。

飞机拆解涵盖了退役飞机的拆解与维修、二手航材贸易和废弃物循环再生行业。我们经常发现国外航空公司机票会比国内航空公司的机票便宜,尤其国际航班的票价更便宜,由此判断国外航空公司营运成本要低于国内航空公司的营运成本。航空公司的营运成本中航油成本和维修成本是占比最大的两部分。由于世界各地的航油价格差异并不显著,所以营运成本的差异主要来源于维修成本的差异。维修成本中航材成本的占比最大,加之国外飞机维修人员的工时成本普遍高于国内,因此维修成本的差异大部分取决于航材成本的差异。

航空公司的运营经验表明,循环利用飞机拆解后的二手航材是降低航材成本的有效途径,也就是降低运营成本的主要途径。可见发展飞机拆解产业,可以大幅降低航空公司航材采购成本,增加资产处置收益,从而有效提高航空公司的经济效益。同时,发展飞机拆解产业是民航产业完善产业链发展、践行绿色开放经济的重要举措,也可以缓解后疫情时代国际经贸摩擦加剧带来的不利影响。

11.1 飞机拆解后的再利用价值

在过去的数十年中,全球退役飞机的数量以年均4%的复合增长率稳步增长,共计有超过15 000架民用飞机退役。2010年以来,全球每年有700~900架的民用飞机退役。根据波音公司2018年发布的《市场展望》报告预测,未来20年全球将需要超过41 000架新飞机，而其中接近一半的数量是用来替代老旧飞机，这意味着未来20年将有20 000架左右的飞机退役。美国飞机回收协会（AFRA）在最新的行业观察报告中表达了相同的观点。AFRA预测，未来15年内，全球平均每年将有超过1 000架的飞机退役。国际航空运输协会（IATA）指出，2018年客机的平均退役年限为25.9年，货机的退役年限为32.5年。随着新一代飞机的不断交付，旧飞机的"退役潮"将不可避免地到来。

退役飞机数量迅速增加有多种原因。我们在前面的章节中探讨过民用飞机的服役期。由于飞机结构的广布疲劳损伤必然会发生，采取修理等补救措施成本太高，民用飞机通常在到达LOV门槛值之前退役，或是由于意外损伤在不经济维修的情况下提前退役。此外，随着航空科学技术的发展，新生代的飞机相对旧机型飞行性能和经济性能更好，促使航空公司和飞机租赁公司加快机队更新的速度，也使退役飞机数量迅速增加。退役飞机资产价值的管理对于飞机所有人的经营效益有着重要影响。如何处置退役飞机是飞机所有人必然面临的问题。如何通过处置退役飞机使资产价值得以保值、增值，将退役飞机剩余价值最大化，就成为一个值得探讨的问题。

处置老龄飞机的途径通常有三个。一是转售或者转租到欠发达国家，这类国家的购买力较弱，更倾向于采购或租赁价格较低的二手飞机。但这种现象正在发生改变，根据波音公司的报告，南美地区正在成为新飞机采购速度增长最快的地区之一。二是将客机改为全货机，货机的平均服役寿命比客机长10～20年。第三种途径是将飞机拆解，实现航材的循环再利用。在三种飞机的处置途径中，转租或转售属于飞机交易的范畴，将客机改为全货机属于改变了飞机的运行用途，通过这两种途径处置的飞机并未退役，所以只有飞机拆解属退役飞机的处置方式。

退役飞机的再利用途径多种多样，飞机拆解只是退役飞机的处置方式之一。退役飞机可以用于进行消防安全和除冰除雪的演练及反恐演练。航空专业院校、航空科普、航空博物馆等对退役飞机都有需求。在国外，退役飞机在主题酒店、航空乐园、航空工艺品、航空家具等领域得到广泛利用，涌现出很多知名品牌。一些装修设计公司，经常利用退役飞机零部件制作一些别致的作品，比如用油箱和飞机轮子制作时尚的咖啡桌。在庞巴迪与蒙特利尔大学和魁北克航宇研究创新联盟的一个试点项目中，飞机部件被创造成各种日用生活品，包括自行车、情境台灯、皮革时尚夹克、折叠桌和挂钟。空客公司的两名员工创建了一家名为"一片天空"（A Piece of Sky）的在线商店，出售利用飞机部件升级改造的家具。

当一架飞机将要退役时，采用什么途径对其进行处置能够实现利益最大化？市场信息告诉我们，退役飞机整机出售的价格是很低的，通常只有新机价格的10%甚至更低。

如果对退役飞机进行处置得到的收益高于退役飞机整机出售的价格，退役飞机的处置无疑是成功的。因此，在决定对退役飞机进行处置后，需要对退役飞机的剩余利用价值进行评估，以确定对其进行处置的途径。如果退役飞机的生产年代久远，飞机的部附件与现役主流机型部附件的兼容性低，再利用的价值就不大，这类退役飞机可以考虑整机出售，用于消防安全和除冰除雪的演练及反恐演练，或用于航空科普、博物展示、工艺品制作等。如果退役飞机的部附件与现役主流机型部附件的兼容性较高，再利用的价值就会大幅提升。这种情况下选择将退役飞机拆解，出售可以循环使用的航材，将飞机拆解废品进行回收再利用，可以给飞机所有人带来更多的经济利益。

通过飞机拆解如何给飞机所有人带来更多的经济利益？

通过前面章节的探讨我们了解到，从技术方面讲，飞机结构的疲劳致使飞机不宜继续运行而退役，也就是说并不是飞机的各种机载设备原因致使飞机不宜继续运行而退役。因此，虽然作为机载设备载体的退役飞机的机体结构不再具有高的使用价值，但机载设备并没有使用年限而仍然具有使用价值。

拆解飞机的目的是循环使用零部件，其中发动机是最贵的部件，因为发动机的价值与机身使用时间没有关系，其价值取决于其在翼时的技术状态。除了发动机还有一些其他有价值的部件，按重要性排序依次是起落架、辅助动力装置、气象雷达、发电机、空调组件、飞行控制系统和导航系统的机载设备、逃生滑梯和襟翼滑轨等。它们通常也被称为高价值部件，简称高价件。这些高价件在二手航材市场上的价格多数在OEM目录价的30%～60%。这些可循环利用航材的价值相对退役飞机整机出售的价格而言可谓是价值不菲。

拆解飞机各类可再循环使用的部件和材料的价值占比如图11-1所示。拆解飞机的价值主要是通过拆售高价值部件实现的，然后才是回收飞机上的金属材料。飞机拆解和回收再利用是飞机全寿命周期管理的一部分，为了保持飞机的价值，飞机所有者应该注意保持拆解飞机部件的适航性，在飞机拆解实施过程中遵从环境保护要求。随着科学技术的进步，越来越多的退役飞机机体结构中的金属材料及复合材料会被回收再利用，进一步提高拆解飞获得的收益。

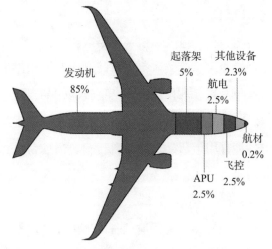

图11-1　拆解飞机再循环使用的价值占比

11.2 飞机拆解技术的发展及面临的挑战

飞机拆解过程中会产生一些污染环境的有害物质，例如飞机上残留的各种油液、飞机用于隔热保温的隔热棉等，必须做好环保处理。飞机拆解阶段产生的危险品必须做到安全控制，切割阶段含有重金属的油漆粉尘不能排放到大气中，排放到土壤中的物质不得含有燃料或废水。如果不具备相应的处置技术和处置设施，飞机拆解就会对环境造成污染，这在高度强调不能牺牲环境求发展的今天是绝对不能容忍的。因此，要从事飞机拆解，就要保证有足够的投入和相应的措施保证环境不被污染，这对于从事飞机拆解的企业是一个较高的门槛，是对飞机拆解企业能否生存的挑战。

在飞机拆解的技术方面也同样存在挑战。在飞机拆解产生的废品带来的收益中，铝贡献了最大的部分。近代飞机结构基本上仍主要采用铝材制造，因此，在拆解可重复使用的零部件后，回收的重点是收集铝材，其次是钢铁、钛、塑料和纺织品等其他材料。由于飞机结构的主要组成部分是铝材，而特种铝合金在市场上又有着巨大的需求，因此将飞机拆解后的金属回收再利用无疑是有利可图的。《飞机退役最佳行业典范手册》中称，"在可回收材料中，铝材占比最大，约为60%。在拆解作业之前，要从原始制造商的文件中识别出不同类型的铝合金，使各种铝材能够单独回收，从而获得更高质量的最终产品。"但目前要真正实现这样的目标还面临诸多挑战。尽管金属分选工艺已有很大改进，但在整个回收利用过程中，仍没有特别经济的方法将不同型号的铝合金分离出来。

在拆解飞机的机体结构材料回收过程中，还有很多技术挑战必须克服。因为再利用的铝材越多，杂质的含量就越高，而飞机用铝合金的化学成分要求非常严格。因此飞机用铝材在回收冶炼过程中必须解决防腐化合物的问题。到目前为止，至少2000系铝合金可以与7000系铝合金混合，并在航宇业中重复使用。当然，飞机用铝材也可以回收后用于其他产品。

对钛合金而言，最终产品的规格非常严格。因此从拆解飞机上回收钛必须在工业生产开始时就将这一问题考虑其中，然后在每个生产阶段，包括检查阶段进行跟踪。这也是为何许多OEM想方设法升级飞机用金属的原因。例如，庞巴迪等公司正在设法将金属部件进行升级，目的是使飞机部件寿命期末能够顺利转变为创新型增值产品。

在复合材料的再循环使用方面，新一代飞机的碳纤维增强型复合材料（CFRP）的回收再利用可能很快实现。因为在新一代飞机中CFRP所占的比例越来越大，它的再利用问题也变得更加重要。CFRP因重量很轻、有利于节油而著称，但是CFRP产品回收再利用问题被原始制造商所忽视。但今后随着飞机所有者的环保理念越来越强，复合材料的回收再利用需求正在变得越来越强烈。

与最初的高性能设计相比，碳纤维目前的回收再利用价值很低。因此，目前的努力方向是回收再利用更多的碳纤维，同时保持其特性。在空客380的拆解中，由于其复合材料重量占比高达25%，所以当时也引发了国际上一些公司对复合材料的回收再利用的兴趣，设计出碳纤维再循环工艺并能够设法保持碳纤维长度。长度是碳纤维应用的关键，通常需要几十厘米，而且纤维的取向必须一致，才能保证复合材料获得很高的机械性能。

目前已经开发的再循环工艺涉及到缩短再生纤维。但也有一些公司能够每年生产数十吨可回收的长碳纤维，技术较为成熟。因此碳纤维复合材料的回收再利用这一新生事物迟早会蓬勃发展，特别是得益于游艇和体育器材等其他制造业的带动，前景较为乐观。

国际上的一些复合材料回收公司已经开发了一种回收技术，通过预浸碳纤维材料的边角料，充分利用碳纤维的电性能，在纤维中产生千兆瓦量级的电脉冲使树脂升华。经过处理的纤维与新品一样，力学和化学特性都完好无损。电脉冲的持续时间约为1 ns，因此能效很高。这种工艺生产出的纤维具有恒定的截面和比重，未来将实现每年100 t以上的产能。

ELG碳纤维公司正在研究在结构应用中使用再生碳纤维的技术。该公司与英国哈德斯菲尔德大学铁路研究所合作，推出了世界上第一个用这种材料制造的列车转向架，新的总装正在测试中，它比传统转向架轻，优化了垂直和横向刚度。该公司率先采用热解技术从边角料中回收碳纤维，并与波音公司签订合同，回收波音787和波音777X使用的CFRP。在热解去除树脂后将纤维切割碾碎，然后用作热塑性复合材料的增强材料。

汽车业将热塑性复合材料的增强材料用于非织造材料压缩成型，最终的产品是汽车发动机盖和车顶等产品。据ELG介绍，已经有几款车模使用了这种再生纤维，再生碳纤维也正在走向更高价值的应用，再生碳纤维的热塑性塑料正以更好的性价比取代钢和镁。随着汽车向电动方向发展，它们还可以用于电池容器，因为电池容器的强度和轻量化非常关键。

目前，再生碳纤维在机身中的重复使用还在漫长的认证过程中，未来通过认证后预计将首先用于如客舱内饰等非关键部件。尽管再生碳纤维保留了碳纤维复合材料的大部分性能，且其再次应用对纤维长度的要求不高，可以较短，但如果要应用于机身，必须证明其满足机械要求。

从环境足迹控制角度来看，一个行业最好是能将本行业使用的材料实现再利用，而不是将材料转移到别的行业使用。事实上，退役飞机再循环利用是遵守环境保护法的最佳实践，这样不仅可以提高飞机资产的价值，还有助于提升飞机所有者的环保公众形象。随着全球退役飞机的逐年增多，研发飞机机体材料的回收技术大有可为，市场广阔。

11.3　飞机拆解市场分析与展望

11.3.1　国际飞机拆解市场分析与展望

从国外的情况看，退役飞机的拆解主要涉及三类机构。

（1）行政管理机构，如国际民航组织（ICAO）、民航管理部门，以及环境保护管理部门等。这些机构主要负责制定飞机拆解相关法规、准则，目的是确保飞机拆解过程安全且环保。

（2）行业协会，如国际航空器拥有者及驾驶员协会（IAOPA）、飞机回收协会（Aircraft Fleet Recycling Association，AFRA）等。其中，AFRA是这一类中最重要的机构。它是有国际影响力的飞机拆解与循环利用行业协会，制定飞机拆解流程指导手册，推动行业标准化进程，为飞机拆解企业提供各类专业性的指导和支持。

（3）具体参与飞机拆解活动的企业，包括航空公司、飞机租赁公司、飞机和零部件制造厂商，以及飞机拆解公司和废品回收公司。

AFRA成立于2006年，致力于为结束服役的飞机设立拆卸的标准，是由世界最大的飞机制造商美国波音公司与劳斯莱斯、牛津大学、北欧航空、RR发动机公司等45个从事飞机回收加工及研究的机构发起成立的行业组织，其职责就是为这些退役飞机找到一种在环境和经济效益方面最合理、有效的出路。该协会是由美国波音公司主导创办，AFRA的会员包括全球著名的航空企业，如波音、罗尔斯·罗伊斯、通用电气、普拉特·惠特尼、巴航工业等。

从地区分布上看，飞机拆解和回收企业大多分布在欧美国家，美国企业占比超过50%，英国紧随其后。这部分归因于这两个国家是全球主要的航空零部件制造国，特别是在飞机发动机制造领域。由于飞机拆解而来的零部件大多需要经过零部件OEM厂商或者是OEM授权的MRO企业翻修之后才能重新进入航材市场，因此许多飞机拆解企业都将拆解基地设立在重要的航空零部件生产地附近。

从拆解飞机的机型分布上看，过去的几年间，全球范围内宽体飞机被拆解较多，如波音777-200ER、波音747-400、波音737CL和空客340-300等。相反，在拆解市场十分抢手的波音737NG飞机和空客320系列等窄体机型则较为少见，主要的原因是航空公司普遍延长了这类机型的服役年限，因此这些机型的退役数量有所减少。

二手航材相对低廉的价格吸引不少航空公司和MRO企业积极地购置二手零部件作为航材储备，极大地促进了飞机拆解市场的繁荣。2016年全球二手航材市场调查结果显示，全球二手航材市场规模已达45亿美元，其中拆解飞机的发动机价值占45亿美元的60%，拆解的零部件（包括起落装置、APU、机载航电设备等）占45亿美元的36%，拆解的机体金属材料等占45亿美元的4%。

近年来，飞机拆解规模的扩大为二手航材市场带来了更多的收益。2022年1月中旬，加拿大皇家银行（RBC）对全球40家MRO维修商和零部件供应商进行调查。数据显示，2021年第四季度，飞机维修业务和零部件采购量均同比增长约20%。RBC的分析师指出，2021年大多数国家和地区的市场表现明显好于2020年。随着二手可用件越来越被市场青睐，市场需求日益增长，甚至供不应求。近些年来，全球飞机退役率约为2.5%，基本处于历史平均水平，平均每年约有700架飞机被拆解循环利用。因此，备受瞩目的飞机退役高峰期仍未到来，某些机型的二手可用器材（USM）仍然比较缺乏。

由于美国飞机拆解企业规模占比超过全球规模50%，且发展较为成熟，值得借鉴的经验多，下面我们就了解一下美国飞机拆解业的情况。

ARC美国航空航天工业公司是美国拆解和回收飞机的专业公司，主要业务是拆解和回收各类民用和军用飞机，销售二手飞机零备件。ARC公司作业点在美国最主要的维修机场——南加州维克托利亚维修机场。ARC公司在该机场设有超过10 000 m²的专业拆解场地，该拆解场地按照波音公司要求进行设计，也是全美唯一符合波音绿色环保要求的专业飞机拆解回收场地。ARC公司也是该机场管理公司唯一指定的飞机拆解回收公司。ARC公司每年在全美拆解和回收50多架商业飞机。ARC公司也是美国空军指定的专业拆解飞机公司，负责销毁军方各类军用飞机。ARC公司是美国飞机回收协会的会员，主要负责拆解飞机，将飞机中可以重复使用的零部件（发动机、起落架、APU、航电设备等）拆解下来，对其进行检验和维修后重复使用到飞机上去，然后将拆解飞机的剩余部分粉碎成金属和非金属碎片加以回收。

ARC公司将重复使用的零部件从飞机上拆下时，必须依照飞机制造厂家的手册要求进行拆解，拆解现场必须有一位FAA认定的具有维修执照的工程技术人员指导熟练的技术工人完成拆解，并签字形成履历文件。拆解后的零部件挂上ARC公司的标签出售。将拆解飞机的剩余部分粉碎成金属和非金属碎片的工作人员则无须获得FAA的资质认可。

在美国二手飞机航材市场上，二手航材分为本国备件和国外备件两大类，本国备件属于FAR121管理，国外备件属于FAR129管理。由于 FAR121管理类的备件受到美国 FAA 的严格监管，因此这类备件在市场的价格比较高，也受到航空公司的欢迎。而FAR129管理类的备件脱离了FAA的监管，因此市场对此类备件反应比较冷淡。

在美国，二手飞机航材主要销售的对象是航空公司和航空维修企业。由于二手航材的价格大多是新件目录价的30%～50%，航空公司为了减少成本开支愿意采用部分二手零部件。飞机拆解后的二手备件通常按照以下两种状态出售给航空公司：

（1）as remove——拆下状态；

（2）overhaul——大修状态。

航空公司通常选择采购处于大修状态（overhauled）的二手航材。于是飞机拆解公司要将二手航材送到有FAA认证资质的维修单位进行大修，大修合格后的二手航材挂上FAA8130适航批准标签。有的航空公司也可以接受拆下状态下（as remove）的二手备件，由航空公司送修取证。拆下状态的二手航材价格要比大修状态的二手航材价格低很多，而且飞机拆解公司必须担保这些二手航材是可以经修理后再次使用的。

FAA对于飞机拆解企业的设立和运作并不作特殊的监管。FAA 对于二手航材的监管主要针对航空公司，要求航空公司对所有装机备件提供清晰并合法的履历文件。

美国的航空公司对于来自飞机拆解企业的零部件有严格的要求。航空公司需要严格考核飞机拆解企业，飞机拆解企业必须具有FAA认证的 A＆P工程技术人员，并在其指导下按照飞机制造厂家手册拆解飞机，每一个拆解零部件的记录文件由具有FAA认证的A＆P 工程技术人员签字认可，形成合法的航材履历文件。具备这样条件的飞机拆解企业才能被航空公司纳入航材供应商清单。为了安全起见，某些航空公司仅仅接受该公司指定的维修单位大修的二手航材，严格程度高于FAA的要求。

飞机拆解业在美国迅速发展的同时，欧洲的飞机拆解业也发展到了一定规模，以位于英国格洛斯特郡的前空军基地Kemble拆解中心为例，Kemble拆解中心每年能提供50～60架飞机的拆解服务，飞机拆解后可获得超过2 000种的循环使用项，累计拆解了大约700多架各类飞机。

飞机拆解业在全球取得长足发展的同时，二手航材交易市场的发展情况又是怎样的？飞机拆解业的发展是否与二手航材交易需求相协调？在二手航材交易市场尚未形成规模之前，航空公司一般都是直接从飞机航材制造原厂（OEM）买新的航材备件，现在很多OEM也涉足USM业务，因此航空公司也会从飞机航材制造原厂购买到二手航材。随着航空公司的持续运营，慢慢会出现冗余的航材库存，这些冗余的航材库存中既有新件也有旧件。航空公司为了优化资产、提高经济收益，也会将这些冗余的航材库存放在市场上出售。因此航材市场里，除了OEM新件，又多了一个航材供应来源。在20世纪90年代之前，所谓的USM，就是指航空公司的冗余航材（Surplus Parts）。

1990年代之后，航材市场里慢慢崛起一批专业的二手航材供应商，它们主要通过购买航空公司退役的老飞机进行拆解，然后将拆下来的部件进行修理和取证后，重新出售给市场。随着这些航材供应商逐步做大，如今老旧飞机拆解的二手航材成为二手航材的主要来源。

由图11-2可以看出，来自退役飞机拆解的二手航材份额占比，从20世纪90年代的20%，迅速攀升到2020年近90%，但未来几年里该比重不升反降，预计到2025年下降到80%。

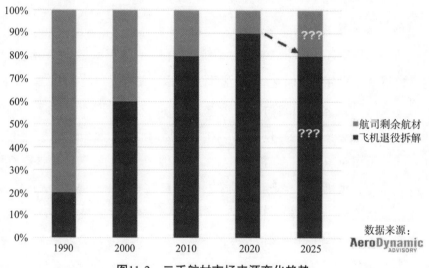

图11-2　二手航材市场来源变化趋势

这有些让人费解。我们都知道，因为新冠疫情的影响，造成全球民航机队大面积停场，航空公司纷纷缩编机队，老机型提前淘汰，全球退役飞机数量暴增。那岂不是会有更多的飞机会被拆解，从而贡献更的二手航材？

事实的真相是尽管退役的飞机增多，但年飞机退役量和年飞机拆解量并不完全成正相关关系（见图11-3）。因为飞机退役是由航空公司决策的，而飞机是否拆解则大多取决于二手航材贸易商的决策结果。在新冠疫情带来的严峻经营形势下，航空公司断臂止血，采取裁员和裁减老旧机队的措施是在情理之中的，但在运行数量大幅下降的情况下，航材的需求随之下降。因此，退役飞机的增多并不意味着飞机拆解会迎来高潮。

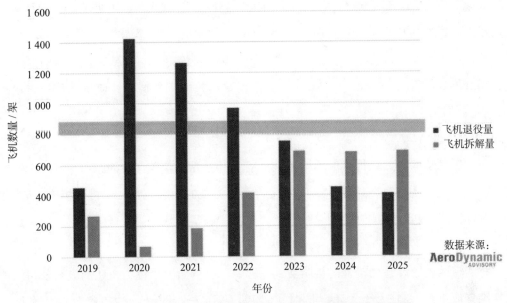

图11-3 2019—2025年全球民用飞机退役量和拆解量预测

机队大规模停飞和退役，势必造成航空公司的航材备件库存大量冗余，再加上有的航空公司自己也会拆解自有的飞机，从而获取二手件来满足自己机队保障所需，这在节省航材采购费用的同时，也会进一步增加航空公司的剩余航材库存。此消彼长，所以我们应该会看到，未来两年里二手航材市场里的飞机拆解件的比重有所下降，航空公司剩余航材的比重有所回升。

二手航材市场蛋糕有多大？要估测二手航材市场的体量，还是要从整个飞机维修业（MRO）的市场规模推算起。如图11-4所示，根据ICF咨询公司的统计报告，2019年全球MRO产值为805亿美元。

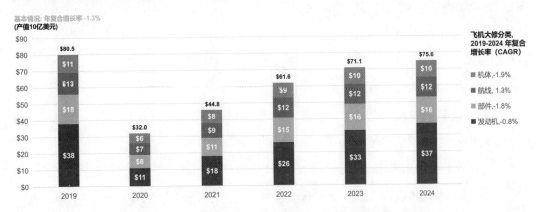

图11-4 2019—2024年全球全球商用航空MRO市场预测

如果除以2019年的全球机队量（约3万架，35座以上商业运输飞机），平均每架飞机的年维修成本约270万美元。

可以用来佐证的是，2019年12月底，国际航空运输协会（IATA）下辖的MCTG（Maintenance Cost Technical Group）工作组发布的航空公司维修成本统计报告里提到，根据他们对54家成员航空公司的成本统计，平均每架飞机的年维修成本是360万美元。

我们看到从两个途径得到的单机年维修成本有差异。差异存在的原因在于两个统计途径覆盖的机队构成存在差异。IATA的报告统计覆盖的54家航空公司机队相比于ICF报告中统计覆盖的机队宽体机比例要高一点，支线和涡桨机队比例要低一些，平均机龄也要比全球平均水平高一点。飞机越大或越老，飞机维修成本自然越高。

我们将两个统计途径覆盖的机队加到一起，可以算出整个覆盖机队的航空公司的单机年维修成本约为315万美元/架。同时我们也了解到，飞机维修成本中人工成本和航材成本大概各占一半。由于目前发动机及部附件修理大多采用包修模式，航空公司自己送修的比例越来越低，所以航空公司的飞机维修成本，很大一部分打包到"小时付费"的服务费里去了，而不是直接以人工费用或航材费用的形式体现。

航材市场大体可以划分为OEM新件、USM件和PMA件等几个细分市场，至于各占多少比例，并无定论，根据几家咨询公司的数据，大体一致的统计判断是OEM新件占65%～70%，USM占10%～15%，PMA约占5%。我们取中间数，按12%算，那意味着2019年全球二手航材市场规模约48亿美元。

Oliver Wyman咨询公司的报告提到，2019年全球USM市场是47亿美金，占航材市场份额的10%。另外，报告里还有一组重要数据：USM市场按用途划分，发动机修理占70%，部件修理占20%，机身修理占5%。

美国航空供应商协会和AeroDynamic咨询公司2021年8月针对航材贸易商群体所做的一次问卷调查结果也显示，贸易商们普遍认为，USM将是恢复最快的航材细分市场，而且越是大型的贸易商，对于USM市场的恢复速度愈加乐观。

因此，我们可以预期全球飞机拆解与回收市场在未来几年将保持平稳，飞机拆解行业的发展趋势受到多方因素的影响。

（1）二手航材市场需求将持续增长，这将直接带动整个飞机拆解行业的繁荣。国际航空咨询企业奥纬咨询（Oliver Wyman）在2018年的全球MRO调查报告中显示，有50%的航空业内人士认为全面提高二手航材的使用率是降低航空公司运营成本的有效手段。同时，约有76%的管理者表示将在未来5年内提高二手航材的使用率。ICF航空咨询公司预测未来10年，二手航材市场规模将保持年均接近6%的速度增长。

（2）航空公司加快购置新一代客机，将导致更多的飞机提前退役，从而促进飞机拆解行业的发展。不过，原油价格持续保持低位和航空货运量的快速增加，会使得市场在选择"客改货"或是"飞机拆解"两种处置方式时更加谨慎，对于某些企业来说，货机能带来更为持久的收益。

综上所述，全球的飞机拆解市场将在未来的几年中保持较为稳定的状态。

波音737NG系列和空客320系列将是拆解市场"主角"。波音737NG系列（包括737-700/800）和空客320系列（包括319/320/321）是全球现役机队当中占比最大的机型，航空公司需要为它们储备大量的航材，由于零部件OEM厂商的新部件供应有限且价格较高，因此相应的二手部件就成为了储备航材的重要来源。这些机型所使用的CFM56系列（含CFM56-5A/CFM56-7B型）和IAE V2500系列发动机及零部件是目前二手航材市场上最为抢手的产品。值得注意的是，空客较早生产的空客320系列（2002年之前生产）和中后期生产的飞机所使用的发动机和APU等部件有所不同，从全球现役机队的结构看，中后期生产的飞机占比更高，其所使用的部件需求将更为旺盛，预计未来一段时间这类部件的二手件市场较为畅销。

新技术的应用将对飞机拆解行业产生重要的影响。目前领先的飞机拆解工艺，可以实现飞机重量90%以上的回收，最终通过填埋处理的废弃物将不超过5%，可以实现对退役飞机80%～85%的部分进行循环再利用，在发动机等重要零部件上回收率甚至可以达到90%，但对于一些特殊复合材料（如机身大量使用的碳纤维材料）的回收却较为困难。技术的革新正在改变这种状况，新的碳纤维材料回收技术将推向市场，这项技术可以实现对飞机机身的碳纤维材料进行完全的回收，回收后的材料将可用于手机外壳、笔记本电脑外壳的制造。将3D打印技术与新的材料回收技术结合也将成为现实，可以实现飞机碳纤维材料的100%循环再利用。这些新技术的出现和应用将进一步推动整个飞机拆解行业的发展。

11.3.2 中国飞机拆解市场分析与展望

相比欧美市场，中国的飞机拆解和回收产业才刚刚起步，发展相对滞后。原因是中国民航机队平均机龄仅6～7年，加之近年来国内航空货运的高速增长，使得更多的老龄客机被改装成货机继续服役，因此每年退役的飞机数量有限。由于缺乏成熟的二手航材交易市场，没有完善的二手航材估值和检测体系，出于安全考虑，国内的航空公司更倾向于储备全新的航材。此外，对于非CAAC管理体系内的二手航材，也就是大多数进口二手航材，我国还缺乏较为明确的监管和保障体系，这也一定程度上限制了对来自境外的飞机进行拆解的业务发展。在中国民航加速发展之前，航材需求量小，市场渠道单一，航材销售的市场化程度不高，飞机拆解业务迟迟没有起步。随着中国民航的快速发展和机队规模的迅速扩大，国内退役飞机数量增多，飞机拆解件市场需求增加，飞机拆解业务开始起步，并逐渐形成一定规模。

国际飞机拆解业同行十分看好中国飞机拆解市场的前景。国内飞机拆解业务最早就是由一家美国公司率先涉足，而后国内一些省市政府开始看好这个产业，在相关地区的航空产业规划中纷纷重笔规划飞机拆解产业，同时国内多家投资机构也纷纷开始涉足这个行业。专业团队和投资方都深深感到，中国民航需要一个繁荣的飞机拆解产业，打破国外航材供应商对二手航材的垄断。中国飞机拆解产业的繁荣，将会给中国民航带来如下的深远影响。

1.航空资产价值最大化

目前，中国航空公司、租赁公司、私人飞机蓬勃发展，机队规模快速增长，由此带来的老旧飞机总数量在不断增加，作为航空资产管理必不可少的下游环节，飞机拆解可以使航空资产价值利用最大化。

2.打破OEM对航材供应的垄断

由于中国民航机队中绝大多数飞机是欧美生产的，中国的MRO行业、航材贸易、工程技术领域一定程度上被这些欧美飞机零部件的OEM所把控。中国飞机拆解产业的兴起可以有效打破欧美的OEM对航材贸易的垄断局面，为中国民航机队维修增加航材保障的渠道，降低中国民航机队的维修成本。

3.促使欧美的航材OEM提升服务品质

在欧美的航材OEM对航材贸易形成垄断的情况下，部分欧美的航材OEM对中国客户的服务保障不尽如人意，订货周期长、航材价格昂贵。中国用户还要忍受最低订货量、提前付清货款、工程技术资料封锁等不公平待遇。中国飞机拆解产业为中国民航机队维修增加航材保障的渠道，打破欧美的OEM对航材贸易的垄断局面，将促使这些欧美的航材OEM完善对中国客户的服务保障，避免被竞争对手超越和取代。

2021年12月14日，CAAC、国家发展和改革委员会、交通运输部印发《"十四五"民用航空发展规划》，提出按照国家碳达峰、碳中和总体要求，加快形成民航全领域、全主体、全要素、全周期的绿色低碳循环发展模式。同时，规划还提出，积极推进老旧飞机拆解、航材循环利用等相关产业发展。

"十三五"期间，中国民航机队飞机共3 795架。另据空客公司提供的数据，截至

2021年底，中国在役的空客飞机数量约为2 100架，占国内市场份额约53%。在未来20年，这些在役飞机将以每年超过15%的增长速度逐步进入中老龄阶段，面临飞机生命末期的技术管理和资产管理的挑战。同时，老龄飞机的处置也是一块巨大的市场蛋糕。目前中国航空维修企业已具备机体维修、动力装置维修、部附件维修、客改货等维修能力，基本涵盖航空维修产业主要环节，但飞机拆解产业还处于起步阶段，产业链未形成完整闭环。由于缺乏能够提供飞机回收服务解决方案的专业机构，中国每年约37%的退役飞机出口至欧美用于拆解。

飞机拆解行业在中国的发展已经受到国家层面的重视。CAAC对于国内飞机拆解行业的发展非常重视，认识到退役飞机拆解和再利用既符合《中华人民共和国循环经济促进法》的要求，也是老旧机型航材的重要补充渠道。从2017年开始，CAAC成立了专项工作组进行政策研究，在深入调研和多方征求意见基础上，于2019年4月22日颁发了咨询通告AC-145-017《航空器拆解》，指导和规范飞机拆解部件返回使用活动的管理，以在确保飞行安全的基础上支持国内航空器拆解行业的发展。

在国家支持和政策推动下，中国的飞机拆解业发展开始步入正轨。2019年9月16日，中龙欧飞飞机维修工程有限公司获民航局颁发的首张飞机拆解许可证，成为民航局CCAR-145部批准的首家拥有飞机拆解资质的维修单位。飞机拆解新政策的颁布，开启了中国飞机拆解行业的元年，并且填补我国航空产业政策的空白。经过国内最近几年的发展，飞机拆解业在国内发展比较迅速，目前已经有多个单位获得飞机拆解许可资质。

随着中国的航空公司加快国际化进程和"一带一路"等国家战略的实施，航空公司也加快了购置新飞机的速度，这不仅将增加退役客机的数量，同时也将导致退役飞机的年轻化。另外，中国的二手航材交易市场正逐步走向成熟，相关部门已经着手讨论制定规范的行业准则。

目前，全国各地有多个城市的地方政府正在积极规划引入飞机拆解及其相关的产业，资本市场也有意积极响应。国家发展和改革委员会与空客公司于2019年专项研究了飞机全生命周期服务和循环利用问题，并确定在中国建设空中客车飞机全生命周期服务项目。2021年11月30日，空客公司总部召开项目评审会现场打分，经过实地考察、专家评审、业内论证，项目最终确定落户成都市双流区。目前，成都双流已聚集多家航空维修企业，2021年产值超过60亿元，占全国12%，排名全国第四。从维修能力看，双流区航空维修企业已具备机体维修、动力装置维修、部附件维修、客改货等能力，基本涵盖航空维修产业主要环节，其中机体维修和发动机维修业务能力全国领先。与此同时，双流区依托"自贸+空港"优势，加快发展以飞机租赁为代表的航空金融产业。该项目涵盖飞机整机交易、发动机和起落架等大部件交易环节，涉及金额大、业务多，是发展飞机租赁等航空金融业务的有力抓手。

11.4 中国飞机拆解市场发展面临的挑战

飞机拆解产业已经在欧美发达地区、中东乃至东南亚一些地区蓬勃发展，尤其是美国的飞机拆解企业和拆解基地规模占据全球一半以上份额，且发展趋势良好，每年产值数十亿美元，拆解飞机的二手航材具有一个十分成熟的销售市场。飞机拆解产业在中国尚属一个新兴产业，由于我国没有专业化的飞机拆解基地，以前退役飞机要到美国进行拆解处置。虽然飞机拆解产业已在中国起步，但在发展的道路上面临重重困难和挑战。

中国民航机队的平均机龄只有7年左右，每年退役进行拆解的机源极其有限，国外的退役飞机在国内进行拆解受到海关、税务政策的影响手续烦琐，操作性不强，一定程度上限制了国内飞机拆解产业的发展规模。中国主流航空公司为了使执管机队保持高的可靠性，更倾向于采购全新的航材，对于二手航材的接受程度不高，也在一定程度上影响了国内飞机拆解产业的发展。此外，由于飞机拆解产业已在中国起步，飞机拆解政策、行业监管机制、配套的海关关税政策、飞机进口审批、检验检疫环评等方面都需要进一步完善。如何促进飞机拆解产业在中国快速成长？下面我们从从天时、地利、人和三个方面来分析。

1.天时方面

天者国家也，具体到飞机拆解产业，其快速成长离不开国家配套的政策和法规。

如前所述，老旧飞机进口的政策问题影响飞机拆解产业在中国的成长速度。飞机拆解产业肯定是一个国际化的产业，因此在保税拆解领域，也需要有进一步的配套政策。产业健康发展，需要多个部委、地方政府的支持和扶持，具体涉及的政府管理部门及管理政策如下：

（1）商务部：二手飞机和发动机的进口审批政策；

（2）海关：二手飞机和发动机的核价、关税、检验检疫政策；

（3）CAAC：拆解飞机二手航材的适航管理政策；

（4）工商税务部门：拆解飞机及拆解二手航材的税费政策；

（5）环保部门：飞机拆解产业的环评标准和政策；

（6）地方政府：飞机拆解设施的土地资源政策和企业扶植政策

（7）金融部门：飞机拆解所涉及的航空金融、国际贸易结算等政策。

2.地利方面

地者资本也，飞机拆解产业，本质上是一个重资产产业。

飞机拆解，需要一定的土地资源、厂房资源、专业的工装设备等硬件投入，同时二手飞机的价格即使比新飞机的价格低很多，但每架也需要数千万元，所以无论是硬件投入还是经营，都需要大量资金投入和周转。纵观世界民用飞机的拆解，鲜有国家投入，即使国际知名的飞机拆解企业或者基地，基本上也是民营企业或者个人所投资。

一个上规模的飞机拆解基地，如果每年可以拆解飞机达到100架规模，硬件投资需要数十亿元，采购用于拆解的飞机也需要数十亿元，可见拆解飞机企业的运营需要大量的资本投入。资本的本性是逐利，需要有合理的投资回报。小本生意，讲究短平快；中等资金，讲究稳和准；大额资本，讲究政治和趋势。飞机拆解产业是大额资本投入的产业，各个环节确实要有政治的高度来把握这个产业的发展趋势。

3.人和方面

人者市场也，也是一个成熟产业所必备的生态环境。人的因素通常理解是与人相关因素。人和可以理解是人与人之间的各种活动所带来的协同效应，对一个产业来说就是一个良性市场生态环境。

飞机拆解产业需要快速发展，人和因素要与飞机拆解产业的发展相协调。首先，二手航材需求方要相信民航管理部门实施的适航管理对二手航材适航性和可靠性的监管作用，认可和接受飞机拆解行业产生的二手航材。其次，二手航材供给方从业人员要有优于OEM厂家的态度来服务客户。最后，就是行业监管部门的监管和帮扶作用，行业监管部门是国家政府授权的市场或者产业的扶持者、标准的制定者、市场的监督者，对于飞机拆解产业的快速成长具有最直接的影响和作用。

国内飞机拆解行业的发展还有漫长的路程要走，行业管理部门需要不断完善飞机拆解行业法规，飞机拆解行业的从业者需要规划布局自己的行业方向。布局关键不只是在于资本投入和发展规划，核心是专业人才队伍的建设。飞机拆解行业的从业者需要资深的航空专业知识和市场商务知识，能够掌握飞机拆解市场现状及其发展走向，熟知全球飞机机队数据及获取渠道、飞机拆解业务模式及操作流程和航空器材的适航管理法规等知识和信息。

退役飞机的处置是一项需要管理与技术相结合的复杂工程。相比欧美国家，中国无论在管理水平还是技术研发上都还处于起步阶段。随着中国民航运输市场的持续高速增长，航空公司机队规模日益庞大，退役飞机的合理处置将对航空公司的经营效益有着至关重要的的影响。为了保证飞机拆解业在中国得以健康可持续发展，应在以下几方面做出努力：

（1）建立规范和开放的二手航材交易市场。要建立专业的二手航材交易平台，整合国内航空公司在役机队信息和航材需求信息，以实现二手航材的供需信息共享。

（2）要建立完善的二手航材供应商的监管/评估体系，设置相应的准入门槛和的评分体系，规范二手航材的使用并促进二手件航材市场交易的信息透明化。

（3）制定飞机拆解的行业技术操作标准。飞机拆解的过程复杂且具有一定的危险性。尽管波音、空客等飞机制造商都发布了相应的指导手册，但目前国内飞机拆解并没有统一的技术操作标准，这容易增加行业监管的难度，影响行业整体长期发展。

（4）加大在飞机改装方案、材料循环利用等关键技术的研发投入。目前飞机改装和拆解行业的核心技术均来自欧美，如客改货方案制定、复合材料循环利用等，这无形中限制了中国企业在全球市场的竞争力。只有加强相关关键技术的研发投入，才能在未来提升我国退役飞机处置行业的整体实力。

11.5 CAAC对飞机拆解业的监管

飞机拆解业在中国是一个新兴的行业，随着该行业发展的深入和规模的扩大，为保证其能够健康可持续发展，对该行业实施监管是CAAC作为中国民用航空行业管理部门的职责。通过CAAC关于飞机拆解管理规则的颁布实施，可促使飞机拆解企业规范有序地发展，为行业健康发展保驾护航。

对飞机拆解进行监管，确保拆解航材的循环使用符合适航规章的要求，是关系到飞行安全和公众利益的大事。CAAC和中国民航维修协会从2015年开始研究飞机拆解的相关政策，对比美国和欧洲的飞机拆解的管理政策，于2019年4月22日CAAC颁发了有关飞机拆解的咨询通告AC-145-FS-2019-017《航空器拆解》，该咨询通告对飞机拆解单位的资质、飞机拆解航材适航管理要求、飞机拆解航材的信息管理体系和航空公司拆解本单位飞机的要求做了规定。随后，CAAC依次修订了咨询通告 AC-120-FS-058《合格航材》以及适航规章CCAR145。中国民航维修协会作为局方认可的航材分销商评审机构，具体负责对飞机拆解航材信息的管理。CAAC对航空器拆解的适航性管理要点摘要如下。

1.从事航空器拆解的单位需要获得民航局批准的CCAR145维修许可证

AC-145-FS-2019-017《航空器拆解》中写明："从航空器部件拆解工作来看，如以返回使用为目的，其拆解过程和要求与一般维修中的拆件无异，尽管不是完整的航空器维修活动，但本质上属于维修活动。因此，此类航空器拆解单位可按照CCAR-145部的要求管理，并可把航空器拆解工作归类于民航局认为合理的其他维修工作类别。"

据此可见，中国飞机拆解管理与欧洲对飞机拆解的管理要求一致，将飞机拆解单位纳入了维修单位的管理体系中，而美国的航空器拆解单位可以不具有FAR145维修许可证，这是CAAC和FAA在飞机拆解管理方面的区别。CAAC从源头开始将飞机拆解的适航性管理纳入了民航法规的管理体系中，这样可以充分确保航空器拆解航材的适航安全性。

2.飞机拆解单位需要编写《航空器拆解手册》

CAAC要求从事飞机拆解的维修单位，需要编写一本《航空器拆解手册》。手册格式与《维修管理手册》相似，内容围绕"人、机、料、法、环"进行编写，其中要特别注意的是拆解件的信息管理和存储管理，以防止与可用航材混淆。

3.《航空器拆解件挂签》的签署

CAAC要求从退役飞机上拆下航材部件需要签署《航空器拆解件挂签》，该挂签对于拆解航材非常重要，是拆解航材返回使用的重要证明文件。国内航空公司在购买拆解航材时，需要核对是否有此挂签，以证明拆解航材是由具有飞机拆解资质的维修单位拆解的。

4.航空器拆解件登记管理系统和公开信息平台的使用

CAAC要求飞机拆解单位需要将拆下的飞机部件信息录入CAAC指定的航空器拆解件信息管理系统中。该系统由CAAC授权的中国民航维修协会负责管理，登录的网站为www.adcr.camac.org.cn。

依据咨询通告AC-120-FS-058 R3《合格航材》的要求，航空公司在购买飞机拆解航材时，需要到该系统中核实相关信息，以确保飞机拆解航材的适航性。也就是说，不在该信息系统中的航空器拆解航材，在国内是不能进行采购和装机使用的。因此飞机拆解单位能否完整准、确将拆解航材信息录入该系统关系着拆解航材是否能够进入市场。另外，CAAC规定飞机拆解航材销售后，飞机拆解单位应当及时在上述公开信息平台如实填报购买方信息，包括购买单位名称或个人姓名、联系地址和联系方式。由此可见，CAAC通过该信息系统可以有效跟踪飞机拆解航材的流向，便于对飞机拆解航材的适航性进行后续监控。

拆解航材需送到CCAR-145部件修理单位检测合格后，签发适航批准标签（CCAR-038表）才能装机使用。拆解航材还需要经具有CAAC批准的修理单位检测合格后，签发适航批准标签，航空公司才能装机使用。AC-145-FS-2019-017《航空器拆解》中规定：

"拆解件必须由经批准的维修单位维修和签发CCAR-038表《批准放行证书/适航批准标签》后才能返回使用。" AC-120-FS-058 R3《合格航材》中规定："如是从拆解航空器拆下，其拆解工作应当是由获得CCAR-145部相应拆解项目批准的维修单位进行的，并具备其签发的《拆解件挂签》；拆解后经获得CCAR-145部相应批准的维修单位进行完整检测和修理，并由其签发适航批准标签/批准放行证书。"

航空公司拆解自己运行的航空器，拆解件可以直接返回航空公司使用。AC-145-FS-2019-017《航空器拆解》中具体规定在下述情况下，拆解航空器的部件可直接返回原航空运营人使用：

（1）航空器在原航空运营人运行期间直接退役；

（2）部件在原航空运营人的监控下拆解；

（3）返回部件直接由原航空运营人按照其规定挂签。

按照此咨询通告的规定，航空公司拆解自己运行的飞机，拆解航材可以直接返回航空公司执管飞机上使用。这点是容易理解的，飞机拆解航材的适航性取决于在以往运行时的适航状态和飞机拆解过程及拆解后库存时的适航状态。国内航空公司运行的飞机，其运行状态一直处于适航状态，该飞机的部件的使用经历清楚，适航性有保障。该航空器经有拆解资质的维修单位拆解，保证了拆解过程的适航性。拆下后的部件又返回到本航空公司使用，其适航责任又落实到本公司。因此CAAC的此项规定体现了严谨认真又实事求是的管理风格。该规定在保障拆解航材的适航性的同时，也使航空公司节省了拆解航材取证的成本支出，并提高了拆解航材的及时可用率。

由上述可以看出，CAAC对飞机拆解航材的管理是多方位的系统管理，如图11-5所示。

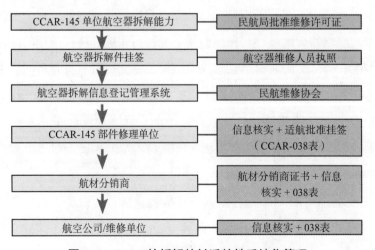

图11-5　CAAC的拆解航材适航性系统化管理

CAAC通过对飞机拆解单位进行审查批准颁发CCAR-145维修许可证，确保飞机拆解过程中在"人、机、料、法、环"各方面满足CAAC的管理要求；通过具有放行资质的维修人员颁发《航空器拆解挂签》，对飞机拆解件在拆解过程和存储过程的适航性进行管控。同时对飞机拆解件信息管控，要求飞机拆解单位录入拆解部件信息，并由第三方（中国民航维修协会）负责对该信息系统管理，以确保信息规范、真实且可追溯。进入市场的飞机拆解件需要CAAC批准的部件修理单位进行测试合格后，颁发适航批准标签CCAR-038表，作为拆解件能够装机使用的适航证明文件。拆解件进入航材的使用和流通环节中时，航空公司和维修单位可以通过航空器拆解部件信息管理系统核实，确定其具有规范的适航批准挂签后才能购买和装机使用。

综上所述，通过CAAC对于飞机拆解件的适航管理，充分保证了最终装机使用的飞机拆解件的适航性，也充分保证了飞机的运行安全。相比美国和欧洲适航当局对于飞机拆解件的管理，CAAC的管理更加科学、规范，尤其是利用信息管理系统，全流程地管控飞机拆解件，是能够充分保证飞机拆解件适航状态的重要手段。通过这样的管控，国内航空公司可以放心地使用飞机拆解件，为国内飞机拆解件的大范围使用和市场开拓奠定了基础。

11.6 飞机拆解二手航材的使用

2020年修订的咨询通告AC-120-FS-058R3《合格的航材》，将航材分为标准件、原材料、全新航空器部件和使用过的航空器部件四类，其中全新航空器部件是指没有使用时间或循环经历的航空器部件（制造厂型号审定过程中的审定要求经历或台架实验除外），使用过的航空器部件是指除全新航空器部件以外的航空器部件。这里所谓的使用过的航空器部件，就是我们所说的二手航材。也就是说，对于所谓的二手航材，关注点是它是否有已有使用记录（使用时间或飞行循环）。

有一种情况需要探讨：航空公司买了但没用过的航材，在市场上出售，这算全新件还是二手航材？全新件可以分为工厂全新件（Factory New）和冗余新件（New Surplus），工厂全新件出厂6~12个月之后，即使没有使用记录，通常不能视为Factory New，只能称为New Surplus。New Surplus就是指冗余的新器材，包括器材包或改装包中没用完的可用器材等。这种冗余的新器材，如果有合格证，还是可以被当作新件接受的，否则就要取决于航空公司或MRO的航材管理政策和要求。

有使用记录的旧件就是二手航材么？也不尽然。二手航材英文叫Used Serviceable Materials（USM），除了Used（旧的，有使用记录的），还需要是Serviceable，就是可用的，不管是拆下来就可用，还是修理后变可用，总之应该是可用的。

2019年4月，CAAC正式颁布了咨询通告AC-145-FS-2019-017《航空器拆解》，这个咨询通告的颁布，第一次让国内飞机拆解行业有法可依了，对于国内飞机拆解企业和航材贸易商来说是个重大利好消息。2020年修订的咨询通告AC-120-FS-058R3《合格的航材》修订的核心内容就是关于二手航材的管理，它第一次提出了二手航材的定义，进一步规范且在一定程度上简化了二手航材使用的管理要求。可以说这两个咨询通告为国内飞机拆解及二手航材市场的运作铺平了道路，指明了方向。

AC-145-FS-2019-017《航空器拆解》和AC-120-FS-058给出了二手航材的定义，但在飞机维修的过程中还会出现一些属于二手航材的特殊情况。例如：

（1）部件发生故障后，航空公司通过自己修理或外部送修回来后重新入库使用的航材；

（2）部件发生故障后，航空公司自有机队之间的部件串件；

（3）AOG情况下航空公司之间的临时借件互援；

（4）OEM因部件缺陷或产品改进而执行改装或升级交换；

（5）包修模式下，包修商（OEM或MRO）提供的交换件。

咨询通告AC-120-FS-058中规定二手航材使用的要求包括：

（1）维修放行证明文件/适航挂签；

（2）最近一次使用证明，比如拆下时的飞机运营人、国籍登记注册号、拆下时间、原因、单位、状况等；

（3）修理报告、AD/SB执行情况；

（4）使用时限/循环寿命，以及能证实其历史状况的记录文件；

（5）无事故声明。

这么多文件要求，尤其是其中针对LLP要求提供能证实其历史状况的记录文件（也就是我们常说的BTB可追溯性要求），使得国内二手航材的使用门槛较高，一定程度上制约了二手航材市场发展。这不仅仅是中国二手航材市场面对的问题，也是全球二手航材市场面对的问题。按照FAA或EASA规章对二手航材适航性管理的要求，二手航材具备FAA 8130-3或EASA Form 1的维修证明放行文件就满足适航性管理的要求了。但是，现实中存在二手航材的来源不明确、价格不透明、维修质量良莠不齐等问题，让航空公司对其心存顾虑，因而就对二手航材的使用提出了很多文件要求，来证明其以往的使用履历。又由于飞机租赁公司担心飞机上的二手航材影响飞机残值，OEM想尽各种办法垄断市场，限制非OEM件的使用，导致二手航材的实际使用管理要求不断升级，远超出各国民航监管当局的规章要求。

航空公司不仅对于二手航材使用要求高，而且标准还不统一，这严重影响了二手航材的流通性，也让航空公司和飞机租赁公司苦不堪言。因为在飞机退租的时候，常常会因为界定装机的航材是否满足合同要求出现纠纷。比如，某航空公司采购二手件时，要求卖家提供无事故声明，以证明该航材在装机使用期间未经历事故。无事故声明必须由上一个运营人出具，而二手件往往几经转手，有时候追溯不到上家运营人，或者上家运营人可能已经破产了。现实中出具无事故声明多是一种形式，在出具无事故声明的同时并不提供无事故的佐证材料，因此无事故声明对于证明航材的适航安全性并没有多大的实际意义。但现实中大多数航空公司都要求出具无事故声明。

再比如，LLP的可追溯性问题。关于LLP的管理，FAA或EASA要求航空公司掌握LLP的剩余使用寿命，到寿了就不能再使用。但当前行业的现状是，LLP交易的时候，仅仅知道它的剩余使用寿命还远远不够，而是需要提供能证实其从出生时起的历史使用状况的全部记录文件，即所谓Back To Birth Traceability（BTB），但对BTB可追溯性记录文件的具体要求没有一个统一的规定。我们知道二手航材中发动机的价值最高，而发动机涉及的二手航材中，LLP的价值又占了很高的占比，所以如果不解决LLP BTB的标准问题，二手航材市场的份额将受到很大影响。针对以上这些现实中遇到的问题，国际航空运输协会（IATA）已经牵头在做一些工作。比如，针对无事故声明问题，IATA联合AWG（ICAO旗下的Aviation Working Group）共同呼吁航空公司和飞机租赁公司用事故清除证明（ICS）来取代无事故声明，ICS的英文是Incident/Accident Clearance Statement，意思是不受事件/事故的影响。这个做法的目的，就是提倡业界把关注目光从航材是否曾涉及事故转移到航材是否受事件/事故的影响，言外之意是装载航材的飞机如有事件/事故的经历，但从经历事件/事故的飞机上拆下的航材的状态如没有受到事件/事故的影响，则可提供ICS，声明相关航材处于适航可用状态。IATA官员还表示，其实ICS也只是个过渡方案，最终目标是希望行业抛弃ICS，二手航材只需具备FAA 8130-3、EASA Form 1或CAA-038就可被接受。

当前，国内航空公司对于二手件的使用态度，比国外更加谨慎。除了对二手航材履历记录文件要求高之外，国内航空公司对二手航材的采购使用还有以下几项要求：

（1）影响飞行安全的关键系统禁止购买使用二手件；

（2）参照新件目录价，对二手件的采购价格设定限制；

（3）对出具维修放行证明文件的MRO作出评估和限定。

2020年最新版的咨询通告对使用二手件的规定是：航空器部件应当为从运行中的航

空器拆下，并且最后一次维修和维修放行工作是由获得CCAR-145部相应批准的维修单位进行的，具有由其签发适航批准标签/批准放行证书（AAC-038表）。从拆解航空器拆下的航材部件，其拆解工作应当是由获得CCAR-145部相应拆解项目批准的维修单位进行的，并具备其签发的《拆解件挂签》；拆解后经获得CCAR-145部相应批准的维修单位进行完整检测和修理，并由其签发适航批准标签/批准放行证书（AAC-038表）。

另外，还需提供有助于使用人最终确定其适航性的AD/SB执行情况和使用时限/循环寿命及其他能证实其历史状况的记录文件。应该说，新修订的咨询通告在对二手航材管理要求方面有所简化。但新修订的咨询通告里多处强调航空器拆解必须在CCAR-145维修单位实施，拆解件维修和放行也需要CCAR-145单位完成。CAAC的这一管理规定，一方面便于加强对于中国二手航材产业链的监督管理，杜绝非法可疑航材流入中国民航机队，对保护国内航空维修产业会起到积极作用。另一方面，CAAC的这一管理规定意味着国外的航材贸易商如要将国外的二手航材出售供中国的航空公司使用，必须先将这类二手航材送到CCAR-145维修单位进行维修和维修放行。

当前，航空公司面临的巨大成本压力，随着新修订咨询通告的出台，航空公司接受二手航材的态度变得更加积极主动。二手航材的使用，能够降低航材采购成本，盘活航空公司冗余航材库存。我们注意到，国内有的航空公司已经有所行动，比如简化了二手航材的采购流程，或已经在和飞机拆解公司合作，拆解自己的退役飞机并回收旧航材。

本章主要讨论适航性的飞机拆解环节，对于飞机适航性拆解以后的进一步拆解，其实质属于废旧材料回收领域，不再是这个章节乃至这本书的讨论范畴。

参 考 文 献

[1] 徐浩军.航空器适航性概论[M].西安：西北工业大学出版社，2012.

[2] 虞浩清.飞机结构图纸识读与常用维修手册使用[M].北京：清华大学出版社，2009.

[3] 宋慧志.飞机腐蚀与防护[J].飞机设计，2006（4）：74-77.

[4] 陈元武.影响飞机持续适航性的因素分析[J].民航经济与技术，1996（4）：39-41.

[5] 许沁莹.浅析民航飞机的持续适航管理[J].价值工程，2011（28）：47.

[6] 谭向东.飞机租赁实务[M].北京：中信出版社，2012.

[7] 刘渊.飞机结构腐蚀预防与控制[J].适航与维修，2015（2）：20-30.

[8] 王鑫.浅谈运输类飞机结构持续适航规章的基本变化[J].适航与维修，2015（2）：41-44.

[9] 吴赟剑.浅谈现代民用飞机结构修理记录审查和评估[J].适航与维修，2015（2）：56-60.

[10] DUBIOUS T.飞机拆解后的循环再利用[J].航空维修与工程，2020（9）：28-30.